显示技术

Micro-LED

Display Technologies

田朋飞 / 著

U0270512

上海交通大学出版社
SHANGHAI JIAO TONG UNIVERSITY PRESS

内容简介

本书从 micro-LED 显示的现状、历史和发展趋势以及 micro-LED 器件的关键制备技术等方面对这种新型的显示技术做了较全面的论述。重点梳理了作者及国内外同行对 micro-LED 的尺寸效应、温度效应、光谱特性、光提取效率、光电响应、可靠性等基础科学问题的研究,详细深入论述了显示驱动、全彩色显示技术的重要进展,系统介绍了 micro-LED 在可见光通信、无掩模直写、泵浦有机激光器、荧光寿命探测、光电镊子、光遗传学等领域的前沿应用。

本书可作为在 micro-LED 领域从事基础研究的科研工作者和企业产品开发人员的参考资料和工具书,也可作为高等院校材料、光电、信息等专业的教师、高年级本科生和研究生的教学参考书。

图书在版编目(CIP)数据

Micro-LED 显示技术/田朋飞著. —上海:上海交通大学出版社,2021.7(2022.11 重印)
 ISBN 978-7-313-24846-6

Ⅰ.①M… Ⅱ.①田… Ⅲ.①LED 显示器 Ⅳ.
①TN141

中国版本图书馆 CIP 数据核字(2021)第 064789 号

Micro-LED 显示技术

Micro-LED XIANSHI JISHU

著 者:田朋飞

出版发行:上海交通大学出版社   地 址:上海市番禺路 951 号
邮政编码:200030   电 话:021-64071208
印 制:上海景条印刷有限公司   经 销:全国新华书店
开 本:710 mm×1000 mm 1/16   印 张:17.25
字 数:309 千字
版 次:2021 年 7 月第 1 版   印 次:2022 年 11 月第 3 次印刷
书 号:ISBN 978-7-313-24846-6
定 价:128.00 元

Preface | 序

信息、能源与材料技术是构成现代人类文明的重要支柱。随着人工智能在现代社会的应用和发展，信息的获取、存储、传递、处理、输出日益重要，人类需要在人机界面中获得声音、图像、视频等信息，其中视觉信息是人类获取外部世界信息的主要方式，因此，信息显示技术成为国际上竞争激烈的关键技术。从材料发展的角度来看，第三代半导体材料对显示技术的发展影响重大，氮化镓基高效率白光发光二极管(LED)作为背光源，促进了液晶显示器(LCD)的发展，大屏幕 LED 显示屏也使用了氮化镓基 LED 作为显示屏的像素点，micro-LED 显示更是得益于高效率半导体发光材料和器件技术的发展。Micro-LED 显示涉及信息显示、第三代半导体等多个领域，其具有产业链长、门槛高、挑战性大的特点，micro-LED 显示技术的商业化对我国掌握显示领域核心技术将起到重要作用。

目前，LCD 和有机电致发光显示器(OLED)占据市场主导地位，它们主要应用于手机、电视、计算机等领域，但是人们对显示器性能的追求是无止境的，尤其是近年来虚拟现实(VR)、增强现实(AR)、超大屏幕显示等应用对显示器性能提出了更高的要求，我们需要发展更高性能的显示技术。另外，超大尺寸小间距 LED 显示也在向具有更小间距的 mini-LED 显示以及 micro-LED 显示发展，传统 LED 照明行业的高速发展也有助于 micro-LED 效率的大幅度提高，这些都促使 micro-LED

显示进入人们的视野。Micro-LED 显示技术的效率、亮度、响应时间、可靠性都优于 LCD 和 OLED 显示技术,成为下一代显示技术的优先选择。Micro-LED 显示技术在国际上已经有 20 年的发展历程,在国内的发展相对较晚,近五年来其逐步引起国内外研究者的高度重视,大量的研究机构和公司投入巨资研发 micro-LED 显示技术,随着技术的成熟、规模化的生产、成本的降低,micro-LED 显示技术必将很快成为显示技术市场的重要组成部分。

该书的作者十余年来一直在 micro-LED 技术领域工作,在 micro-LED 显示基础科学和关键技术领域做出了一系列卓有成效的工作,并探索了 micro-LED 在可见光通信等方面的应用,多项成果在国内外产生较大影响。作者在本书中融入自身在 micro-LED 领域钻研多年所取得的经验和成果,分享从事该领域工作的心得体会。很高兴应作者邀请为本书作序,也希望作者能够继续在 micro-LED 领域精益求精,在未来取得更加丰硕的成果。

目前国内还缺乏与 micro-LED 显示技术相关的专著,相信该书的出版不仅有助于激发该领域研究人员的研发兴趣,而且有利于向大众普及 micro-LED 显示相关知识。衷心希望本书对每一位读者能有所帮助。

2021 年 2 月

Foreword | 前 言

　　光电显示是人机交换信息的窗口,广泛应用于手机、计算机、虚拟现实、增强现实等领域。基于第三代半导体材料氮化镓的 micro-LED 新型显示具有高发光效率、高亮度、响应时间短和可靠性好的优良特性,被行业誉为继 LCD 和 OLED 显示的下一代显示技术。近年来,micro-LED 显示成为一个热门的研究方向,受到了国内外产业界和学术界的高度重视。

　　氮化镓基 LED 照明技术的发展促进了 LED 外延、芯片工艺、封装技术的突飞猛进,这也有助于 micro-LED 技术的进步,然而 micro-LED 在外延生长、芯片制备、封装、应用技术层面与照明 LED 技术具有本质的不同,需要从各个层面全方位地突破 micro-LED 显示技术,来实现 micro-LED 显示的大规模商业化。并且,micro-LED 除了显示功能外,还在可见光通信、光电镊子、生物医学等领域具有独特的优势。目前,micro-LED 技术是国际竞争关键科技焦点之一,中国也在"十四五"规划中加大对 micro-LED 技术的研究投入。

　　笔者从在英国攻读博士学位开始,十余年来致力于 micro-LED 技术的研究,主持和参与 micro-LED 显示、micro-LED 可见光通信等多个研究项目。当前,笔者深刻感受到国内 micro-LED 技术领域学术专著的缺乏,需要一本专业书籍帮助研究人员了解该领域的基础知识和前沿动态,因此近年来笔者努力写作一本能够系统深入地阐明 micro-LED 基础科学问题、剖析关键技术、总结前沿进展的书籍。

本书主要结合笔者在 micro-LED 领域长期的研究成果,也整理、归纳了国内外同行的优秀成果,系统介绍了 micro-LED 的关键技术。首先概括当前 micro-LED 显示的现状、历史和发展趋势,描述 micro-LED 器件的关键制备技术,然后详细阐述 micro-LED 的尺寸效应、温度效应、光谱特性、光提取效率、光电响应、可靠性等基础科学问题,详细深入地论述了显示驱动、全彩色显示技术的重要进展,也介绍了 micro-LED 在可见光通信、无掩模直写、泵浦有机激光器、荧光寿命探测、光电镊子、光遗传学等领域的前沿应用。本书可供在相关领域从事教学和科研的工作者作为参考书,也可供对该领域感兴趣的读者参考。

笔者所在课题组的多位老师和研究生在本书的编写过程中贡献了自己优秀的研究成果,袁泽兴、朱世杰、林润泽、单心怡、汪舟、钱泽渊等在协助本书的资料整理、文字校对方面做出了辛勤的努力。感谢 Martin Dawson、顾而丹教授长期对笔者开展 micro-LED 前沿研究的帮助和支持。感谢国家重点研发计划、国家自然科学基金、上海市扬帆计划、复旦大学卓越人才计划等的支持。

衷心希望本书能够对 micro-LED 领域的教学培训、科学研究、产业发展有所帮助,为 micro-LED 技术的发展贡献微薄之力。由于笔者水平和时间所限,本书难免有不足和疏漏之处,敬请各位专家和读者批评指正。

田朋飞

2021 年 1 月

Contents | 目 录

第 *1* 章

Micro-LED 显示概述

1.1 Micro-LED 显示简介

在过去的几十年里,显示技术迅速发展,其广泛地应用于电视、计算机、大型广告牌、智能设备等。人们通过这些设备与外部世界交流,是当今智能时代人们的一种典型的生活场景。近年来,液晶显示(liquid crystal display, LCD)和有机发光二极管(organic light-emitting diode, OLED)显示得到了广泛的应用,并且逐渐占据了显示市场。然而虚拟现实(virtual reality, VR)和增强现实(augmented reality, AR)等各种新兴的应用对显示器提出了更高的要求,目前 LCD 与 OLED 显示技术逐渐难以满足新兴应用的要求,这就进一步促进了高性能新型显示技术的发展[1]。

近几年,micro-LED 显示技术迅速引起了国内外研究者的重点关注。相对于已经广泛应用的 LCD 和 OLED 显示,micro-LED 显示主要是基于第三代半导体材料氮化镓(gallium nitride, GaN)制备而成,其具备高发光效率、高亮度、响应时间短和可靠性高等优良特性,被誉为下一代显示技术。

根据学术界对 micro-LED 长期的研究,一般认为,尺寸在 $1\sim100~\mu m$ 的 LED 可以称为"micro-LED", micro-LED 的尺寸比常用照明 LED 的尺寸(典型尺寸为 $300~\mu m\sim1~mm$)小得多。近年来,随着 micro-LED 和 mini-LED 显示技术的发展,学术界和工业界对 micro-LED 尺寸的定义、与 mini-LED 尺寸的差异存在不同的看法,但他们都认同 micro-LED 显示的制备技术与普通 LED 显示的制备技术存在本质的不同。

从表面上看,micro-LED 相对于 LED 仅仅是在尺寸上发生了变化。但事实上,

micro-LED尺寸的变化会引起材料生长、器件制备[2-3]、器件特性[4-6]、系统集成方案、应用领域等产业链全链条的变化,这与照明 LED 的产业链已经有了本质的区别。因此,有必要全面研究 micro-LED 的制备、特性、应用等。

我们首先介绍 micro-LED 的应用与发展现状。表 1.1 为 micro-LED 显示的一些典型应用与样机图片。

表 1.1　Micro-LED 显示的典型应用比较

应　用	典型公司	类型	平面尺寸/in*	芯片尺寸	像素大小/μm	分辨率	PPI	典型样机图片
虚拟现实(VR)/增强现实(AR)显示	Plessey、Mojo Vision	单色	0.7	6 μm	8	1 920×1 080	3 000	
智能手表/手机显示	Glo、京瓷、台湾工研院	彩色	1.8	1.8~20 μm	127	256×256×RGB	200	
车载显示	友达	彩色	12.1	<30 μm	150	1 920×720×RGB	169	
电视显示	三星、錸创	彩色	75	35 μm×60 μm	432	3 840×2 160×RGB	59	

* 1 in = 2.54 cm

除了表 1.1 列出的 micro-LED 一些典型应用外,我们将 micro-LED 显示的应用分类如下。

一是基础的显示应用,可分为高像素密度(pixels per inch,PPI)显示、中低 PPI 显示。

高 PPI 显示:虚拟现实、增强现实、混合现实(mixed reality, MR)以及平视显示(head up display, HUD)都是需要高 PPI 的显示应用。

中低 PPI 显示:类似于智能手表等小尺寸可穿戴显示设备,其屏体尺寸小、像素要求低,不需要很高的 PPI 的同时依然能够发挥出 micro-LED 亮度高、可靠性好、质量轻的优势;其次,相对于可穿戴显示设备,手机、平板电脑以及电视显示的屏体尺寸增大了一个数量级,虽然 micro-LED 显示的性能优势相对于目前主流的

LCD 和 OLED 显示技术已经很明显,但由于技术的问题,目前micro-LED 显示还未实现大规模商业化应用。

二是同时承载信息交互等功能的综合显示应用,包括交互式车载显示、可见光通信、生物医学等。

交互式车载显示:目前自动驾驶技术的发展如火如荼,传统的显示已经无法满足自动驾驶的要求。相较于 OLED 和 LCD 显示,micro-LED 显示的温度稳定性使车载显示能够在高温环境中工作,如仪表显示、中控显示、车内娱乐显示等,除此以外,micro-LED 显示将更能契合消费者对于大屏化、高清化、交互化、多屏化、多形态显示的需求。

可见光通信:通信一直是国家的重点发展领域,特别是室内绿色通信网络将在未来占据很大的市场。图 1.1 显示了 micro-LED 用作发射信号的光源阵列和接收信号的探测器阵列,同时实现了显示、可见光通信的智能显示场景。

生物医学:人们也许会对显示技术是如何与生物医学相结合感到疑惑,实际上,当我们认识到光对于人体的作用机理的时候,就不难理解能够发光的 micro-LED 显示对生物医学领

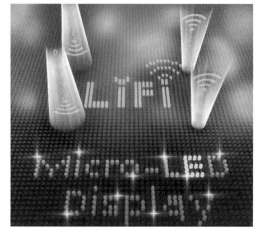

图 1.1　具备显示和双工可见光通信的多功能 micro-LED 阵列器件

域所产生的影响。例如,micro-LED 可以实现利用可穿戴设备促进头发生长,利用智能隐形眼镜测量血糖含量,用于光遗传学有望治疗阿尔茨海默病等。虽然目前 micro-LED 与生物医学的结合还处于探索阶段,但是我们有足够的理由相信这些设想都将逐渐变为现实,服务人类。

综上所述,micro-LED 显示是能够实现集显示、精确定位、可见光通信等感知功能为一体的高度集成半导体信息显示器,是下一代新型信息显示技术。

1.2　Micro-LED 各种应用的发展历程

从 micro-LED 显示概念被提出,到近几年成为热门的技术已有 20 年的发展历

史。国际上已经有多个研究团队探索了 micro-LED 在显示、可见光通信、直写、异质集成激光器、生物医学等领域的应用,并进行了一系列的研究工作。

1.2.1 Micro-LED 显示技术

2000 年,美国堪萨斯州立大学 Jiang 课题组率先提出了 micro-LED 的概念(见图 1.2)[7],并创立了 Ⅲ-N Technology 公司,为 micro-LED 显示的发展奠定了理论和实验基础。

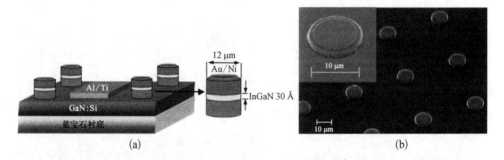

(a) (b)

图 1.2 Micro-LED 概念首次被提出[7]

(a) Micro-LED 结构示意图;(b) InGaN/GaN 量子阱 micro-LED 扫描电子显微镜图

1. 被动驱动 micro-LED 显示技术

2001 年,Jiang 课题组制备了 10×10 micro-LED 阵列(见图 1.3)[8],第一次提出了 micro-LED 显示技术,并首次提出和采用被动驱动的方式实现 micro-LED 显示。

2003 年,Dawson 课题组同样采用被动驱动的方式,成功制备了一个 20×20 的 micro-LED 阵列(见图 1.4)[9],这促进了 micro-LED 在大面积显示应用领域的发展。

2007 年,Dawson 课题组制备了 64×64 的被动驱动 micro-LED 阵列,通过在每一个 n 型氮化镓区域上连接一根额外的金属线,有效地改善了阵列发光均匀性,并提高了输出光强[10],器件如图 1.5 所示。

2014 年,Lau 课题组实现了 1 700 PPI 的蓝光显示,并且最大亮度达到 1 300 mcd/m² ,实现了被动驱动显示技术的进一步发展[11],其显示器效果如图 1.6 所示。

近年来,由于 micro-LED 技术及其性能的日渐提升,micro-LED 大面积显示也逐渐进入人们的视野,然而将 micro-LED 被动驱动显示应用于大面积显示器的发

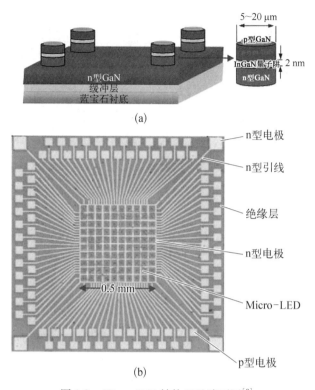

(a)

(b)

图 1.3 Micro-LED 结构以及阵列图[8]

（a）Micro-LED 结构示意图；（b）Micro-LED 显示器件阵列图

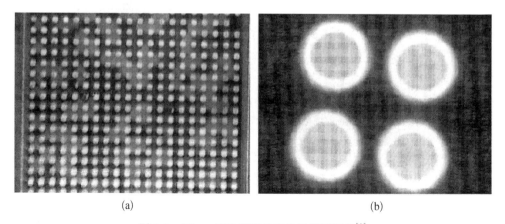

(a)   (b)

图 1.4 Micro-LED 阵列的光学显微镜图像[9]

（a）尺寸为 12 μm 的 20×20 micro-LED 阵列；（b）在电子束激发下四个 micro-LED 单元的阴极荧光发光图

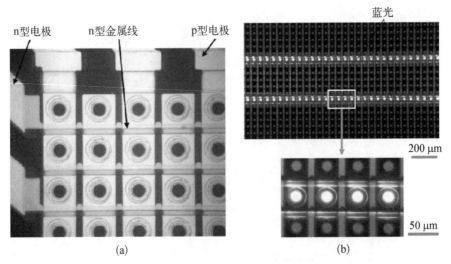

(a)　　　　　　　　　　　　　(b)

图 1.5　Micro-LED 光学显微镜图片[10]

（a）Micro-LED 阵列光学显微镜图；（b）该显示阵列中的两行蓝光 micro-LED 发光显微镜图

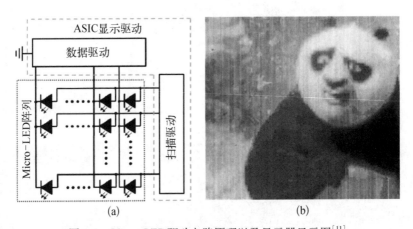

(a)　　　　　　　　　　　　　(b)

图 1.6　Micro-LED 驱动电路原理以及显示器显示图[11]

（a）显示器驱动电路与 micro-LED 阵列互连原理图；（b）蓝光 micro-LED 显示器显示的图像

展却受到其线路复杂、像素之间互相干扰等问题的制约，因此，基于被动驱动的 micro-LED 大面积显示依然难以得到广泛的应用。

2. 主动驱动 micro-LED 显示技术

如前文所述，虽然被动驱动扫描方式结构简单、容易实现，但是其连线复杂、像素之间容易产生串扰等，这也促使研究者们开发新的驱动方式，以实现大面积全彩色显示以及适用于具有更高要求的 AR、VR 等设备。

2007 年,Dawson 课题组采用倒装结构,将 micro-LED 与互补金属氧化物半导体(complementary metal oxide semiconductor, CMOS)驱动电路结合在一起,实现了高质量的 micro-LED 显示效果,并且能够传送视频图像,为 micro-LED 主动驱动显示技术的发展开辟了道路[12]。如图 1.7 所示,这也为 micro-LED 与 CMOS 驱动器背板的集成提供了基础,为其在荧光探测、光电镊子等许多新领域应用提供了可行的方案。

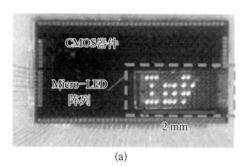

(a)

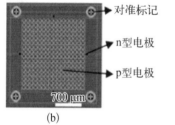

(b)

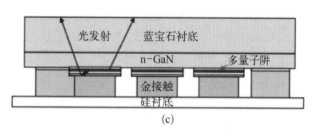

(c)

图 1.7　Micro-LED 显示设备整体和局部结构图[12]

(a) CMOS 驱动 micro-LED 阵列图片;(b) 倒装 micro-LED 芯片平面图;(c) micro-LED 与 CMOS 键合原理图

2011 年,Jiang 课题组同样采用主动驱动的方式,实现了高亮度 micro-LED 显示, micro-LED 显示阵列的亮度超过了 OLED 以及 LCD 的亮度[13],如图 1.8 所示。

尽管 micro-LED 显示器的亮度已经在数量级上超过了 OLED,但是与单颗 micro-LED 的亮度还有一定的差距,因此,在 2015 年,Dawson 课题组通过设计并改善 micro-LED 阵列以及 CMOS 电路的布局(见图 1.9)[14],成功地使整个显示器的亮度能够与单颗 micro-LED 亮度相匹配,促进了 micro-LED 显示的发展。

Lau 课题组研究了光生漏电流对主动驱动 micro-LED 显示性能的影响,并改善了驱动的设计,2019 年,该课题组基于 Si 衬底的外延片,通过使用 Cu/Sn 金属键合

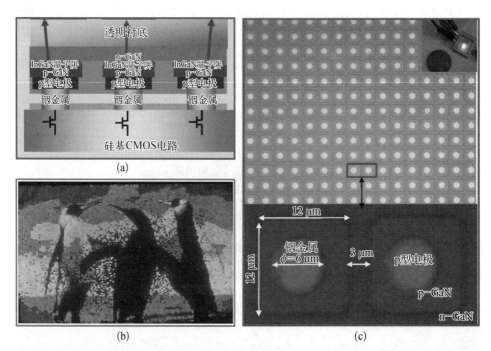

图 1.8　Micro-LED 显示设备的显微结构和阵列光学图像[13]

（a）Micro-LED 阵列与 CMOS 电路连接截面图；（b）使用 micro-LED 显示阵列的灰度投影图；（c）部分 micro-LED 阵列像素放大图

和硅衬底刻蚀，实现了 micro-LED 的显示系统[15]。

目前，micro-LED 显示技术从驱动上主要分为被动驱动和主动驱动，前文我们也提到过被动驱动的各种缺点，相比之下，主动驱动则具备高亮度、高对比度、响应快、易于驱动等优点，因此，主动驱动显示已经成为如今 micro-LED 研究的主流方向。

3. Micro-LED 与颜色转换材料集成的全彩色显示

日常生活中，我们看到的世界是色彩缤纷的，同样，显示技术也应该是色彩缤纷的，以满足人眼的视觉需求，无论是被动驱动还是主动驱动，早期的研究者们主要集中研究单色显示，因此，如何实现 micro-LED 的全彩色显示是我们研究的最终目标。

2008 年，Dawson 课题组率先发展了 micro-LED 与颜色转换材料集成的技术，如图 1.10 所示，通过使用紫外光 micro-LED 阵列结合驱动电路，激发 CdSe 量子点（quantum dots，QDs），从而实现了由紫外向红、绿两色的颜色转换，并且也证明了量子点色彩化方案的可行性，为实现 micro-LED 全彩色显示研究奠定了基础[16]。

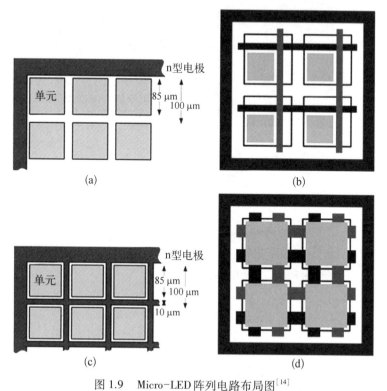

图 1.9　Micro-LED 阵列电路布局图[14]

（a）和（b）为普通的 micro-LED 和 CMOS 电路布局图；（c）和（d）为优化设计后的 micro-LED 和 CMOS 电路布局图

2015 年，Kuo 课题组通过使用气溶胶喷射技术（aerosol jet，AJ），将量子点喷涂到紫外光 micro-LED 阵列以激发红、绿、蓝三原色，从而实现 micro-LED 的全彩色显示[17]（见图 1.11），并且采用了布拉格反射器（distributed Bragg reflection，DBR）以增强紫外光的利用率，从而大大提高了各色光的光通量，这为后来通过各种优化手段提高 micro-LED 显示性能铺垫了道路。2017 年，Kuo 课题组进一步通过采用光刻胶模具，解决了 micro-LED 集成颜色转换材料的光串扰问题[18]。

对于 micro-LED 与颜色转换材料集成，虽然目前主流的颜色转换材料是量子点材料，但是最常用的 CdSe 量子点具有毒性，因此一定程度上限制了 micro-LED 全彩色显示的发展，尽管没有毒性的 InP 量子点也是一种选择，但到目前为止其性能还低于 CdSe 量子点。当然除了量子点材料，像荧光粉、纳米颗粒等也可以作为颜色转换材料，其颜色转换性能也在逐步提升，我们有理由相信 micro-LED 集成颜色转换材料的全彩色显示技术将会有广阔的发展前景。

图 1.10 基于量子点实现的 micro-LED 阵列多彩显示[16]

（a）初始紫外发光图像；（b）绿色转换图像；（c）红色转换图像

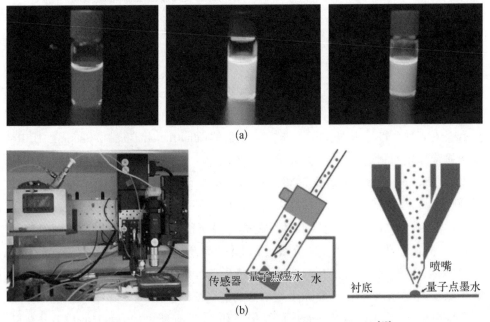

图 1.11 量子点颜色转换以及气溶胶喷射原理及设备图[17]

（a）紫外光激发蓝、绿、红光示意图；（b）气溶胶喷射装置以及技术示意图

4. Micro-LED 巨量转移技术

前文提到的micro-LED集成颜色转换材料的全彩色显示有各种各样的优势,但是目前在效率、可靠性等方面的缺点是制约其发展的主要因素。因此,为了实现micro-LED的全彩色显示,除了颜色转换技术,在同一块衬底上集成 RGB 三色的micro-LED 阵列也成为一种实现全彩色大面积micro-LED 显示的可行性方案,如果要实现高度集成 RGB 三色的micro-LED 阵列,则需要用到转移技术来转移不同颜色的micro-LED,而传统的机械转移装置无法有效地转移尺寸微小且数量巨大的micro-LED,因此,能够将micro-LED 晶粒精确转移到电路上的巨量转移技术顺势而生。

2005 年,Rogers 课题组提出了微转移打印技术的概念,其原理是使用图案化的弹性印章来拾取和转移功能性微型器件到接收衬底上[19]。

2006 年,Rogers 课题组发明了使用弹性印章转移 GaN 微结构的技术[20],其结构如图 1.12 所示,该技术的发明有助于巨量转移技术的迅速发展。

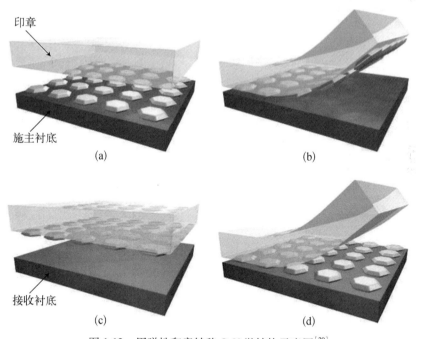

图 1.12　用弹性印章转移 GaN 微结构示意图[20]

(a) 将 GaN 微结构与准备好的弹性印章对准;(b) 弹性印章接触并拾取 GaN 微结构阵列;(c) 将弹性印章与接收衬底对准并接触;(d) 剥离弹性印章

2009 年,Rogers 课题组通过微转移打印技术成功制备了由红光 micro-LED 组成的显示阵列[21],如图 1.13 所示。

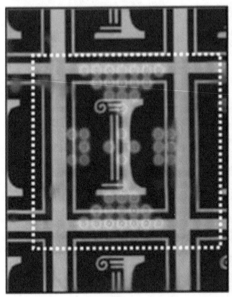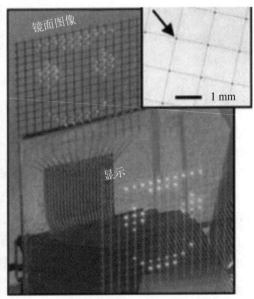

镜面图像

1 mm

显示

图 1.13　红光 micro-LED 阵列显示图[21]

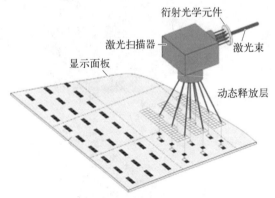

衍射光学元件

激光扫描器

激光束

显示面板

动态释放层

图 1.14　并行激光转移技术示意图[23]

Rogers 课题组、Dawson 课题组进一步发展了使用聚二甲基硅氧烷（polydimethylsiloxane，PDMS）印章转移 micro-LED 的技术，为突破柔性、全彩色 micro-LED 的巨量转移技术奠定了基础。

近年来，Apple 公司在其他巨量转移技术基础上，发明了另一种转移技术——静电转移，通过使用静电转移头阵列进行拾取和放置 micro-LED 阵列[22]。Uniqarta 公司则提出并行激光转移技术[23]，该技术如图 1.14 所示，它能够以每小时百万个 micro-LED 的转移速率进行大规模的转移，尽管目前该技术还没有实现商业化，但是也促进了巨量转移技术的发展。

除了上述技术外，近年来，索尼、友达、錼创、中国台湾工研院等多个公司以及研究机构进一步发展了电磁力转移、流体转移、滚轴转移等巨量转移技术。巨量转移技术作为另外一种实现 micro-LED 全彩色显示的技术，未来人们如果能够使巨量转移良率达到 99.999 9%，并且使其生产成本降低，micro-LED 全彩色显示就能走进我们的日常生活,给我们带来无限的便利。

1.2.2　Micro-LED 可见光通信

LED 不仅可以用于显示和照明,也可以用于通信领域,同样基于 LED 发展的具有优异性能的 micro-LED 若是用于通信领域会不会产生意想不到的效果呢？随着智能社会发展的需求,由于射频(radio frequency, RF)频谱资源的匮乏,一种全新的通信方式——可见光通信应运而生。所谓可见光通信就是利用可见光作为信息传输的载体进行的高速数据传输方式。以 GaN 材料为基础的具有高带宽和高亮度的 LED、激光器等都可以作为可见光通信的光源。然而,到目前为止制约可见光通信速率的一个重要因素是 LED 的调制带宽,提高 LED 调制带宽的典型方法就是缩小尺寸,即制备 micro-LED。由于 micro-LED 本身具有快速开关特性,使得 micro-LED 能够产生超快的光脉冲,其具有超高的调制带宽,并且调制带宽可达到 GHz 以上,因此它可以作为信息的高速发射和接收器,完成信息的传递,并且还可以与显示系统集成。以下简单介绍 micro-LED 可见光通信的进展,详细内容将在后续章节展开说明。

日本庆应大学最早提出了以 LED 照明灯为通信基站的设想,随后可见光通信系统的概念正式问世,由日本多家企业联合参与研发,并展示了 LED 可见光通信的样机。但是由于采用的是传统的 LED,因此其数据传输速率不高,直到 2010 年,Dawson 课题组使用了一个 16×16 的 micro-LED 阵列,利用器件高达 245 MHz 的调制带宽,成功实现了数据传输速率达到 1 Gb/s 的高速通信[24],结果如图 1.15 所示,同时也证明了 micro-LED 阵列作为数据信号发射机,还可以与 CMOS 控制电路集成以提供并行数据发射机。

2011 年,Harald Hass 演示了一个带有信号处理技术的 LED 灯把高清视频传输

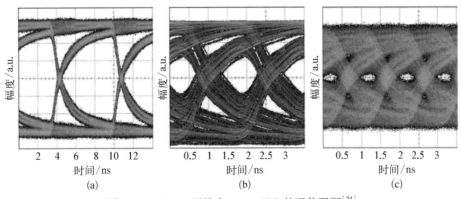

图 1.15　450 nm 可见光 micro-LED 的通信眼图[24]

(a) 155 Mb/s;(b) 622 Mb/s;(c) 1 000 Mb/s

给了计算机系统,并首次将高速、双向和网络化的移动无线可见光通信技术定义为我们现在所熟知的 LiFi[25]。

2012 年,Dawson 课题组制备了一个 8×8 的 micro-LED 阵列[26],结构图如图1.16所示,实现的 micro-LED 调制带宽达 400 MHz,尽管基于 CMOS 和 micro-LED 集成系统的调制带宽和数据传输速率有所减小,但实验成功地验证了 CMOS 电路可以实现16 个独立的数据输入。2014 年,Dawson 课题组与 Hass 课题组合作采用正交频分复用(orthogonal frequency division multiplexing, OFDM)调制方案[27],基于 micro-LED 突破性地实现了 3 Gb/s 的数据传输速率,将可见光通信速率提高到一个新的台阶。

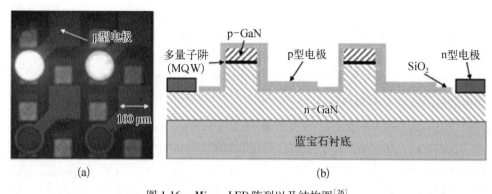

(a)　　　　　　　　　　　　　(b)

图 1.16　Micro-LED 阵列以及结构图[26]

(a) 8×8 阵列图,其中有两个像素被点亮;(b) 相应的 8×8 阵列的横截面结构图

2017 年,田朋飞课题组首次将 micro-LED 用于水下无线可见光通信系统,在传输距离为 5.4 m 时,实现了 200 Mb/s 的实时通信速率[28]。

2019 年,田朋飞课题组使用 micro-LED 阵列作为可见光通信探测器,采用405 nm 的激光作为发射器,基于开关键控(on-off keying, OOK)的调制方式,实现了2×2 多入多出(multiple-input multiple-output, MIMO)可见光通信系统和 350 Mb/s 的数据传输速率[29],更为重要的是他们首次提出了 micro-LED 阵列能够集成显示、光电探测器、数据发射器等功能于一体,拓展了 micro-LED 的应用范围。

2016 年,Dawson 课题组采用脉冲幅度调制(pulse amplitude modulation, PAM)和OFDM 两种调制方式实现了 5 Gb/s 的数据传输速率[30]。2020 年,Dawson 课题组在自由空间实现可见光通信数据传输速率超过 10 Gb/s,且 micro-LED 的芯片尺寸也减小到 20 μm[31],这是目前为止报道出的单颗 LED 芯片的最高数据传输速率。

当然,除了可见光波段的 micro-LED 可以用来通信以外,不可见光波段的micro-LED 具备极大的通信应用潜力,如基于 GaN 的紫外光 micro-LED 实现的通信。

2015 年,Dawson 课题组通过结合 OFDM 技术与 370 nm 紫外光 micro-LED,实现了 1.31 Gb/s 数据传输速率的紫外光通信[32];2019 年,该课题组在此前的基础上,通过使用 OOK 以及 OFDM 调制方式,结合 262 nm 紫外光的 micro-LED,成功实现了深紫外波段的通信,最大数据传输速率为 1.1 Gb/s[33];2021 年,研究人员进一步使用 276 nm 的紫外光 micro-LED 实现了 2 Gb/s 的通信速率[34],促进了紫外光通信的发展。

经过研究者们的不懈努力,可见光通信技术发展迅速。我们有理由相信,随着技术的日渐进步和成熟,可见光通信一定会走进千家万户,方便我们的生活。

1.2.3　Micro-LED 直写技术

众所周知,在半导体器件制造过程中,往往需要制作一系列的光刻掩模版,通过曝光处理来获得需要的图形,这耗费了大量的资源。因此,有必要发展能够不采用掩模版且依然能够获得我们想要图形的方案。

相对于传统的大尺寸 LED,micro-LED 以其特有的体积小、像素密度高等优势脱颖而出。2005 年,Dawson 课题组将透镜集成到 64×64

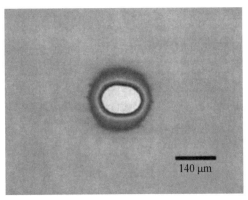

图 1.17　显影后光刻胶的光学显微镜图[35]

的 368 nm 波长 micro-LED 阵列上,其中每个 micro-LED 单元都可以实现单独

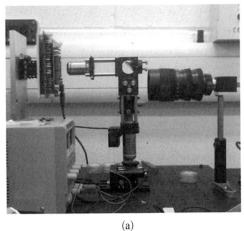

(a)

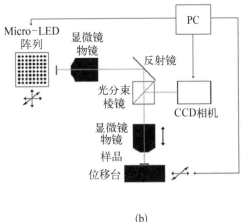

(b)

图 1.18　CMOS 控制的 370 nm micro-LED 阵列的无掩模光刻系统[36]

(a)无掩模光刻系统结构图;(b)无掩模光刻系统结构原理图

控制,成功地验证了利用 micro-LED 进行直写图形的概念[35],如图 1.17 所示。

2009 年,Dawson 课题组采用 8×8 的 micro-LED 阵列对光刻胶进行无掩模光刻,完成了 GaN 基 LED 的制备[36](见图 1.18),该实验成功地证明了 2005 年的概念在实验上的可行性,为 micro-LED 直写制备光电器件提供了可靠的实验基础。

2012 年,该团队同样采用 8×8 的 micro-LED 阵列[37],并结合 CMOS 电路,成功地制备了复杂的光电器件,该实验验证了 micro-LED 阵列直写功能的优点,如可以重新设计图案、多光束并行写入等。2014 年,该团队展示了一种基于 micro-LED 直写的高性能亚微米条状 LED 阵列的制造技术[38],如图1.19所示。

1.2.4　Micro-LED 异质集成有机激光器

在光子学研究中,有机发光一直扮演着重要的角色。有机半导体以其工艺简单、低成本的器件制造潜力而成为一种非常有前途的可见光激光器增益介质,然而,到目前为止,大多数有机激光器是以固态或气体激光器作为泵浦,不利于降低成本等。因此,LED 光泵浦成了最佳的选择。

基于光泵浦的有机激光器,最重要的是泵浦能够提供纳秒级别的脉冲,在 micro-LED 之前,使用的是商用的高功率 LED 且激发强度为 1 kW/cm^2[39]。直到 2013 年,Dawson 课题组首次使用 micro-LED 阵列作为激发源实现有机激光器[40],为了达到阈值强度,micro-LED 由激光驱动器在纳秒脉冲范围驱动,这也为 micro-LED 泵浦有机激光器提供了实验基础。

1.2.5　Micro-LED 荧光寿命检测

如今人们已经认识到来自分子的荧光衰减可以提供有关样品和荧光团周围条件的大量信息。随着生命科学研究的兴起,测量细胞膜的局部黏度和 pH 值等的检测技术也随之发展起来。荧光寿命检测就是其中常用的一种手段,而基于荧光的检测方法是许多现代仪器技术的核心。该技术需要一个窄波长的光源来激发目标荧光团,产生的荧光必须通过光学装置将激发光与荧光分离,然后才能被光敏仪器检测,最后进行荧光测定。传统的荧光检测光源是水银灯或者卤素灯等,这种光谱仪器所需的设备比较庞大且很多年来没有变化。而 micro-LED 的出现,有助于实现小型集成系统。

2004 年,Dawson 课题组首次验证了 micro-LED 能够作为荧光探测的激发光

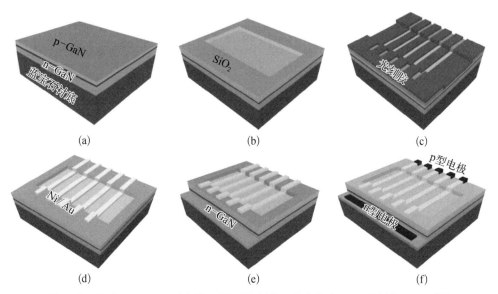

图 1.19　基于 micro-LED 直写的可单独控制的亚微米条状 LED 的制备流程图[41]

（a）InGaN/GaN 外延片；（b）LED 外延片顶部的 SiO₂ 窗口；（c）由 micro-LED 直写系统产生的光刻胶图案；（d）通过将 Ni/Au 金属蒸发到光刻胶图案上而形成的 Ni/Au 电极；（e）通过 ICP 刻蚀暴露的 n-GaN；（f）通过溅射形成的 p 型电极和 n 型电极

源[41]，该实验采用的是 64×64 的 20 μm micro-LED 阵列，其中 micro-LED 阵列起到提供光脉冲的作用，他们采用五种荧光物质作为激发物，使用驱动电路对不同波长阵列的单个器件进行脉冲驱动，脉冲频率从 200 kHz 到 10 MHz，脉冲宽度为 2 ns。

　　2008 年，Dawson 课题组首次采用单光子计数技术，结合 CMOS 电路，使用 370 nm 波长的 16×4 micro-LED 阵列，激发量子点，使用集成在同一块衬底上的单光子雪崩二极管（single photon avalanche diode，SPAD）进行荧光检测，实现的最长和最短脉冲分别是 47.87 ns 和 1.12 ns[42]，荧光探测原理图如图 1.20 所示。

2009 年该课题组在原有的基础上，实现了 777 ps 的光脉冲进行荧光检测，并且其可以用来探测爆炸物[43]。

　　使用 micro-LED 作为荧光寿命检测的光源具有可靠性高、成本低、紧凑、激发光窄等优点，其同时结合 CMOS 电路以及探测器

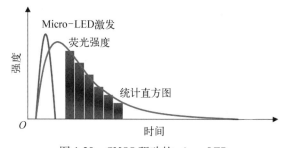

图 1.20　CMOS 驱动的 micro-LED
阵列荧光探测原理图[43]

于一体,在生命科学等领域能够发挥巨大的作用。随着 micro-LED 技术、CMOS 电路以及探测器的发展,micro-LED 荧光寿命探测技术将会继续朝着便携一体化、低成本、高精度的方向发展。

1.2.6 Micro-LED 光电镊子

众所周知,细胞尺度粒子的操纵是细胞生物学中分离、分类和控制细胞间相互作用的重要技术,然而如何进行分离、控制细胞间的相互作用一直是困扰研究者们的重要课题,传统的微操作技术主要包括机械操作、介电泳、磁镊以及基于数字微镜器件(digital micromirror device, DMD)或 LCD 显示的光电镊子。LCD 以及 DMD 设备的庞大是首先面临的问题,而应用小尺寸的 micro-LED 有助于实现多功能小型光电镊子。

2008 年,Nurmikko 课题组通过使用蓝光和紫光 micro-LED 实现了对神经细胞的成像和检测功能,为实现细胞的微操作提供了实验和理论基础[44]。

2011 年,Dawson 课题组利用 CMOS 控制的 micro-LED 阵列实现了对细胞的微操纵,为光电镊子系统的微型化奠定了基础[45]。

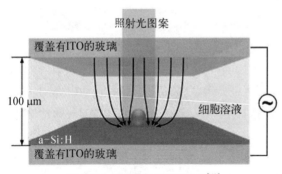

图 1.21　光电镊子的原理图[43]

2014 年,Dawson 课题组采用 micro-LED 阵列结合 CMOS 控制电路,实现了一个小型的光电镊子系统[46],为实现取代 LCD、DMD 等大型光电镊子设备提供了理论和实验基础。其原理如图 1.21所示。

1.2.7 Micro-LED 光遗传学

所谓光遗传技术是指通过结合光学与遗传学,精确控制特定神经元活动的技术。传统的光遗传应用是基于光纤装置导入外部光源的发光,由于发光器件无法与生物组织直接相互作用,导入的光源的发光面积也难以控制,在操作应用中受到了很大的限制。Micro-LED 的出现让研究者们看到了新的技术方向,micro-LED 的尺寸与神经元细胞接近,micro-LED 阵列的不同单元可以精准刺激特定的不同位置的神经元细胞,小尺寸的 micro-LED 也可以减少对生物组织的侵入式损伤,同时柔性 micro-LED 的发展使 micro-LED 器件更容易与生物组织贴合,这让 micro-LED 光遗传应用上了一个新的台阶。

2013 年,Dawson 课题组首先验证了基于 GaN 的 micro-LED 探针能够应用于光遗传领域[47],为 micro-LED 光遗传学的发展奠定了基础。

同年,Rogers 课题组开发了一种可注射的细胞级光电子技术,包括对移动中的动物进行无线和复杂行为的控制[48],该团队主要是使用了柔性 micro-LED,并且高度发展了 micro-LED 的异质集成技术。

2016 年,Dawson 课题组在先前的基础上,成功地将 micro-LED 探针应用于实验大鼠,验证了 micro-LED 应用于生物的可行性[49],并实现了 400 mW/mm^2 的 micro-LED 辐照度。Micro-LED 探针如图 1.22 所示。

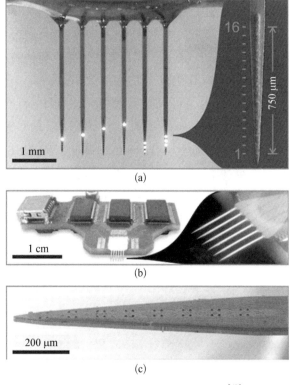

图 1.22　Micro-LED 神经元探针图[49]

（a）每个探针有 16 个 micro-LED,共 6 个探针头;(b）从一个 USB 接口,可以连接到小型 PCB 并提供对 micro-LED 的电学控制;(c）集成探针的 SEM 图

由于 micro-LED 在生物医学领域的应用发展还没有达到人们预期的水平,因此,近几年,micro-LED 的光遗传技术还没有真正应用到医学治疗,micro-LED 光遗传应用还有很长的一段路要走,但我们相信 micro-LED 的优异特性将会为

micro-LED 光遗传领域的发展做出巨大的贡献。

1.3 Micro-LED 显示系统的组成

1.3.1 Micro-LED 显示的优势

对于广义的 micro-LED 显示，可以分为 micro-LED 作为背光源的 LCD 显示以及 micro-LED 自发光显示，但本书中我们特指后者。如表 1.2 所示，与目前已经在市场上广泛应用的 LCD 和 OLED 显示相比，micro-LED 显示具有优异的图像质量、出色的稳定性等突出的优点[50-54]。首先，由于不需要彩色滤光片和背光单元，因此与 LCD 相比，自发光的 micro-LED 显示可以有效地减小器件的厚度。其次，在较高的注入电流密度下，micro-LED 仍具备良好的散热，且 micro-LED 的亮度高达 100 000 cd/m^2，其对比度理论上也可以达到无穷大。而且，micro-LED 显示器的 PPI 可以达到 10 000 以上，Mojo Vision 公司已经在 0.018 in 的面板上制备出 14 000 PPI 的 micro-LED 显示[55-56]。Micro-LED 的响应时间非常短，能达到 0.2 ns，远小于 OLED 的响应时间，因此 micro-LED 显示可以同时兼具显示与高速可见光通信的功能。普通照明 LED 的寿命达数万小时，由此可以预估 micro-LED 的寿命与 LCD 和 OLED 相比更具竞争力。此外，micro-LED 模块还可以进行无缝拼接，实现超大屏幕显示，三星公司已实现 292 in 的 8 K 显示屏。而且，micro-LED 的色域宽广（>100% NTSC），可以显示出丰富的色彩。由于其具有如此优异的性能，micro-LED 显示被认为是下一代显示技术。

表 1.2 LCD、OLED、micro-LED 显示的主要参数对比

参　　数	LCD	OLED	Micro-LED
发光模式	背光源	自发光	自发光
亮度/(cd/m^2)	3 000	5 000	100 000
显示屏材料	无机	有机	无机
对比度	5 000	∞	∞
PPI	>7 000	>6 000	>10 000
色域	75% NTSC	>100% NTSC	>100% NTSC
响应时间	ms	μs	ns
寿命	中等	中等	很长
工作温度/K	273~333	223~343	173~500

　　显然,micro-LED 显示要求实现全彩色发光,但是由于材料生长技术的限制,目前还难以在同一衬底上同时生长出高效率的红、绿、蓝光 LED 材料或器件,这是制约 micro-LED 显示产业化的关键。目前,最有可能实现大规模的全彩色显示的方案主要包括两种:一是通过巨量转移红色、绿色和蓝色(RGB)的 micro-LED 到同一个驱动面板上,以实现全彩化;二是用紫外(UV)或者蓝光 micro-LED 激发量子点来实现颜色转换。当然,还有许多其他的全彩色显示方案。例如,在同一外延衬底上生长并制备具有不同发光波长的 micro-LED 阵列器件来直接实现全彩色 micro-LED 显示阵列。还可以先制备出 RGB micro-LED 显示器件,然后使用三色棱镜合成 RGB micro-LED 显示阵列的发光并调节 RGB 的亮度来实现全彩色显示[57]。或者通过混合以上多种方案,以实现全彩色 micro-LED 显示。目前已经有几种相关的实现全彩色 micro-LED 显示的方案被证实是卓有成效的[58-59],尽管仍然存在一些要解决的技术问题,但随着研究的进展,我们相信这些障碍将在不久的将来得到解决。

1.3.2　显示系统的表征指标

1. 亮度

　　显示器的亮度是指施加 100% 的驱动信号到屏上,显示全白屏时的亮度数值,是屏面亮度的最大值。对于显示屏亮度的要求与环境息息相关,例如在黑暗环境下,幕布亮度需要达到 $30 \sim 45$ cd/m^2,在室内看电视,就需要显示屏的亮度大于 100 cd/m^2,在公共场所等具有较强的环境光下使用电子设备时,要求亮度达到 $300 \sim 500$ cd/m^2。通常,LCD 显示屏的最大亮度为 3 000 cd/m^2 左右,而 micro-LED 显示的最大亮度能达到 100 000 cd/m^2 以上。

2. 对比度和环境对比度

　　单独一个最大亮度的量化指标往往是不足的,显示屏的亮度具有一个动态范围。我们用对比度(contrast ratio, CR)来衡量显示屏面上最大的亮度 L_{max} 和最小的亮度 L_{min} 之比,即 $CR = L_{max}/L_{min}$。在观看图像时,本质上就在观看图像各处的对比度。背光源的 LCD 屏无法做到绝对的暗屏,即便不加驱动信号,背光源也不可能停止发光,所以 LCD 屏的对比度是无法比拟自发光显示器的,其对比度一般为 1 000∶1 至 5 000∶1,而通过分段背光单元(backlight unit,BLU)的方法进行空间上的局部调光,可以增强对比度到 1 000 000∶1[60]。然而,自发光的 OLED 和 micro-LED 显示因为能做到几乎绝对的暗屏,所以对比度可以做到趋近于无穷大。

　　由于人们经常会在一定外界光照射的条件下使用电子设备,例如室内照明为

$100\sim300$ lx、手术室照明为 750 lx、体育场照明达 1 000 lx 以上,而太阳直射的日光甚至有 100 000 lx,因此不同场所产生的环境光的影响不可忽略,由于电子设备表面和界面的反射,对比度可能会急剧恶化,此时仅仅采用对比度来衡量就显得不足了,需要引入另一个指标——环境对比度(ambient contrast ratio, ACR)。

$$ACR = \frac{L_{max} + L_{ambient}}{L_{min} + L_{ambient}} \tag{1.1}$$

式中,$L_{ambient}$ 表示环境光亮度,而 ACR 表征的是观众实际体验的结果。

3. 像素密度

像素密度(PPI)常用每单位英寸中所包含的像素点数来衡量。PPI 的计算公式如下:

$$PPI = \frac{\sqrt{X^2 + Y^2}}{Z} \tag{1.2}$$

式中,X 表示长度像素数,Y 表示宽度像素数,Z 表示对角线长度。对于 micro-LED 显示来说,由于 micro-LED 的尺寸只有微米数量级,因此,其具备远超普通显示器的 PPI。

4. 效率

目前学术界以及商业应用中表征显示器效率的指标有流明效率、能源效率等,但是考虑到显示器尺寸、优劣样本和系统误差等对评价参数的影响,我国最终选择能源效率(cd/W)作为我国显示器效率标准,根据中华人民共和国国家标准规定,显示器的能源效率是指显示器屏幕的发光强度与显示器实测输入功率的比值,在实际的检验过程中,首先测试显示器在正常工作稳定后一段时间的功耗 E,然后再使用公式 $P = E/t$(t 为测试时间),算出显示器单位时间的能耗值 P(单位为 W),最后显示器的能源效率(E_{ff})就可以用公式 $E_{ff} = S \times L/P$ 进行计算,其中 S 为所检验显示器屏幕面积(单位为 m²),L 则是所检验显示器的屏幕亮度值(cd/m²),从计算公式可以看到 E_{ff} 比值越高,在消耗相同电功率的情况下,亮度越亮,节能效果就越好。

5. 色域

自然界中我们所能看到的颜色都包含在 CIE 1976 均匀色品标度图的马蹄形线框内,彩色显示器中的三基色 R、G、B 则分别可以对应色品图上的三个点,而显示器所能包含的颜色都包含在这三个点所组成的三角形内。对于 micro-LED 显示,三基色的 R、G、B 的颜色坐标(x, y)可以通过测定光源的光谱功率分布,进而求三刺激值,将三刺激值转换成色度坐标得到。最后求出三点围成的三角形面积,该面积即显示系统的色域。色域覆盖面积是指在色品标度图的马蹄形线框内,三角形所占的面积。该面积越大,说明显示屏可重现的自然界色彩就越多,色彩就越亮丽。目前,色域覆盖率常用的表示方式主要是基于美国国家电视标准委员会(National Television Standards Committee, NTSC)标准以及 Rec.2020 标准(超高清电视广播与节目源制作国际标准),其计算公式分别是

色域覆盖率(在 NTSC 标准下,可能会超过 100%) = 色域面积/NTSC 标准色域面积

$$(1.3)$$

色域覆盖率(在 Rec.2020 标准下) = 色域面积/Rec.2020 标准色域面积

$$(1.4)$$

电视标准规定,各类显示屏的色域覆盖率应该不小于 32% NTSC,目前主流的 LCD 显示器的色域覆盖率为 72%~75%NTSC,而 micro-LED 显示器的色域覆盖率能超过 100% NTSC,目前通过量子点颜色转换的 micro-LED 显示系统的色域覆盖率最大能达到 152% NTSC[17],RGB micro-LED 显示系统的色域覆盖率也达到 90% Rec.2020 以及 117%NTSC[61],如图 1.23 所示。

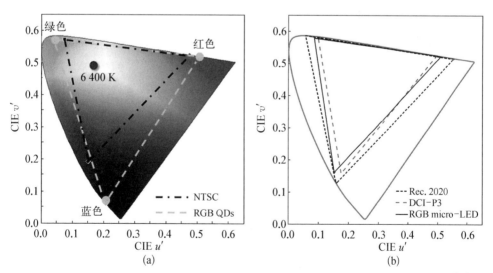

图 1.23　NTSC 标准色域以及 RGB 量子点颜色转换的 micro-LED 显示色域比较图(a)[17]和 Rec.2020 标准色域、DCI-P3(数字电影回放设备色彩标准)标准色域以及 RGB micro-LED 色域比较图(b)[61]

1.4　Micro-LED 显示技术发展趋势

Micro-LED 显示技术需要整合材料的外延生长、器件的制备、全彩色大面积显示器的封装、缺陷的修复、芯片的驱动、显示系统的集成等多个层面的工作,只有各个层面紧密合作,才能实现 micro-LED 显示设备的商业化。因此,半导体照明、显示等行业的通力合作非常重要。

从外延层面来说,micro-LED 器件对外延材料的缺陷密度、均匀性的要求比传统 LED 要求更高,大尺寸、高波长均匀性、低缺陷密度的外延片是未来外延片生长层面的发展方向。大尺寸的外延片将有助于使用更大的转移印章,提高巨量转移效率,并且降低制备成本。制备小于 1 nm 波长均匀性的 micro-LED 显示器是实现均匀的颜色显示的重要步骤。当然,如果通过集成量子点等颜色转换材料的方法来实现 RGB 全彩色 micro-LED 显示,那么这对于量子点也会产生较高的要求,但是对 micro-LED 的波长均匀性的要求就会低一些。由于 micro-LED 的尺寸可以达1 μm,因此,需要避免因超净间生长过程产生的缺陷,也需要尽可能降低外延片的缺陷密度来提高 micro-LED 的效率。

从 micro-LED 器件层面来说,也需要提高 micro-LED 的效率。随着micro-LED 尺寸的减小,等离子体刻蚀产生的侧壁缺陷会导致器件效率的下降,因此,优化技术一般为修复侧壁缺陷,也可以通过限制 micro-LED 的电流,将电流扩展到中间区域。其次,micro-LED 的侧壁出光对于效率的影响也占有一定比例。同时,micro-LED 显示像素间的光学串扰以及 RGB 像素不同的出光角度也是影响效率的因素。

为实现全彩色、大面积 micro-LED 显示器的封装集成,现在国际上已经发展出 PDMS 印章、激光、静电、电磁、流体等多种巨量转移技术,这是 micro-LED 显示技术实现商业化过程中的难点和关键技术,生产率、成本、专利等都是需要考虑的关键因素,同时还需要进一步发展相匹配的 micro-LED 器件的制备技术以及 micro-LED 显示检测修复技术。其中,生产率是实现 micro-LED 显示商用化的关键。生产率取决于印章的大小、转移周期的时间、像素间距等。

Micro-LED 常见的驱动方式主要有 CMOS 和薄膜晶体管(thin film transistor, TFT)等,主要是通过电流驱动 micro-LED 发光。虽然这和 OLED 显示的驱动类似,但是驱动 micro-LED 显示还需要解决一些重要的问题。例如：micro-LED 的外量子效率峰值所在的电流密度比 OLED 要高,显示器工作电流密度往往是 EQE 峰值之前的小电流密度;micro-LED 发光中心波长、色域和 RGB micro-LED 形成的白光会随电流密度、温度变化有较大的偏移;RGB 三种不同 micro-LED 的驱动电压和电流的不一样将会影响电路的设计等。

根据应用场景的不同,采用的 micro-LED 显示技术路线会略有不同。如 VR/AR 显示应用可以使用 Si – CMOS 与 micro-LED 单片集成的技术路线,这与大尺寸电视使用 TFT 和巨量转移的技术路线不同。随着 micro-LED 技术的发展,在未来的智能社会里,micro-LED 将不仅局限于显示应用,还将与光通信、医疗探测、智能车灯等应用领域结合,成为变革性的下一代显示技术。

参考文献

[1] Zhou X, Tian P, Sher W, et al. Growth, transfer printing and colour conversion techniques towards full-colour micro-LED display[J]. Progress in Quantum Electronics, 2020, 71: 100263.

[2] Tian P, McKendry J J D, Gong Z, et al. Characteristics and applications of micro-pixelated GaN-based light emitting diodes on Si substrates[J]. Journal of Applied Physics, 2014, 115: 033112.

[3] Tian P, McKendry J J D, Gu E, et al. Fabrication, characteristics and applications of flexible vertical InGaN micro-light emitting diode arrays[J]. Optics Express, 2016, 24: 699 – 707.

[4] Tian P, McKendry J J D, Gong Z, et al. Size-dependent efficiency and efficiency droop of blue InGaN micro-light emitting diodes[J]. Applied Physics Letters, 2012, 101: 231110.

[5] Tian P, Althumali A, Gu E, et al. Aging characteristics of blue InGaN micro-light emitting diodes at an extremely high current density of 3.5 kAcm^{-2}[J]. Semiconductor Science and Technology, 2016, 31: 045005.

[6] Tian P, McKendry J J D, Herrnsdorf J, et al. Temperature dependent efficiency droop of blue InGaN micro-light emitting diodes[J]. Applied Physics Letters, 2014, 105: 171107.

[7] Jin S X, Li J, Li J Z, et al. GaN microdisk light emitting diodes[J]. Applied Physics Letters, 2000, 76: 631 – 633.

[8] Jiang H X, Jin S X, Li J, et al. III – nitride blue microdisplays[J]. Applied Physics Letters, 2001, 78: 1303 – 1305.

[9] Choi H W, Jeon C W, Dawson M D, et al. Fabrication and performance of parallel-addressed InGaN micro-LED arrays[J]. IEEE Photonics Technology Letters, 2003, 15: 510 – 512.

[10] Gong Z, Zhang H X, Gu E, et al. Matrix-addressable micropixellated InGaN light-emitting diodes with uniform emission and increased light output[J]. IEEE Transactions on Electron Devices, 2007, 54: 2650 – 2658.

[11] Chong W C, Cho W K, Liu Z J, et al. 1700 pixels per inch (PPI) passive-matrix micro-LED display powered by ASIC[C]. Compound Semiconductor Integrated Circuit Symposium, 2014.

[12] Griffin C, Zhang H X, Guilhabert B, et al. Micro-pixellated flip-chip InGaN and AlInGaN light-emitting diodes[C]. Conference on Lasers and Electro-Optics, 2007.

[13] Day J, Li J, Lie D Y C, et al. Ⅲ-Nitride full-scale high-resolution microdisplays[J]. Applied Physics Letters, 2011, 99: 031116.

[14] Herrnsdorf J, Mckendry J J D, Zhang S, et al. Active-matrix GaN micro light-emitting diode display with unprecedented brightness[J]. IEEE Transactions on Electron Devices, 2015, 62: 1918-1925.

[15] Zhang X, Li P, Zou X, et al. Active matrix monolithic LED micro-display using GaN-on-Si epilayers[J]. IEEE Photonics Technology Letters, 2019, 31: 865-868.

[16] Gong Z, Gu E, Jin S R, et al. Efficient flip-chip InGaN micro-pixellated light-emitting diode arrays: promising candidates for micro-displays and colour conversion[J]. Journal of Physics D: Applied Physics, 2008, 41: 094002.

[17] Han H V, Lin H Y, Lin C C, et al. Resonant-enhanced full-color emission of quantum-dot-based micro LED display technology[J]. Optics Express, 2015, 23: 32504.

[18] Lin H Y, Sher C W, Hsieh D H, et al. Optical cross-talk reduction in a quantum-dot-based full-color micro-light-emitting-diode display by a lithographic-fabricated photoresist mold [J]. Photonics Research, 2017, 5: 411-416.

[19] Blanchet G, Rogers J. High-resolution, printing techniques for plastic electronics [J]. Nanolithography & Patterning Techniques in Microelectronics, 2005, 47: 373-398.

[20] Meitl M A, Zhu Z T, Kumar V, et al. Transfer printing by kinetic control of adhesion to an elastomeric stamp[J]. Nature Materials, 2006, 5: 33-38.

[21] Park S I, Xiong Y, Kim R H, et al. Printed assemblies of inorganic light-emitting diodes for deformable and semitransparent displays[J]. Science, 2009, 325: 977-981.

[22] Andreas B, John A, Higginson H H, et al. Method of transferring and bonding an array of micro devices[P]. US9773750, 2017.

[23] Marinov V R. Laser-enabled extremely-high rate technology for μLED assembly [J]. SID International Symposium Digest of Technology Papers, 2018, 49: 692-695.

[24] Mckendry J J D, Green R P, Kelly A E, et al. High-speed visible light communications using individual pixels in a micro light-emitting diode array[J]. IEEE Photonics Technology Letters, 2010, 22: 1346-1348.

[25] Harald Hass. Wireless data from every light bulb[EB/OL]. http://www.ted.com[2011-07].

[26] Mckendry J J D, Massoubre D, Zhang S, et al. Visible-light communications using a CMOS-controlled micro-light-emitting-diode array [J]. Journal of Lightwave Technology, 2012, 30: 61-67.

[27] Tsonev D, Chun H, Rajbhandari S, et al. A 3-Gb/s single-LED OFDM-based wireless VLC link using a gallium nitride μLED[J]. IEEE Photonics Technology Letters, 2014, 26: 637-640.

[28] Tian P, Liu X, Yi S, et al. High-speed underwater optical wireless communication using a blue GaN-based micro-LED [J]. Optics Express, 2017, 25: 1193-1201.

[29] Liu X, Lin R, Chen H, et al. High-bandwidth InGaN self-powered detector arrays toward MIMO

visible light communication based on micro-LED arrays[J]. ACS Photonics, 2019, 6: 3186 - 3195.

[30] Ferreira R X G, Xie E, Mckendry J J D, et al. High bandwidth GaN-based micro-LEDs for multi-Gb/s visible light communications[J]. IEEE Photonics Technology Letters, 2016, 28: 2023 - 2026.

[31] Xie E, Bian R, He X, et al. Over 10 Gbps VLC for long-distance applications using a GaN-based series-biased micro-LED array[J]. IEEE Photonics Technology Letters, 2020, 32: 499 - 502.

[32] Mckendry J J D, Tsonev D, Ferreira R, et al. Gb/s single - LED OFDM - based VLC using violet and UV gallium nitride μLEDs[C]. IEEE Summer Topical Meeting Series, 2015: 175 - 176.

[33] He X, Xie E, Islim M S, et al. 1 Gbps free-space deep-ultraviolet communications based on Ⅲ-nitride micro-LEDs emitting at 262 nm[J]. Photonics Research, 2019, 7: B41 - B47.

[34] Zhu S, Qiu P, Qian Z, et al. 2 Gbps free-space ultraviolet-C communication based on a high-bandwidth micro-LED achieved with pre-equalization[J]. Optics Letters, 2021, 46: 2147 - 2150.

[35] Jeon C W, Gu E, Dawson M D. Mask-free photolithographic exposure using a matrix-addressable micropixellated AlInGaN ultraviolet light-emitting diode[J]. Applied Physics Letters, 2005, 86: 221105.

[36] Elfstrom D, Guilhabert B, Mckendry J, et al. Mask-less ultraviolet photolithography based on CMOS-driven micro-pixel light emitting diodes[J]. Optics Express, 2009, 17: 23522 - 23529.

[37] Guilhabert B, Massoubre D, Richardson E, et al. Sub-micron lithography using InGaN micro-LEDs: mask-free fabrication of LED arrays[J]. IEEE Photonics Technology Letters, 2012, 24: 2221 - 2224.

[38] Gong Z, Guilhabert B, Chen Z, et al. Direct LED writing of submicron resist patterns: towards the fabrication of individually-addressable InGaN submicron stripe-shaped LED arrays[J]. Nano Research, 2014, 7: 1849 - 1860.

[39] Yang Y, Turnbull G A, Samuel I D W. Hybrid optoelectronics: a polymer laser pumped by a nitride light-emitting diode[J]. Applied Physics Letters, 2008, 92: 163306.

[40] Herrnsdorf J, Wang Y, Mckendry J J D, et al. Micro-LED pumped polymer laser: a discussion of future pump sources for organic lasers[J]. Laser & Photonics Reviews, 2013, 7: 1065 - 1078.

[41] Griffin C, Gu E, Choi H W, et al. Fluorescence excitation and lifetime measurements using GaN/InGaN micro-LED arrays[C]. Annual Meeting of the IEEE Lasers and Electro - Optics Society, 2004: 896 - 897.

[42] Rae B R, Griffin C, Mckendry J, et al. CMOS driven micro-pixel LEDs integrated with single photon avalanche diodes for time resolved fluorescence measurements[J]. Journal of Physics D: Applied Physics, 2008, 41: 094011.

[43] Rae B R, Muir K R, Gong Z, et al. A CMOS time-resolved fluorescence lifetime analysis micro-system[J]. Sensors, 2009, 9: 9255 - 9274.

[44] Xu H, Zhang J, Davitt K M, et al. Application of blue-green and ultraviolet micro-LEDs to biological imaging and detection[J]. Journal of Physics D: Applied Physics, 2008, 41: 094014.

[45] Jeorlett A H, Neale S L, Massoubre D, et al. Optoelectronic tweezers system for single cell manipulation and fluorescence imaging of live immune cells[J]. Optics Express, 2014, 22: 1372-1380.

[46] Jeorrett A H, Neale S L, Massoubre D, et al. Optoelectronic tweezers system for single cell manipulation and fluorescence imaging of live immune cells[J]. Optics Express, 2014, 22: 1372-1380.

[47] Mcalinden N, Massoubre D, Richardson E, et al. Thermal and optical characterization of micro-LED probes for in vivo optogenetic neural stimulation[J]. Optics Letters, 2013, 38: 992-994.

[48] Kim T, Mccall J G, Jung Y H, et al. Injectable cellular-scale optoelectronics with applications for wireless optogenetics[J]. Science, 2013, 340: 211-216.

[49] Scharf R, Tsunematsu T, Mcalinden N, et al. Depth-specific optogenetic control in vivo with a scalable, high-density μLED neural probe[J]. Scientific Reports, 2016, 6: 28381.

[50] Lee H E, Shin J H, Park J H, et al. Micro light-emitting diodes for display and flexible biomedical applications[J]. Advanced Functional Materials, 2019, 29: 1808075.

[51] Lee H E, Choi J H, Lee S H, et al. Monolithic flexible vertical GaN light-emitting diodes for a transparent wireless brain optical stimulator[J]. Advanced Materials, 2018, 30: 1800649.

[52] Lin C C, Fang Y H, Kao M J, et al. Ultra-fine pitch thin-film micro LED display for indoor applications[J]. SID Symposium Digest of Technical Papers, 2018, 49: 782-785.

[53] Yoon J K, Park E M, Son J S, et al. The study of picture quality of OLED TV with WRGB OLEDs structure[J]. SID International Symposium: Digest of Technology Papers, 2013, 44: 326-329.

[54] Katsui S, Kobayashi H, Nakagawa T, et al. A 5291 PPI organic light-emitting diode display using field effect transistors including a c-axis aligned crystalline oxide semiconductor[J]. Journal of the Society for Information Display, 2019, 27: 497-506.

[55] Liu Z, Zhang K, Liu Y, et al. Fully multi-functional GaN-based micro-LEDs for 2500 PPI micro-displays, temperature sensing, light energy harvesting, and light detection[C]. IEEE International Electron Devices Meeting, 2018: 871-874.

[56] JBD exhibits 2000000 nit and 10000 PPI micro-LED displays[EB/OL].https://www.microled-info.com/jbd-demonstrates-2-million-nits-and-10000-ppi-micro-led-microdisplays[2019-7-23].

[57] Liu Z J, Chong W C, Wong K M, et al. A novel BLU-free full-color LED projector using LED on silicon micro-displays[J]. IEEE Photonics Technology Letters, 2013, 25: 2267-2270.

[58] 显示技术微发光二极管(MicroLED)在 AR/VR 显示装置应用最具潜力[EB/OL].http://www.51touch.com/lcd/news/dynamic/2017/1031/48607.html[2017-10-31].

[59] 佘庆威.色转换是 Micro LED 显示技术实现量产的可行之路[EB/OL].http://www.yejibang.com/news-details-23615.html[2019-7-2].

［60］Huang Y, Tan G, Gou F, et al. Prospects and challenges of mini-LED and micro-LED displays ［J］. Journal of the Society for Information Display, 2019, 27: 387 - 401.

［61］Gou F, Hsiang E L, Tan G, et al. Angular color shift of micro-LED displays ［J］. Optics Express, 2019, 27: A746.

第 2 章

Micro-LED 的制备

  Micro-LED 显示被誉为继 LCD 和 OLED 的下一代显示技术,该技术将传统照明大尺寸 LED 进行微缩化和矩阵化,并且每个 micro-LED 单元能被单独控制。在 micro-LED 制备过程中,首先需要将 LED 微缩化、矩阵化,使 LED 尺寸单元小于 100 μm;在 micro-LED 巨量转移工艺中,还需要剥离掉原有的 micro-LED 衬底,实现器件薄膜化;然后通过键合工艺等,实现 micro-LED 与驱动芯片的集成,从而实现每个像素点的单独寻址和驱动发光。

  Micro-LED 主要基于 GaN、GaP、GaAs 等Ⅲ-Ⅴ族化合物半导体外延材料制备而成。其核心部分是由 p 型半导体和 n 型半导体组成的外延片,在 p 型半导体和 n 型半导体之间有一个多量子阱结构为有源区,限制电子和空穴载流子到量子阱区域,所制备的器件具有一般 pn 结的电学特性,即正向导通,反向截止。由于 pn 结阻挡层的限制,在常态下,电子和空穴不能自发复合。当在 micro-LED 的 pn 结两端施加正向偏置电压时,载流子扩散运动大于漂移运动,使得 p 区的空穴和 n 区的电子注入量子阱有源区,电子和空穴发生复合,载流子发生辐射复合后将发射出光子,把电能转化为光能,这种复合发出的光属于自发辐射。基于 GaN 材料的 micro-LED 能带结构如图 2.1 所示,制作 micro-LED 的常用半导体外延片材料结构包括 n-GaN 层、InGaN/GaN 多量子阱(multiple quantum well, MQW)层、AlGaN 电子阻挡层、p-GaN 层[1]。当在 micro-LED 的 pn 结两端加上反向偏压时,少数载流子难以注入,因此其不发光[2]。在正向导通的情况下,电子和空穴在量子阱区域复合产生光子,实现 micro-LED 发光。当前,多数用于制备 micro-LED 的外延片仍然与用于制备传统照明 LED 的外延片类似,但是 micro-LED 的驱动电流、电流密度与照明 LED 有很大的不同,还需要专门的设计,才能够使 micro-LED 也达到较高的外

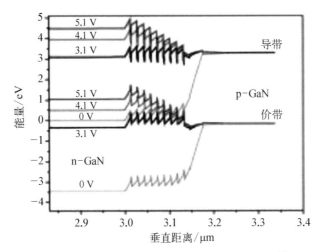

图 2.1　典型的 GaN 基 micro-LED 的能带结构图[1]

量子效率。

　　显示、通信、生物医学等领域不同的应用对 micro-LED 的性能有不同的要求，而 micro-LED 的性能高度依赖于外延生长材料的技术以及 micro-LED 器件制备的工艺。基于相同的 LED 外延材料结构设计，由不同的 micro-LED 工艺制备条件所制备的 micro-LED 器件可能具有不同的电学和光学特性。本章内容结合常用微纳加工设备，对 micro-LED 的外延生长技术、micro-LED 的工作原理及其制备、micro-LED 显示阵列的制备以及 micro-LED 衬底剥离、键合等相关技术进行介绍。

2.1　外延生长技术

　　由于 micro-LED 的性能高度依赖于外延生长材料技术，所以先进的外延技术与高端的生长设备是获得高质量外延片的关键，常用的外延生长技术主要包括氢化物气相外延（hydride vapor phase epitaxy，HVPE）、分子束外延（molecular beam epitaxy，MBE）和金属有机化学气相沉积（metal-organic chemical vapor deposition，MOCVD）等。

　　利用 HVPE 技术可以获得位错密度较低的 GaN 厚膜，并将其作为衬底用于其他方法的同质外延生长。但是，HVPE 的缺点是难以准确地控制 GaN 薄膜的厚度，反应气体对设备具有一定的刻蚀性，影响了 GaN 材料纯度的进一步提高。

MBE 技术是在超高真空条件下，将加热到一定温度的单晶源材料喷射在衬底上进行外延材料的生长。MBE 技术的特点是生长温度低，外延层的厚度组成和掺杂浓度可以严格控制，因此其在超晶格和量子阱材料的制备中具有一定的优势，但它具有生长系统复杂、生长速度慢和生长面积有限的缺点，因此其不适合工业化生产。

自 20 世纪 60 年代以来，随着外延材料质量的提高和外延设备的革新，MOCVD 技术逐步成为 GaAs、InP、GaN 等光电子材料外延片制备的核心生长技术。随着中村修二等采用双气流的 MOCVD 技术成功制备了 GaN 外延片，实现了高亮蓝光 LED，MOCVD 技术逐步成为制备 GaN 基 LED 外延片的主流技术，目前还没有其他方法能与用 MOCVD 生长的 GaN 外延片及其器件的光电性能相比。

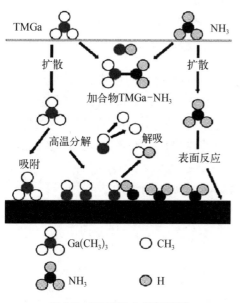

图 2.2 MOCVD 生长原理图

MOCVD 技术是在低压的密闭腔室内，利用 N_2 与 H_2 的混合载气将有机（metal organic，MO）源输运到反应室（如行星式腔体，典型设备为德国 AIXTRON G4 2800），通过射频加热石墨盘上的衬底，使得 MO 源在衬底表面进行一系列化学反应，从而进行对应的外延薄膜生长，MOCVD 生长原理如图 2.2 所示。对于 AlGaInP 系列红光 LED，通常以 GaAs 为衬底，Al、Ga、In 为 MO 源，Si、Mg 为对应的 n 型和 p 型掺杂源，PH_3 作为 V 族源，在设计好的外延参数下（包括 V／Ⅲ比、反应室压力、生长温度梯度、管道载气流量、生长速率等），通过对生长参数进行调控来生长不同结构的 GaAs 基 LED；对于 GaN 基蓝光 LED，比较成熟的工艺是采用蓝宝石作为衬底进行 GaN 外延的生长，以 NH_3 作为氮源，NH_3 在高温下分解与三甲基镓（trimethylgallium，TMGa）进行化学反应生成 GaN，在外延薄膜生长过程中，通过控制 AlGaN 与 InGaN 量子阱中的 Al 和 In 组分来调制禁带宽度从而改变 LED 的发光波长，实现从深紫外到红光波段的覆盖。

MOCVD 技术在外延薄膜生长方面优势如下：① 反应腔室气密性好，源材料纯度能达到 99.999 9%，保证了外延层晶体质量不会受外来污染物的影响；② 反

应室利用 N_2 与 H_2 作为载气,严格控制气压平衡,使得在 MO 源切换时整个外延界面没有气压波动,外延界面十分尖锐,同时利用 N_2 与 H_2 的热容不同来进行反应室温度的调节控制;③ 通过对流量进行控制的质量流量控制计(mass flow controller, MFC)和对压力进行控制的压力控制器(pressure controller, PC)严格控制气体流量与压力,并且进行快速切换,精确控制薄膜外延结构;④ 反应室腔体容量大,可以同时实现更多的衬底或者更大尺寸的衬底进行外延生长,实现工业大规模应用等。

针对 MOCVD 外延生长技术,由于 micro-LED 显示的需求,其外延生长过程与普通 LED 相比较,需要关注两个重要的问题,一是均匀的发光波长,由于 micro-LED 对波长的均匀性要求非常高,因此,发光波长的波动范围要维持在 1 nm 以内;二是尽可能地减少外延结构内缺陷颗粒数量。

因此针对上述问题,研究者们总结出如下三个注意要点。

首先是衬底材料的选择,目前使用最广泛的衬底材料是蓝宝石、硅(Si)、碳化硅(SiC)、GaAs 以及 GaN。不同的衬底有不同的优缺点,要根据实际情况进行选择。

其次是对于 MOCVD 设备的要求和掌握度,由于不同设备的生长参数会不同,因此生长高质量的外延片要熟练掌握设备的参数,以便于及时调整,以适应外延片的要求。

最后是在掌握 MOCVD 设备以及选择好衬底的前提下,通过选择合适的生长温度、气体流量、V 族源的流量与 III 族源的流量比、压力等条件优化外延结构,使其能够满足 micro-LED 的高要求。

GaN 基 micro-LED 的生长衬底可以是蓝宝石衬底、Si 衬底、SiC 衬底以及 GaN 衬底等。蓝宝石衬底是氮化物外延生长最常用的衬底,其生产工艺非常成熟且稳定性好,价格相对便宜,适合大规模应用。但是蓝宝石作为衬底也存在一些缺点,它与 GaN 之间存在较大的晶格失配和热失配,从而会产生大量的位错,影响器件性能;蓝宝石导热性不好,不利于大功率器件的散热,因此蓝宝石衬底在大功率器件的应用中受到很大的限制。SiC 衬底也常用于 GaN 外延,其化学稳定性好、导电性和导热性好,与 GaN 晶格的失配仅为 3.5%,可以在 SiC 衬底上生长出高质量的 GaN 薄膜。另外,良好的导热性使其具有制作 GaN 基微波功率器件的优势。由于 SiC 衬底价格过高,380 nm 以下的紫外光容易被 SiC 衬底吸收,因此不适合用来开发 380 nm 以下的 UV LED 器件。Si 衬底成本低、技术成熟、易与现有 Si 工艺兼容,与蓝宝石和 SiC 相比,Si 与 GaN 存在较大的晶格失配和热失配,使得 GaN 在 Si 衬

底上的生长较为困难,位错密度较高。GaN 衬底作为同质外延,可以大大提高
micro-LED 器件的工作寿命和发光效率,但其应用仍然十分有限。其主要原因是
大尺寸的 GaN 衬底难以获得,而且 GaN 衬底价格相对较为昂贵。

2.2　Micro-LED 器件制备技术

Micro-LED 器件制备过程中需要用到超净间,以及光刻、干湿法刻蚀、SiO_2 沉
积、金属沉积、快速热退火等技术。

1)超净间

对于 micro-LED 加工,尤其是光刻而言,一个超高洁净度的超净间是必要的。
国际上一般以每立方英尺空气中包含 0.5 μm 及以上尺寸颗粒的最大数目来定义
超净间的等级[3]。当空气中的灰尘落在晶圆或者是掩模版上时,可能会导致意料
之外的器件缺陷或者失效。因此,必须严格控制超净间内的温度、湿度和单位体积
内的粉尘颗粒总数。图 2.3 为用于制作 micro-LED 的黄光超净间,主要是为了防止
光刻胶在短波长的光照下发生不必要的曝光。图中的操作台可以用于光刻加工、
湿法刻蚀、样品的烘烤或清洗等。

图 2.3　黄光超净间图

2)光刻

在现代半导体工业中光刻技术被广泛应用于在半导体晶圆上定义图案。光刻的

性能由以下三个参数决定：线宽、精度、产量。线宽指的是可以转移到晶圆上的最小特征尺寸，精度是关于对准准确度的描述，产量是指每小时制作晶圆的数量。

光刻机的主要部件为灯箱、对准台和显微镜。高压汞灯以及它的电路是灯箱内的曝光光源。如图 2.4 所示，Karl Suss MA6 光刻机的灯箱型号为 UV400，高压汞灯的波长为 350~450 nm。在曝光之前，通过调节样品位置和使用显微镜来实现掩模版和样品之间的对准，然后通过曝光将掩模图案（玻璃上的镀铬图案）复制到光刻胶中。如果光刻胶为正胶，则光刻图案将与掩模图案一致；如果光刻胶为负胶，则光刻图案将与掩模图案互补。

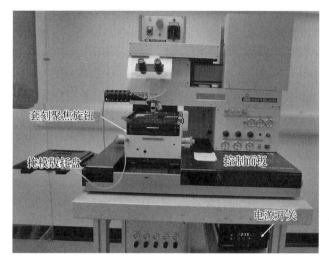

图 2.4　Karl Suss MA6 光刻机图

光刻胶是一种对光照敏感的化合物，包括正、负光刻胶。根据不同的工艺需要选择不同厚度、不同性质的光刻胶。如 Shipley S1818 光刻胶，标准工艺下胶厚为 1.8 μm，适用于刻蚀掩模；而 SPR220－4.5 光刻胶，标准工艺下约有 4.5 μm 厚度，适用于金属剥离工艺。在这些正光刻胶上制备图案的典型处理步骤是预烘焙、光刻胶旋涂、坚膜烘焙、曝光、显影、冲洗和干燥。光刻胶的厚度可以通过旋涂的转速、时间进行调整，烘烤、曝光和显影时间由光刻胶的类型和厚度决定。

这里介绍一种典型的负胶 SU8 2002，主要用作柔性的隔离层。SU8 2002 的处理步骤与正胶的处理步骤相似，但是，这类光刻胶在实际应用中通常会保留在最终样品上，因此应该在工艺中加入后烘焙的过程。为了在应用过程中保持 SU8 的稳定性能，后烘焙温度应高于器件工作温度，通常为 150~250℃。图 2.5 显示了 Si 衬底上典型的 SU8 图案。

3）刻蚀

在转移图案的过程中,光刻胶光刻定义的图案可作为后续步骤(如刻蚀、蒸镀金属)的掩模使用。对于大多数非晶或多晶材料,在湿法化学蚀刻剂中蚀刻通常是各向同性的。如图 2.6 所示,如果 h_f 是蚀刻层的厚度,l 是光刻胶掩模下方的横向蚀刻距离,则各向异性的程度由 $A_f = 1 - l/h_f$ 确定[3]。湿法刻蚀用于图案转移的主要缺陷是受到光刻胶保护的区域其侧壁也会遭到侧向刻蚀(尤其是在 $A_f \approx 0$ 时),从而导致分辨率降低。在 micro-LED 的制备过程中,电极区域的隔离层 SiO_2 通常用湿法刻蚀来转移图案。过长的刻蚀时间会使得 SiO_2 侧壁过刻蚀,导致漏电发生。为了得到一个高精度的图案转移,如 $A_f \approx 1$,可以采用干法刻蚀。

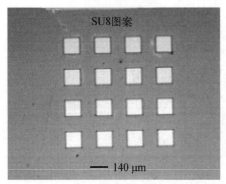

图 2.5　Si 衬底上典型的 SU8 显微镜图案

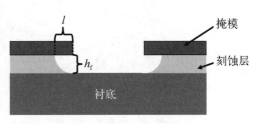

图 2.6　湿法刻蚀原理示意图

湿法刻蚀:对于湿法刻蚀,晶圆清洁度、搅拌和刻蚀液的温度以及光刻胶与晶圆的附着力都将影响刻蚀速率和均匀性。在光刻胶旋涂之前,半导体晶圆需要进行化学清洗以去除污染。为了提高光刻胶与晶圆的附着力,必须对光刻胶图案进行后烘焙。然后,在 HF 的稀溶液中加入 NH_4F 进行 SiO_2 湿法刻蚀,即所谓的缓冲氧化物刻蚀(buffered oxide etch,BOE)。添加 NH_4F 是为了保持 HF 浓度和控制 pH 值。

湿法刻蚀已广泛应用于 micro-LED 的加工。如前所述,SiO_2 用作 micro-LED 中电极的隔离层。在这种情况下,获得良好的 SiO_2 图案对 micro-LED 的性能至关重要。

干法刻蚀:等离子体辅助干法刻蚀设备主要有反应离子刻蚀(reactive ion etching,RIE)和感应耦合等离子体(inductively coupled plasma,ICP)刻蚀[4]。等离子体刻蚀分以下步骤:刻蚀物在等离子体中生成;反应物吸附在样品表面;发生化学反应和物理反应(如离子轰击)以形成挥发性化合物;化合物从表面解吸,被分散至主腔室气体中,并由真空系统抽出[3]。在平行板结构的 RIE 机中,底电极与射频电容耦合,也用来固定晶圆。晶圆由来自等离子体的高能离子轰击刻蚀[2](见图 2.7)。

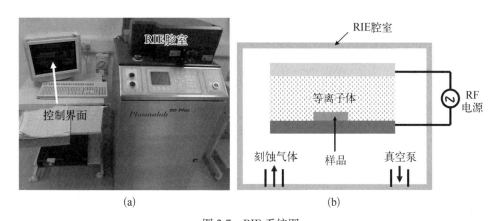

图 2.7　RIE 系统图

(a) Oxford PlasmaLab 80+RIE 系统图;(b) RIE 主腔室示意图

相比之下,ICP 系统具有高密度等离子体源($10^{11} \sim 10^{12}$ cm^3)和低压(小于20 mTorr①)[2]。ICP 的其他优点包括晶圆载盘供电独立于主电源、较高的蚀刻速率和高可控蚀刻选择比(见图 2.8)。

为了制作出高质量的 micro-LED 器件,通常需要将干法刻蚀和湿法刻蚀相结合,以便有效地利用每种技术的优点。例如,在 micro-LED 器件上刻蚀 SiO$_2$ 图案时,纯干法刻蚀会对 LED 层表面造成损伤,而纯湿法刻蚀则会产生较大的侧壁刻蚀。刻蚀 SiO$_2$ 图案的一种有效方法是先干法刻蚀,后湿法刻蚀,以获得具有较大各向异性且不损伤半导体表面的蚀刻结构。

4) SiO$_2$ 沉积

Oxford Plasmalab 80+PECVD 系统是常用的沉积 SiO$_2$ 的仪器。化学气相沉积(CVD)是指通过含有所需成分的气相化学物质在样品上形成非挥发性固体膜的过程。反应气体引入主腔室后在加热的样品表面分解和反应,形成薄膜。等离子体增强化学气相沉积(plasma enhanced chemical vapor deposition, PECVD)利用射频感应辉光放电将能量转移到反应气体中,可保持相对较低的样品温度。相比之下,其他沉积方法可能需要较高的温度,造成有些材料由于其热不稳定而无法沉积。另外,PECVD 可以提高沉积速率。沉积的 SiO$_2$ 层可用作 micro-LED 工艺的刻蚀掩

---

① 1 Torr = 1 mmHg = 133.3 Pa

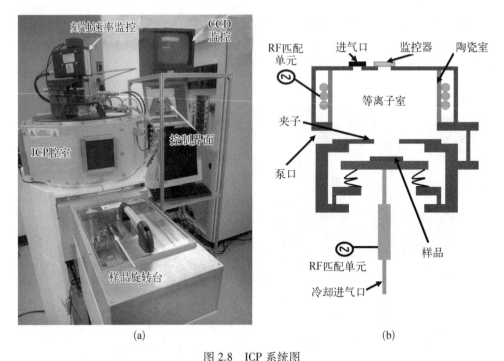

(a)   (b)

图 2.8   ICP 系统图

(a) Surface Technology Systems 公司的 ICP 系统图;(b) ICP 主腔室示意图

模或绝缘层。

5) 金属沉积

本书将介绍几种金属沉积方法,分别是溅射、热蒸发和电子束蒸发,这三种方法皆为物理气相沉积。

在溅射过程中,靶材的原子被高能粒子碰撞而移位,然后沉积到样品上,这种沉积方式称为溅射。溅射技术由于以下优点被广泛应用于金属薄膜的沉积:可以从大面积的靶材上实现溅射,因此适合在大面积的晶片上沉积均匀厚度的金属薄膜;根据已知的沉积速率调整沉积时间,可以很容易地控制金属薄膜的厚度;合金沉积比蒸发法更容易控制。然而,溅射也有一些缺点,主要包括设备成本高、某些材料(如 SiO_2)沉积速率慢[5]。图 2.9(a)所示为 CVC AST 601 溅射系统。它是一个直流磁控溅射系统,主要用于沉积 Ti、Al、Au 等金属材料作为 LED 器件的电极。该系统由沉积室、溅射靶、气体、真空泵、电源、控制接口等组成。溅射沉积室的溅射过程和原理如图 2.9(b)所示。

通常溅射过程可以分为以下四个步骤:主腔室中产生离子并向靶材轰击;靶材原子被离子溅射出来;溅射出来的原子移动到样品上;这些原子沉积为薄膜。直流、

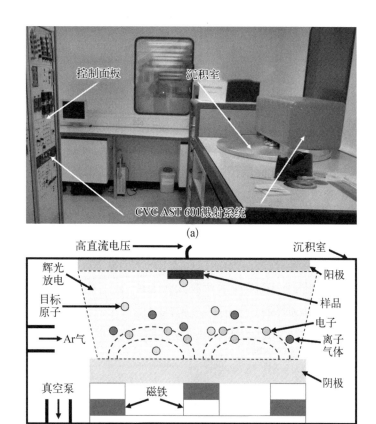

图 2.9　溅射系统图

（a）CVC AST 601 溅射系统；（b）主腔室内溅射过程的原理示意图

射频和磁控溅射广泛应用于溅射系统。与射频溅射相比，直流溅射有一个缺点，即不能用来溅射绝缘体（如 SiO_2），这是因为如果电极上覆盖有绝缘层，就不能在直流电压下维持辉光放电。在直流和射频溅射系统中，靶材发射的大部分二次电子不会引起 Ar 原子的电离，而 Ar 原子被阳极、样品等收集起来，导致不必要的加热。相比之下，磁控溅射通过使用磁场来控制靶表面附近的电子，增加了引起电离碰撞的电子的百分比。因此，在磁控溅射系统中，靶的离子轰击和溅射速率、沉积速率显著提高。

热蒸发和电子束蒸发：金属薄膜也可以通过加热靶材的方式使其蒸发，然后在样品上沉积。在高真空环境中（通常低于 5×10^{-7} Torr），蒸发出来的原子/分子会大概率撞击样品/腔室壁，而不会与其他气体分子发生碰撞。热蒸发因其沉积速率高、金属原子撞击样品的能量低（0.1 eV）、高纯度沉积、样品非故意加热（仅由原子凝聚热和辐射源产生热）等特点而广泛应用于金属薄膜的沉积。然而，与溅射沉积相比,热蒸发有一些局限性,例如无法精确控制合金成分。

为了在蒸发过程中达到样品最大限度的均匀性,通常将样品安装在腔室内部的机械旋转支架上,在沉积过程中整个支架围绕腔室的垂直轴旋转,从而保证整个样品上以及不同样品之间的厚度均匀。

电子束蒸发是一种常用的蒸发技术。在电子束蒸发过程中,电子流被加速到高动能(5~30 keV)并直接轰击靶材,将动能转化为热能,并熔化一小部分蒸发材料。这解决了坩埚和靶材之间的反应或熔解问题,从而获得高纯度的沉积薄膜。

对于电子束蒸发系统,在衬底推进和推出时,蒸发源的表面可能会被氧化。这些表面污染物将在加热时蒸发。为了防止这种污染,通常在靶材和衬底之间使用一个遮挡门,并且遮挡门只有在开始蒸发之后才打开。

图2.10(a)是用于电子束蒸发的EDWARDS AUTO 306系统。主腔室内电子束蒸发过程的原理如图2.10(b)所示。在该系统中,采用机械泵和扩散泵抽气,以获得高真空环境,可以选择四种不同的金属靶材进行多层沉积。真空室内的蒸发速率监测器可直接读取金属沉积速率和薄膜沉积厚度。

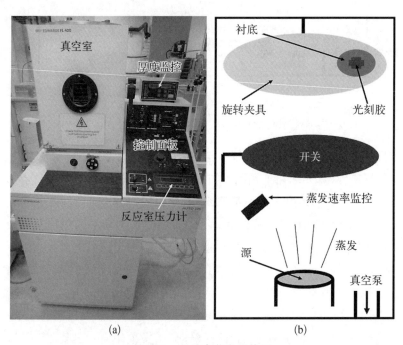

图2.10 电子束蒸发系统图

(a) EDWARDS AUTO 306电子束蒸发系统图;(b) 主腔室内电子束蒸发过程的原理示意图

6）快速热退火

快速热退火（rapid thermal annealing，RTA）是 GaN 基 micro-LED 形成 p 型接触、改善侧壁表面缺陷的重要工艺。图 2.11(a) 所示为 JIPELEC 公司的 Jetfirst RTA 系统。退火条件（包括气体、温度和时间）都可以精确控制。图 2.11(b) 为用于退火样品的 RTA 腔室的示意图。对于典型的 RTA 工艺，样品可装入 RTA 腔室内的石英室中。可以控制腔室内气体的类型和流量，也可选择真空退火。在控制面板中，通常设置多个步骤以在确定的时间段内达到所需的温度。位于载片中心和边缘的两个热电偶用于评估载片中心到边缘的温度差。

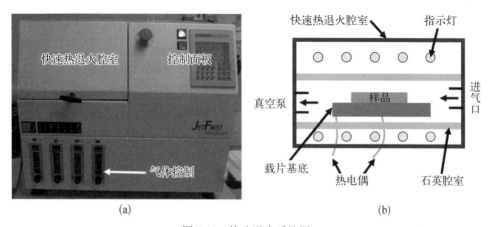

(a)　　　　　　　　　　　　　　(b)

图 2.11　快速退火系统图

(a) JIPELEC 公司的 Jetfirst RTA 系统；(b) RTA 腔室中的 RTA 过程示意图

GaN 基 micro-LED 的 p 型 Ni/Au 接触的典型 RTA 条件是在 500℃的纯净空气中退火 2~3 min。通过多个步骤将 LED 样品加热到 500℃，并且在每个步骤中，样品在 30 s 内加热到特定温度。样品退火结束后需要缓慢冷却，以防止由于热冲击导致的样品破裂。

最后，我们介绍在以上设备的基础上制备 micro-LED 器件的工艺流程。Micro-LED 的制备工艺流程与传统 LED 的制备工艺部分兼容[6-8]。以生长在蓝宝石衬底上的 GaN 基顶发射 micro-LED 为例，介绍其具体的结构和制备工艺[9-10]。图 2.12 展示了一种制备单个 micro-LED 器件的方法。采用 MOCVD 在蓝宝石衬底上进行了材料外延生长，外延结构由非故意掺杂的 GaN 缓冲层、n-GaN 层、InGaN/GaN MQW 层和 p-GaN 层组成。随后通过电子束蒸发或磁控溅射在 p-GaN 层表面制备了一层铟锡氧化物（indium tin oxide，ITO）薄膜，ITO 薄膜作为一种低电阻率、高透光率的电流扩散层，可以与 p-GaN 形成良好的欧姆接触。用 ICP 对外延

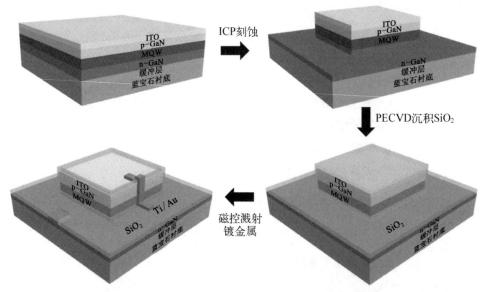

图 2.12　单个 GaN 基顶部发射 micro-LED 器件的制备工艺示意图[10]

片进行台面刻蚀,然后进行热退火,形成 p - GaN 的 p 型欧姆接触。在金属沉积之前,通过 PECVD 沉积 SiO₂ 钝化层来分离 p 型电极和 n 型电极。此外,通过溅射将 Ti/Au 层作为 n 型电极沉积在 n - GaN 层的表面。类似于 n 型电极的制备,Ti/Au 沉积在 ITO 层上形成 p 型电极。

2.3　Micro-LED 显示阵列制备技术

　　这里以 micro-LED 微显示为例介绍 micro-LED 显示阵列制备技术。Micro-LED 阵列可用于多种微显示设备,如便携式摄影机、投影仪、投影电视等。当前主要以硅基液晶(liquid crystal on silicon, LCOS)或数字光处理器(digital light processing, DLP)微显示器为主,它们具有独立光源,并在单个像素的基础上调制入射光,具有低功耗的优势,但是对应的视野、亮度和对比度远低于在阳光直射或极端条件下应用的要求。还有另一类是自发光微显示器,它能提供高功率,能满足便携式近眼(near to eye, NTE)头部安装系统的要求[11-14]。当前的自发光微显示器主要采用有源 OLED 技术,但 OLED 本身的光电性能、功率效率和寿命仍然不如 LED,OLED 易受空气和水蒸气影响,各种颜色的亮度也会发生不均匀的衰减,稳定性有待提高。

　　基于 InGaN 和 AlGaInP 的 micro-LED 阵列在微显示应用方面有巨大的潜力，近年来取得了快速的发展。Micro-LED 发射光谱的半峰宽(约为 25 nm)较窄、工作电压低、分辨率高、稳定性好等优点使得 micro-LED 阵列成为微显示应用的理想选择。Micro-LED 显示阵列可以通过不同的制备方法得到，根据驱动方式可分为被动驱动和主动驱动显示。

　　在被动驱动设计中，一组水平像素和一组垂直像素共享同一电极，当扫描某一行时，该行上的每个像素的亮度由其列电极决定。图 2.13(a)的俯视图显示了 micro-LED 阵列布局，其水平方向连接所有 micro-LED 的阴极，垂直方向连接所有 micro-LED 的阳极，在 n 型电极线和 p 型电极线之间通过 SiO$_2$ 作为绝缘层。图 2.13

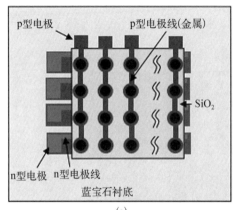

(a)

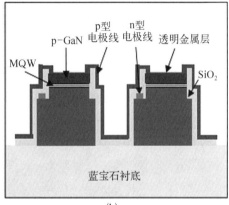

(b)

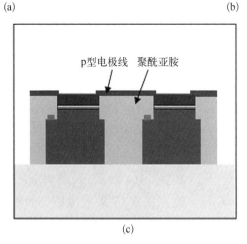

(c)

图 2.13　Micro-LED 被动驱动阵列示意图[14]

(a) 被动驱动 micro-LED 微显示俯视图；(b) 横截面视图；(c) 平面化工艺后的横截面视图

(b)是垂直方向的截面图,每个行像素可以通过 SiO_2 深沟槽彼此隔离,通过控制 ICP/RIE 条件(如刻蚀功率、气体配比、气体流量等),在刻蚀台面结构时实现梯形侧壁,使隔离层和金属互连沉积在台面和侧壁上[14]。通常会采用聚酰亚胺填充沟槽作为绝缘层,如图 2.13(c)所示,然后化学机械抛光(CMP)选择性地去除 p-GaN 上的介电层而不破坏器件结构[14]。

图 2.14 所示为典型的 160×120 像素的微显示器件,嵌入图为完成工艺流程后的 2 英寸外延片和单颗像素发光的照片,然后进行减薄,打线封装。图 2.15 为单个 micro-LED 的光电特性测试,包括电流-电压(I-V)、输出光功率-电流(L-I)、电注入光谱、光功率随角度分布的特性。从图中可以看出蓝光 micro-LED 的峰值波长为 470 nm,半峰宽(full width at half maximum,FWHM)为 30 nm,驱动电压为 3.2 V,电流为 10 μA,输出光功率为 0.25 μW,该像素还具有超过 120° 的宽视角。Micro-LED 的 L-I 特性的几乎线性也表明,像素能够在更高的输入功率下发射出更强的光,用于 VR/AR 显示。

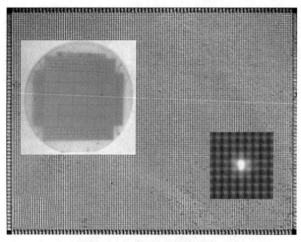

图 2.14　160×120 像素的微显示器的显微镜图
嵌入图:完成器件工艺后的外延片和像素发光照片

为了保证响应速率和像素亮度,micro-LED 阵列应设计为有源驱动,即每个像素对应一个驱动单元[14]。如图 2.16(a)所示,所有 micro-LED 像素共享一个阴极,由于 micro-LED 阵列不能直接在 Si 集成电路(integrated circuit,IC)上制作,这时候就需要采用倒装键合工艺,将 micro-LED 与 Si IC 进行混合集成。图 2.16(b)和(c)显示了 micro-LED 的结构与倒装键合结构。相比于无源驱动,在 micro-LED 阵列的芯片工艺中,不需要刻蚀到蓝宝石层,只需要刻蚀到

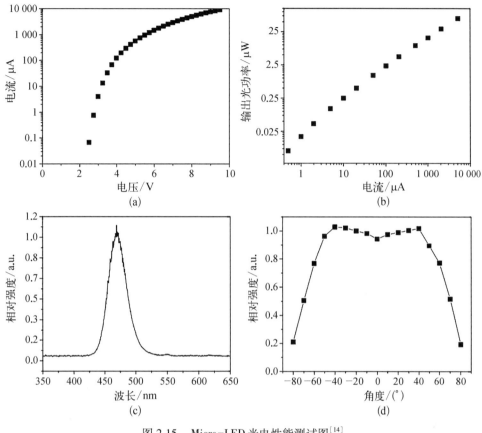

图 2.15　Micro-LED 光电性能测试图[14]

（a）I-V；（b）L-I；（c）光谱；（d）光功率随视角分布

n-GaN 台面,然后在 p 面和 n 面上沉积单独的铟球,便于与 Si IC 驱动电路进行倒装键合。同时,去除了共用的 n 型和 p 型金属线,发光区域可以大大提高,进而提升像素密度,micro-LED 微显示器具有高填充系数,可以提供极高分辨率的图像。

2.4　Micro-LED 衬底剥离及键合技术

通常情况下, micro-LED 需要经过衬底剥离和键合过程,才能实现巨量转移和 micro-LED 全彩显示[15]。去除施主衬底的方法主要有两种(见图 2.17)：一种是激光剥离(laser lift-off, LLO)技术,它只适用于对紫外光透明的衬底,如

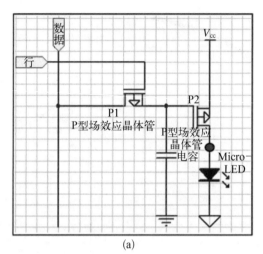

(a)

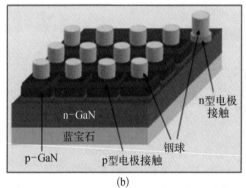

(b)

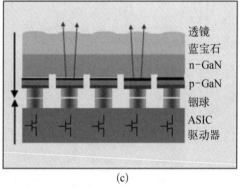

(c)

图 2.16   Micro-LED 有源驱动图阵列[15]

（a）主动驱动单元的电路图；（b）用于主动驱动的 micro-LED 阵列结构；（c）通过倒装键合，将 micro-LED 阵列与 Si IC 集成，以实现有源驱动

蓝宝石衬底；另一种是采用化学方法去除衬底，适用于 Si 衬底[16]。研究者可以通过湿法化学处理在大范围内去除 Si 衬底，也可以先通过机械研磨减薄再通过干法刻蚀方法去除 Si。图 2.17（a）以蓝宝石衬底为例，展示了 LLO 技术的过程，还介绍了临时键合工艺。首先，在蓝宝石衬底上生长器件外延层，前面已经描述了器件层的具体结构。然后，通过特定的方法（如旋转涂层）在过渡衬底上涂覆一层黏结层[17]。再通过有机材料、环氧树脂或金属合金等将器件层键合到过渡衬底上[18]。最后采用 LLO 技术将器件层与蓝宝石衬底分离，由于 GaN（带隙能量约为 3.4 eV）和蓝宝石（带隙能量为 8.7~9.4 eV）具有不同的带隙能量，激光发射穿过蓝宝石衬底，并在 GaN/蓝宝石界面被 GaN 吸收，导致 GaN 分解成 N_2 和 Ga 原子。LLO 技术利用材料之间不同的吸收系数和晶格

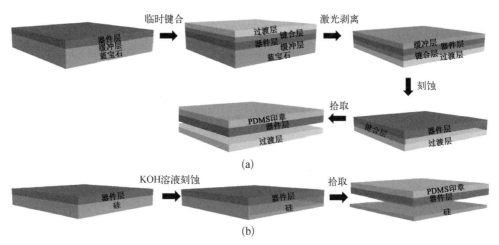

图 2.17　临时键合及衬底去除过程的示意图[18]

(a) LLO 技术;(b) KOH 溶液刻蚀 Si 衬底示意图

常数,在界面处产生应力,导致热膨胀进而分离,将器件层转移到另一衬底上[19~20]。

由于蓝宝石和 GaN 在晶格和热膨胀系数上的不匹配,在蓝宝石和外延层界面会产生应力[21]。该应力促使蓝宝石衬底被释放。然后,对键合层进行刻蚀,用 PDMS 印章拾取器件层。特别是当键合层为金属合金时,可采用相应的化学溶液进行刻蚀。

第二种化学方法去除衬底更为方便,如图 2.17(b)所示。Si 衬底通常采用化学溶液去除,将底下的 Si 衬底进行刻蚀掏空,用锚将器件进行悬空然后用 PDMS 印章拾取。一般情况下,Si 衬底是用 KOH 溶液进行各向异性刻蚀,衬底的各向异性湿法蚀刻可以使 micro-LED 层处于悬空状态。然后 PDMS 印章与器件层接触,产生一定的压力,导致 Si 边缘附近的固定点断裂。然后,micro-LED 被 PDMS 印章拾取,从 Si 衬底中分离出来。

将 micro-LED 从原始衬底上剥离下来,通过转移技术释放至接收衬底时,需要采用键合技术完成,通常采用的键合机制主要包括共晶合金键合、瞬态液相键合和固态扩散键合,图 2.18 具体阐述了这三种键合机制。

图 2.18(a)中,用于 micro-LED 器件的第一键合层和接收衬底第二键合层形成共晶合金键合层。通过将两个键合层加热至超过共晶点温度 5~30℃,然后冷却至低于共晶点温度可将共晶合金键合。表 2.1 为共晶键合合金和共晶点温度表。

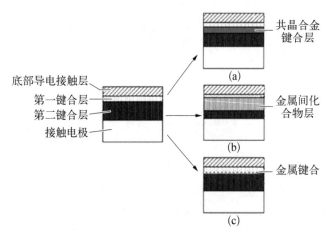

图 2.18　三种键合机制示意图

表 2.1　共晶键合合金和共晶点温度表

共晶合金质量分数/%	共晶温度/℃	第一键合层材料	第二键合层材料
Au：Sn(20/80)	280	Au	Sn
Au：Ge(28/72)	361	Au	Ge
Al：Ge(49/51)	419	Al	Ge
Ag：In(3/97)	143	Ag	In

　　图2.18(b)中,瞬态液相键合在键合层的最低液相线温度进行,或高于最低液相温度进行。Micro-LED 器件第一键合层材料熔点比接收衬底第二键合层高。Micro-LED 器件第一键合层液相线温度高于 250℃［如铋(271.4℃)］,或者高于350℃［如金(1 064℃)、铜(1 084℃)、银(962℃)、铝(660℃)、锌(419.5℃)、镍(1 453℃)］。接收衬底第二键合层的液相线温度低于第一键合层,如接收衬底第二键合层可以是表 2.1 中列出的任何低温焊料,包括锡(232℃)或铟(156.7℃)。表 2.2 列出了瞬态液相键合材料以及金属间化合物的熔化温度。

表 2.2　瞬态液相键合材料表

第一键合层材料	第二键合层材料	金属间化合物熔点温度/℃
Cu	Sn	415
Ag	Sn	600
Ag	In	880
Au	Sn	278
Au	In	495

Ni	Sn	400

　　巨量转移头组件在键合期间,施加低接触压力可防止金属从 micro-LED 器件和接收衬底之间过度挤出。本章叙述的共晶合金结合和瞬态液相结合两者都可以为系统组件调平提供额外的自由度,例如具有接收衬底的 micro-LED 器件阵列的平面度,以及当液体键合层在表面上展开时由于液化键合层高度变化而导致 micro-LED 器件高度变化。

　　图 2.18(c)中,固态扩散键合发生在接收衬底第二键合层和微器件第一键合层之间以形成金属键合。当温度低于键合层环境熔化温度时,发生固态扩散,在压力下施加热量也有助于扩散。固态扩散期间,在两个金属表面挤压从而建立金属键合。通过加热两个表面,金属软化可以降低用于键合过程的压力。键合层材料包括 Au-Au、Cu-Cu、Al-Al 等,也可以使用不同的金属组合。此外,压力可高于用于共晶合金键合和瞬态液相键合的压力。

2.5　小结

　　本章系统地介绍了 micro-LED 的外延生长、micro-LED 的器件制备、micro-LED 显示阵列的制备、micro-LED 衬底剥离及键合等相关技术,相比于传统的 LCD 以及 OLED,未来 micro-LED 在显示市场将具有举足轻重的地位,所以从外延材料生长以及芯片制备工艺上都需要克服相应的瓶颈,以早日实现高效率全彩 micro-LED 显示的产业化。

参考文献

[1] Tian P, Wu Z, Liu X, et al. Large-signal modulation characteristics of a GaN-based micro-LED for Gbps visible-light communication[J]. Applied Physics Express, 2018, 11: 044101.

[2] Cho J, Schubert E F, Kim J K. Efficiency droop in light-emitting diodes: Challenges and countermeasures[J]. Laser & Photonics Reviews, 2013, 7: 408-421.

[3] Sze S M, LEE M K. Semiconductor devices: physics and technology, 3rd edition[M]. Hoboken: John Wiley & Sons, 2012.

[4] Conrads H, Schmidt M. Plasma generation and plasma sources[J]. Plasma Sources Science & Technology, 2000, 9: 441-454.

[5] Braun A E. Silicon processing for the VLSI era, volume 1-process technology, second edition

[M]. Califomia: Semiconductor International, 2001.

[6] Tian P. Novel micro-pixelated III-nitride light emitting diodes : fabrication, efficiency studies and applications[D]. Glasgow: University of Strathclyde, 2014.

[7] Yang W, Zhang S, McKendry J J D, et al. Size-dependent capacitance study on InGaN-based micro-light-emitting diodes[J]. Journal of Applied Physics, 2014, 116: 044512.

[8] Zhou G, Lin R, Qian Z, et al. GaN-based micro-LEDs and detectors defined by current spreading layer: size-dependent characteristics and their multifunctional applications[J]. Journal of Physics D: Applied Physics, 2021.

[9] Tian P, Althumali A, Gu E, et al. Aging characteristics of blue InGaN micro-light emitting diodes at an extremely high current density of 3.5 kA cm^{-2} [J]. Semiconductor Science and Technology, 2016, 31: 045005.

[10] Tian P, Mckendry J J D, Gong Z, et al. Size-dependent efficiency and efficiency droop of blue InGaN micro-light emitting diodes[J]. Applied Physics Letters, 2012, 101: 231110.

[11] Armitage D, Underwood I, Wu S T. Introduction to microdisplays[M]. Hoboken: John Wiley & Sons, 2006.

[12] Choi H W, Jeon C W, Dawson M D. Tapered sidewall dry etching process for GaN and its applications in device fabrication [J]. Journal of Vacuum Science & Technology B: Microelectronics and Nanometer Structures, 2005, 23: 99 – 102.

[13] Jeon C W, Choi H W, Dawson M D. Fabrication of matrix-addressable InGaN-based microdisplays of high array density[J]. IEEE Photonics Technology Letters, 2003, 15: 1516 – 1518.

[14] Fan Z Y, Lin J Y, Jiang H X. III-nitride micro-emitter arrays: development and applications[J]. Journal of Physics D: Applied Physics, 2008, 41: 94001 – 94012.

[15] Kim T, Jung Y H, Song J, et al. High-efficiency, microscale GaN light-emitting diodes and their thermal properties on unusual substrates[J]. Small, 2012, 8: 1643 – 1649.

[16] Cho H K, Kim S K, Bae D K, et al. Laser lift off GaN thin-film photonic crystal GaN-based light-emitting diodes[J]. IEEE Photonics Technology Letters, 2008, 20: 2096 – 2098.

[17] Chan C K T, Bibl A. Adhesive wafer bonding with controlled thickness variation[P]. U.S. : 9087764, 2015.

[18] Ferro M, Malliaras G. Organic electrochemical transistor[P]. U.S. : 943634, 2016.

[19] Wong W S, Cho Y, Weber E R, et al. Structural and optical quality of GaN /metal /Si heterostructures fabricated by excimer laser lift-off [J]. Applied Physics Letters, 1999, 75: 1887 – 1889.

[20] Chu C F, Lai F I, Chu J T, et al. Study of GaN light-emitting diodes fabricated by laser lift-off technique[J]. Journal of Applied Physics, 2004, 95: 3916 – 3922.

[21] Blumenau A T, Fall C J, Elsner J, et al. A theoretical investigation of dislocations in cubic and hexagonal gallium nitride[J]. Physica Status Solidi (c), 2003, 6: 1684 – 1709.

第 **3** 章

Micro-LED 的尺寸效应

相比于传统照明 LED 芯片,micro-LED芯片最大的特点在于其尺寸的缩小,这给 micro-LED 赋予了许多优异的特性,并拓展了 micro-LED 的应用领域。然而由于器件尺寸的缩小,导致了其量子效率的下降,这种由尺寸变化带来的效率下降与传统意义大尺寸 LED 的"效率下降"(驱动电流增大导致效率下降)的机理不同,因此研究 micro-LED 的尺寸效应意义重大。

3.1 尺寸对 micro-LED 的电学特性的影响

Micro-LED 的结构示意图和显微镜照片如图 3.1 所示,在蓝宝石衬底的蓝光

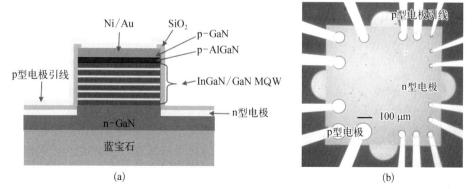

(a)   (b)

图 3.1　Micro-LED 的结构示意图以及显微镜照片[1]

(a) 结构示意图;(b) 直径从 6 μm 到 105 μm 不同尺寸的 micro-LED 的显微镜照片

GaN 外延片上刻蚀 GaN 外延层至 n-GaN 表面,沉积 SiO₂ 薄膜作为绝缘层,在电极处开口后沉积 Ni/Au 电极并退火形成欧姆接触,再次沉积 n 型电极与 p 型电极。通过制备直径从 6 μm 到 105 μm 的不同尺寸的 micro-LED,可以对比不同尺寸的 micro-LED 的性能[1]。

实验中得到了 micro-LED 的电流-电压(I-V)关系曲线以及电流密度-电压(J-V)关系曲线,如图 3.2 所示。可以发现,在 5 V 的电压下,尺寸为 6 μm 的 micro-LED 的注入电流密度可以达到 4 000 A/cm²,而尺寸为 105 μm 的 micro-LED 的注入电流密度只有 600 A/cm²。从电流密度的层面上来看,小尺寸的 micro-LED 具有很大的优势。值得注意的是,虽然从 I-V 特性图中可以看出,4 V 电压下 105 μm 的 micro-LED 的工作电流远大于 6 μm 的 micro-LED 工作电流,但这并不意味着大尺寸 micro-LED 的性能好。实际上,电流等于电流密度与面积的乘积,大尺寸 micro-LED 由于面积比较大,所以总电流较大;反之,虽然小尺寸 micro-LED 电流密度高,但是面积小,总电流反而较小。因此,在对不同尺寸的 micro-LED 的电学性能进行分析时,单位面积的电流强度即电流密度是关键,也就是说,电流密度决定 micro-LED 电学性能。

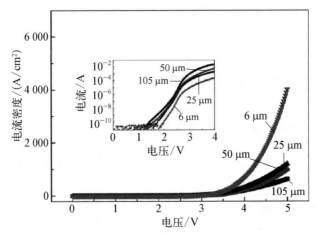

图 3.2 不同 micro-LED 尺寸下电流密度-电压曲线以及电流-电压曲线[1]

传统的 GaN 基 LED 往往在绝缘蓝宝石衬底上生长,并且通常使用具有横向电流注入的台面结构。图 3.3 为具有横向电流路径的典型 GaN 基 LED 的结构示意图。

通过基尔霍夫电流定律分析,可以获得电流密度分布与参数 x 的函数关系,其中 x 表示距台面边缘的距离[2]。在工作电流密度大于每平方厘米数十安的正向偏置下,电流密度分布可以表示为

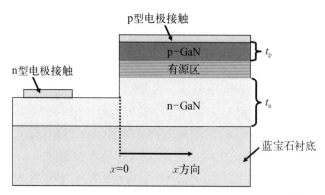

图 3.3　具有横向电流路径的 GaN 基 LED 结构示意图[1]

$$J(x) = J(0)\exp\left(-\frac{x}{L_s}\right) \tag{3.1}$$

$$L_s = \sqrt{(\rho_c + \rho_p t_p) t_n / \rho_n} \tag{3.2}$$

其中,$J(0)$ 表示台面边缘上的电流密度,而 ρ_c、ρ_p、ρ_n 是 p 电极、p 型层和 n 型层的电阻率,t_p、t_n 是 p 型层和 n 型层的厚度。L_s 表示电流扩展长度,定义为电流密度减小到台面边缘电流密度 1/e 的位置距台面边缘处的长度。

从上述方程可以看出,n 型层的电阻率应尽可能小,以最大限度地减小电流拥挤效应,而较大的 p 型层电阻则有助于实现均匀的电流扩展。实验中所制备的 micro-LED 的 p 型电极的面接触电阻率为 0.005 $\Omega \cdot cm^2$,p 型 GaN 的电阻率为 4 $\Omega \cdot cm$,n 型 GaN 电阻率为 0.03 $\Omega \cdot cm$,p 型层厚度为 0.15 μm,n 型层厚度为 3 μm,计算出的电流扩展长度为 71 μm,进而得出 micro-LED 台面中心和边缘的电流密度之比如表 3.1 所示[1]。

表 3.1　Micro-LED 台面内部电流密度分布比值

尺寸/μm	105	50	25	6
中心/边缘电流密度 J_{center}/J_{edge}	0.48	0.70	0.84	0.96

从表 3.1 可以看出,尺寸为 6 μm 的 micro-LED 的电流密度分布具有很高的均匀性,而尺寸为 105 μm 的 micro-LED 内部电流密度的分布差异较大,变化达到 52%。进一步推理可以得出,随着尺寸增加到 300 μm 甚至 1 000 μm,即在用于照明的大尺寸 LED 中,LED 的电流密度分布将会呈现出更大的差异。这意味着随着

电压的增加,大尺寸 LED 的电流拥挤现象将会越来越严重,从而导致 LED 的失效。相反,具备优异的电流扩展性能和良好的散热性能的小尺寸 micro-LED,便展现出了更优异的光学和电学性能。需要指出的是,实验中所制备的 micro-LED 的性能良好,从图 3.2 内嵌图中可以看出,在 1.5 V 电压下测试的电流小于 10^{-10} A,也就是说,micro-LED 的漏电可以忽略。而性能不良的 micro-LED 会出现较严重的漏电现象,严重的可达到 μA 数量级,这种漏电现象对于 micro-LED 显示应用非常不利,因为 micro-LED 显示所需要的电流往往在 μA 以及 nA 数量级。

如上所述,对于具有较大尺寸的 LED 器件,随着尺寸的增大其电流拥挤效应将变得更加严重。为更加深入地讨论优化电流扩展的方法,下面讨论使用新型结构的电极——叉指电极来优化大尺寸 LED 的性能,有助于进一步了解电流扩展对器件光电特性的影响,为深入理解和优化 micro-LED 的电流扩展提供研究思路。

图 3.4(a)显示了在蓝宝石衬底上制备的典型 1 mm×1 mm 蓝光 LED 芯片及其 p 型叉指电极[3]。为了定性地估计电流拥挤效应对器件电学和光学特性上的影响,实验设计并制备了两个 LED,即 LED A 和 LED B。对于 LED A,将六根电极引线接合在三个 p 型电极和三个 n 型电极上。对于 LED B,芯片中心仅使用两根电极引线,从而导致电流的拥挤。如图 3.4(b)所示,在电流值大于 10^{-4} A 时,$I-V$ 特性和理想因子特性皆会受到电流拥挤的影响。此外,还获得了这两个器件的外量子效率(external quantum efficiency, EQE)随电流变化的特性曲线图,如图 3.4(c)所示,两个 LED 的 EQE 特性仅在低电流范围内相似,这与 $I-V$ 特性一致。但是,从图中也可看出当电流大于 15 mA 时,LED A 的特性大大优于 LED B,其中,LED A 在 35 mA 时达到其峰值 EQE,而 LED B 则在 15 mA 时达到其峰值 EQE。这说明,LED B 的电流拥挤效应加剧了器件内部的局部过热以及局部非辐射复合,导致高电流下的效率降低。

数值模型已经被用来模拟因电流拥挤效应而导致的效率下降。不难发现,当电流分布均匀性较差时会导致器件严重的效率下降加剧,这也与实验结果吻合[4],并且效率下降对温度的依赖性也可以用电流拥挤效应来解释[5]。在较高电流和较高温度的共同作用下,电流拥挤变得更加严重,这将会大大地加剧器件效率的下降。根据公式中的电流拥挤模型,可以通过增加 p 型电流扩展层的电阻率,增加 n-GaN 层的厚度和减小 n-GaN 层的薄层电阻率来模拟 LED 效率的变化,发现效率下降趋势显著减缓[6]。因此,为了减小效率下降趋势,制备具有均匀电流扩散能力的 LED 芯片至关重要。

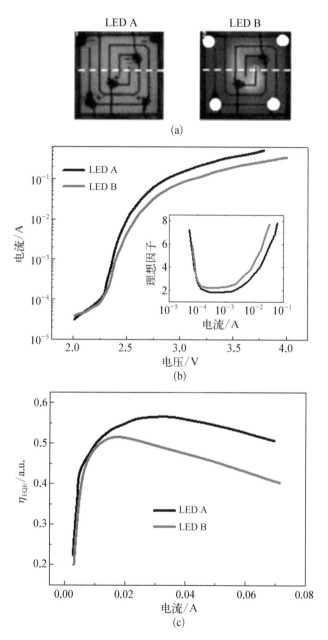

图 3.4　具有同样 p 型电极的 1 mm×1 mm 的两种
蓝光 LED 及其光电特性图[3]

（a）具有六根电极引线的 LED A 和具有两根电极引线的 LED B
的发光的空间分布图；（b）LED A 和 LED B 的实验 $I-V$ 曲线图（内
嵌图为理想因子与电流特性的关系）；（c）EQE 曲线图

Micro-LED 优异的电流扩展和散热能力也已在许多研究中被证明[7-9]。Micro-LED 可以承受更高的电流密度,并实现更高的光功率密度。目前,已有研究人员对不同尺寸 micro-LED 的输出光功率、光谱偏移和自热效应进行了系统研究[7]。如图 3.5(a)所示,虽然小尺寸的 micro-LED 的绝对输出光功率较低,但小尺寸的 micro-LED 可以提供更高的输出光功率密度,并且能够维持在更高的电流密度下工作。图 3.5(b)通过比较不同电流密度下的电致发光(electroluminescence,

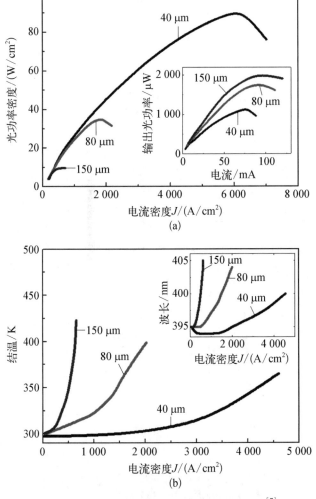

图 3.5　不同尺寸 micro-LED 光电性能测试图[7]

(a)不同尺寸的 micro-LED 的光功率密度与电流密度关系曲线
(内嵌图:输出光功率与电流关系曲线);(b)结温与电流密度关系曲
线(内嵌图:EL 峰值偏移与电流密度关系曲线)

EL)谱峰值波长和结温,研究了小尺寸micro-LED散热性能的机制,结果表明,小尺寸的micro-LED的自热效应要弱于大尺寸的micro-LED[10]。

我们也可以在大尺寸 LED 的散热设计中充分利用micro-LED 的优异特性,即通过并联或者串联micro-LED 阵列来形成大尺寸 LED,这有助于提高大尺寸 LED 的散热能力。Ploch 课题组制备了一种由相互连接的 micro-LED 组成的紫外(UV) LED 阵列,这种结构可以实现更均匀的电流注入、更小的串联电阻和更加优异的散热性能[11]。如图 3.6 所示,将 p 型电极的面积固定为 $0.01\ mm^2$,并比较几组在蓝宝石衬底上制备的具有不同几何形状的 UV LED 阵列的光电性能。结果表明,小尺寸的micro-LED 阵列串联电阻较小,饱和电流较大,最大输出光功率较大。此外,实验和仿真发现使用micro-LED 阵列可使器件的热阻降低。实际上,器件的热阻会随着单个micro-LED 的尺寸线性减小,这也意味着小尺寸 micro-LED 提高散热性能的主要机理是把热源从一个大的 LED 区域划分为多个较小的区域,从而使所产生的热量可以得到有效的耗散[11]。

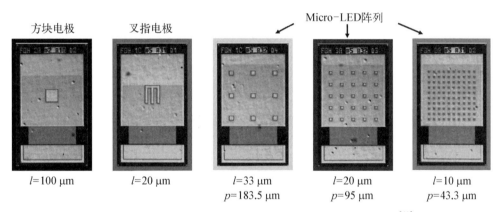

图 3.6　具有不同阵列或几何形状的 UV LED 的光学显微镜图[11]

l 是像素长度或接触电极宽度,p 是阵列的间距

3.2　尺寸对 micro-LED 的光功率和量子效率的影响

3.2.1　输出光功率与光功率密度

图 3.5(a)显示了发光波长为 400 nm 左右的 micro-LED 的光功率随电流变化曲线,以及光功率密度随电流密度变化曲线。从图 3.5(a)的内嵌图中可以看到,在

同样的电流下,小尺寸的 micro-LED 的光功率较低。虽然注入电流一样,但是由于小尺寸的 micro-LED 的面积比较小,因而光功率较低。所以,在同样的电流下分析不同尺寸的 micro-LED 的光功率或者量子效率是不可靠的。

通过图 3.5(a)计算出电流密度和光功率密度,就可以对比单位面积下不同尺寸的 micro-LED 的特性。可以看出单位面积下,小尺寸 micro-LED 的饱和光功率密度对应的电流密度远远高于大尺寸 LED,已经达到 6 000 A/cm² 以上,远高于直径为 150 μm 的 LED 的饱和光功率密度以及对应的电流密度。这意味着小尺寸 micro-LED 所能够达到的最大光功率密度将远远高于大尺寸 LED。

3.2.2 外量子效率分析

在理想 LED 的有源区域内,每注入一个电子空穴对,便会发射一个光子,即每个电荷量子粒子(电子)产生一个光量子粒子(光)。内量子效率(internal quantum efficiency, IQE),记作 η_{IQE},其定义为有源层中辐射复合产生的光子数与注入有源层中总电子数之比。因此内量子效率可以用以下公式表达:

$$\eta_{\text{IQE}} = \frac{\text{单位时间从有源区发射的光子数}}{\text{单位时间注入 LED 中的电子数}} = \frac{P_{\text{INT}}/hv}{I/q} \tag{3.3}$$

其中,P_{INT} 是从有源区域发出的光功率,I 是注入电流,h 是普朗克常数,v 是光子的频率,q 是电子电荷量。

在理想的 LED 中,若有源区发射的所有光子都发射到自由空间中,那么便认为这种 LED 具有 100% 的光提取效率(light extraction efficiency, EXT)。但是在实际的 LED 中,并非所有从有源区域发出的光子都可以到达自由空间中,这个过程中存在一些损失机制使光子损失掉。例如,衬底能在一定程度上吸收该发射波长波段的光,因此有源区发出的光被衬底吸收,从而损失掉部分光子。此外,光可能会入射到金属电极内部被吸收或在界面处发生全反射从而降低了光从半导体逸出的能力。因此,光提取效率 η_{EXT} 定义为

$$\eta_{\text{EXT}} = \frac{\text{单位时间发射到自由空间的光子数}}{\text{单位时间从有源区发射的光子数}} = \frac{P/hv}{P_{\text{INT}}/hv} \tag{3.4}$$

其中,P 是发射到自由空间的光功率。光提取效率将严重限制 LED 的性能,如果不对 LED 采用有效的封装,则很难将光提取效率提升至 50% 以上。

而外量子效率 η_{EQE}，则定义为逃逸出芯片的光子数与注入有源区电子数的比例。

$$\eta_{EQE} = \frac{单位时间发射到自由空间的光子数}{单位时间注入 LED 中的电子数} = \frac{P/hv}{I/q} \tag{3.5}$$

光电转换效率等于辐射出的光功率除以消耗的电功率（$I \times V$）。在获得 micro-LED 光功率的基础上，可以进一步计算 micro-LED 的外量子效率随着电流密度的变化。外量子效率和内量子效率的分析能够有效反映出 micro-LED 的光电转换特性，本质上和分析光功率的变化一致，并且相对于分析光功率更加直观。由上述公式不难得到内外量子效率之间的关系：

$$\eta_{EQE} = \eta_{EXT} \times \eta_{IQE} \tag{3.6}$$

用 LED 的电流组成部分示意图来解释内量子效率，可以通过图 3.7 得出。

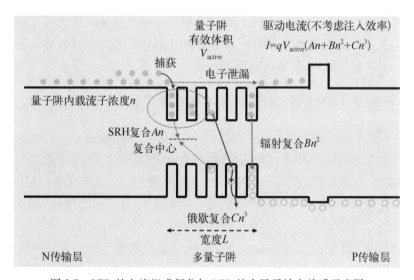

图 3.7　LED 的电流组成部分与 LED 的内量子效率关系示意图

量子阱中的载流子复合可以用一个简化的 *ABC* 模型表示，*ABC* 模型在考虑 LED 有源区内的电子和空穴复合时，主要考虑 3 种方式，分别是非辐射肖克利-里德-霍尔（Shockley-Read-Hall，SRH）复合、非辐射俄歇复合与辐射复合。*ABC* 模型早期常用来解释Ⅲ族氮化物 LED 中效率下降的问题，其广受认可的一个原因是，它能够在较宽范围的工作电流的变化下，极好地拟合并展现 LED 器件的效率变化趋势，但是 *ABC* 模型对所考虑的物理过程都进行了一定程度的简化，当然即使是

简化的 ABC 模型也是在相当严格的假设中推导出来。因此，量子阱中电流计算公式表示为

$$I_{QW} = I_{SRH} + I_{rad} + I_{Auger} = qV_{active}(An + Bn^2 + Cn^3) \tag{3.7}$$

其中，q 为电子电荷量，V_{active} 为有源层的有效复合体积，n 为量子阱中的载流子浓度，A、B 和 C 分别为 SRH 复合、辐射复合和俄歇复合系数，I_{QW} 为量子阱内的总电流，I_{SRH} 为缺陷复合电流，I_{rad} 为辐射复合电流，I_{Auger} 为俄歇复合电流。通过结合以上公式，内量子效率 η_{IQE} 可以进一步表示为

$$\eta_{IQE} = \frac{qV_{active}Bn^2}{I_{QW} + aI_{QW}^m} = \frac{\eta_{INJ}Bn^2}{An + Bn^2 + Cn^3} \tag{3.8}$$

其中，aI_{QW}^m 代表电子泄漏电流，注入效率 η_{INJ} 代表用于量子阱中复合的载流子部分。

在实验测试中，micro-LED 的光提取效率没有经过特殊优化，而是直接由芯片提取。由于 GaN 材料和空气的折射率不同会引起量子阱发光的全反射，因而光提取效率一般较低，导致外量子效率整体较低。

3.2.3　Micro-LED 的外量子效率随尺寸的变化

基于图 3.1 所示的 micro-LED 器件，研究者进一步研究 micro-LED 的外量子效率随尺寸的变化，所用器件结构已在之前的章节中描述[1]。在这个测试中，使用的是蓝光 micro-LED，通过蓝宝石背面发光，并且制备的器件具有高度的对称性，n 型电极环绕整个 micro-LED 台面的周围，可以精确对比不同尺寸的 micro-LED 的外量子效率。

实验测试了不同尺寸的 micro-LED 的输出光功率随电流的变化曲线，然后计算出外量子效率随电流密度的变化曲线，如图 3.8(a) 所示。这里使用的是脉冲电流，因而不用考虑载流子复合的热效应的影响，进而避免结温对 EQE 的影响。

Micro-LED 的 η_{EQE} 具有随着电流密度的增加而减小的特性，尽管这个是 LED 普遍具备的特性，但对 micro-LED 则尤为显著。效率下降表现为在较低的电流密度范围下，micro-LED 的外量子效率很快上升到峰值，然后在较高的电流密度下快速下降。图 3.8(b) 统计了 micro-LED 的 η_{EQE} 峰值电流密度随尺寸的变化趋势和在 650 A/cm² 的电流密度下的效率下降百分比，所采用的效率下降百分比计算的公式为

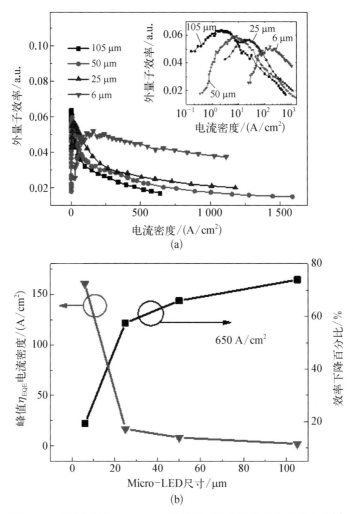

图 3.8　不同尺寸的 micro-LED 的外量子效率随电流密度的变化[1]
（a）不同尺寸蓝光 micro-LED 的外量子效率随电流密度的变化曲线；
（b）不同尺寸的 micro-LED 峰值 η_{EQE} 对应的电流密度和在 650 A/cm^2 电流密度的效率下降百分比

$$效率下降 = \frac{\eta_{EQE}(\,peak\,) - \eta_{EQE}(J)}{\eta_{EQE}(\,peak\,)} \qquad (3.9)$$

这里取的电流密度 $J = 650\ A/cm^2$。对于小尺寸的 micro-LED，在低电流密度下，η_{EQE} 比较小，原因归结为 micro-LED 台面的侧壁缺陷复合所带来的影响；在高电流密度下，η_{EQE} 比较高，这归结为小尺寸 micro-LED 具有比较好的电流扩展特性。从 6 μm 到 105 μm，micro-LED 的 η_{EQE} 峰值电流密度从 160 A/cm^2 下降到

2 A/cm^2，同时，效率下降百分比从 18% 增加到 75%。除了尺寸变化外，micro-LED 的材料和器件结构均相同，因此，尺寸效应应该是影响上述 micro-LED 效率的关键因素。

实验过程中，考虑到当 micro-LED 的尺寸变小时，可能会产生由于应力释放从而对量子阱内的量子限制斯塔克效应（quantum confinement Stark effect，QCSE）的影响，于是使用光致发光（photoluminescence，PL）方法测试了不同尺寸的 micro-LED 中心的 PL 谱，如图 3.9 所示。PL 所用的激光器波长为 374 nm，激光点直径为 2 μm，激光激发光功率为 5 μW。可以观测到位于约 2.78 eV 附近的量子阱的发光峰基本没有变化，可以认为应力释放对本次实验中不同尺寸的 micro-LED 的效率的影响可以忽略。

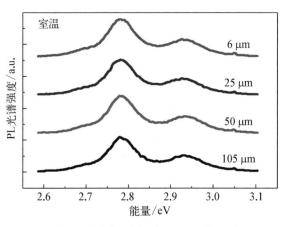

图 3.9　不同尺寸的 micro-LED 的量子阱光致发光 PL 光谱对比[1]

在较低的电流密度下，侧壁缺陷产生的非辐射复合使 micro-LED 具有较低的 η_{EQE}。研究计算了 micro-LED 侧壁表面积与台面面积的比值，6 μm 的 micro-LED 的比值是 105 μm 的 micro-LED 的 17.5 倍，意味着小尺寸的 micro-LED 比大尺寸的 micro-LED 更容易受到侧壁缺陷的影响。

Micro-LED 的内量子效率可以用式（3.8）来表示，假设 $\eta_{INJ} = 1$，可以得到 $\eta_{IQE}(\eta_{EQE})$ 峰值的载流子浓度为 $n = \sqrt{A/C}$。随着小尺寸 micro-LED 侧壁缺陷的增加，A 增加，SRH 缺陷复合增加，$\eta_{IQE}(\eta_{EQE})$ 降低，同时 η_{EQE} 峰值向更高的 n 值偏移。

为了进一步证明侧壁缺陷的影响，实验测试了退火后的 micro-LED 的光功率并计算出相应的 η_{EQE}，更长的退火时间有望修复由于 ICP 刻蚀 micro-LED 台面造成的侧壁缺陷。样品 A 和样品 B 的退火时间分别为 2 min 与 3 min，两个样品的退火时间近似，对 p - GaN 的欧姆接触不会有明显的改变。相对于退火时间 2 min 的样品 A，样品 B 在低电流密度下的 η_{EQE} 得到了提高，但是在高电流密度下，micro-LED 的 η_{EQE} 并没有得到明显的提高。通过样品 A 和样品 B 的对比，进一步证明了侧壁缺陷对小尺寸 micro-LED 的影响比较大，对于大尺寸 micro-LED 的影响比较小。对于高 PPI 的 micro-LED 显示系统，在注入电流密度不高的情况下，需要修复侧壁缺陷来提高 micro-LED 显示系统的效率。

3.2.4　内量子效率仿真分析

本节针对内量子效率的研究可以通过使用 APSYS 等仿真软件进行。仿真使用二维载流子输运模型,计算量子阱效应和热效应。载流子输运考虑到电子和空穴的漂移和扩散,InGaN/GaN 与 GaN/AlGaN 界面的极化电荷通过异质结构的自发和压电极化计算。在量子阱中,通过有限元方法求解泊松方程和薛定谔方程来获得量子阱的能带结构和载流子的分布。Micro-LED 的 InGaN/GaN 量子阱中的自发辐射光谱由如下公式计算获得

$$r_{\text{sp}}(E) = \frac{q^2 h}{2m_0^2 \boldsymbol{\varepsilon} E} D(E) \rho_{\text{red}}(E) \mid M \mid^2 f_c^{\text{n}}(E) \left[1 - f_v^{\text{m}}(E) \right] \tag{3.10}$$

其中,q 为电子电荷量,h 为普朗克常数,$\mid M \mid^2$ 为应变量子阱中的向量矩阵单元,$f_c^{\text{n}}(E)$ 和 $f_v^{\text{m}}(E)$ 分别为导带和价带的费米分布函数,$D(E)$ 为光模式密度,$\rho_{\text{red}}(E)$ 为每个子带的态密度,n 和 m 用来标记导带的电子态和价带的重空穴(轻空穴)态。使用 k·p 方法和积分包络函数来计算向量矩阵单元,$\boldsymbol{\varepsilon}$ 为 InGaN/GaN 量子阱的应变张量。

利用洛伦兹函数来描述带内散射造成的自发辐射光谱的展宽,表达式如下:

$$R_{\text{sp}} = \frac{1}{\pi} \sum_{i,j} \int r_{\text{sp}}(E) \frac{\Gamma}{(E_{ij} - E)^2 + \Gamma^2} \text{d}E \tag{3.11}$$

其中,$\Gamma = h/\tau$ 代表由于带内散射弛豫时间 τ 造成的展宽,E_{ij} 为从 i_{th} 导带到 j_{th} 价带的能级跃迁。

LED 的内量子效率可定义为

$$\eta_{\text{IQE}} = \frac{q}{J} \int R_{\text{sp}} V_{\text{active}} \text{d}V_{\text{active}} \tag{3.12}$$

其中,J 为器件总的电流密度,V_{active} 为有源层的体积。

使用传统的漂移-扩散模型来计算载流子输运,公式表达如下:

$$\vec{J}_n(\vec{r}) = q\mu_n n(r) \vec{F}(\vec{r}) + qD_n \nabla n(r) \tag{3.13}$$

$$\vec{J}_p(\vec{r}) = q\mu_p p(r) \vec{F}(\vec{r}) - qD_p \nabla p(r) \tag{3.14}$$

其中,$n(r)$ 和 $p(r)$ 是电子和空穴浓度,$\vec{J}_n(\vec{r})$ 和 $\vec{J}_p(\vec{r})$ 分别是电子和空穴电流密

度, $\vec{F}(\vec{r})$ 是电场, μ_n 和 μ_p 为电子和空穴迁移率。扩散系数(D_n 和 D_p)和迁移率可以用爱因斯坦关系建立联系 $D = \mu k_B T/q$ 。基于电子和空穴的电流连续性方程使用下式表示:

$$\frac{1}{q} \ \nabla \cdot \vec{J}_n(\vec{r}) - R_n(r) + G_n(r) = \frac{\partial n(r)}{\partial t} \tag{3.15}$$

$$\frac{1}{q} \ \nabla \cdot \vec{J}_p(\vec{r}) + R_p(r) - G_p(r) = -\frac{\partial p(r)}{\partial t} \tag{3.16}$$

其中, $G(r)$ 和 $R(r)$ 分别为电子和空穴的产生率和复合率。

俄歇复合速率用下式表示:

$$R_{\text{Aug}}(r) = [C_n n(r) + C_p p(r)][n(r)p(r) - n_0(r)p_0(r)] \tag{3.17}$$

其中, C_n 和 C_p 为俄歇复合系数, $n_0(r)$ 和 $p_0(r)$ 为平衡态电子和空穴浓度。

电子和空穴的迁移率和浓度 n 有紧密关系:

$$\mu(n) = \mu_{\min} + \frac{\mu_{\max} - \mu_{\min}}{1 + (n/N_{\text{ref}})^\alpha} \tag{3.18}$$

其中, $\mu_{\min}$、$\mu_{\max}$、N_{ref} 和 α 为拟合参数。

3.2.5 Micro-LED 的内量子效率随尺寸变化的仿真

基于上节中介绍的仿真模型,实验仿真研究了 micro-LED 的内量子效率随尺寸变化的关系,分析了 micro-LED 尺寸、电流扩展和侧壁缺陷的影响。使用的 micro-LED 模型如图 3.1 所示,仿真设定了尺寸为 105 μm、50 μm 和 30 μm 的 micro-LED 与侧壁缺陷相关的 SRH 复合载流子寿命分别为 8 ns、7 ns 和 3 ns。相关复合系数通过分析 micro-LED 的微分载流子寿命获得。仿真的电流密度高达 10 kA/cm², 对于小尺寸的 micro-LED 可以承受这么高的电流密度,而 105 μm 的 micro-LED 则不能承受这么高的电流密度,但是仿真得到这么高的电流密度是有助于研究电流扩展对 micro-LED 量子效率的影响。在极高电流密度下, micro-LED 的电流拥挤效应会很严重,相关分析有助于为后续改善 micro-LED 的电流扩展提供帮助。

图 3.10(a)为仿真得到的 η_{IQE} 随注入电流密度变化的关系,仿真 η_{IQE} 的特性和实验 η_{IQE} 特性的变化趋势一致。相对于大尺寸的 micro-LED,小尺寸的 micro-LED 在低电流密度下具有较低的效率,在高电流密度下具有较高的效率。

图 3.10(b)和(c)分别显示了在 1 kA/cm² 和 10 kA/cm² 电流密度下计算得到的

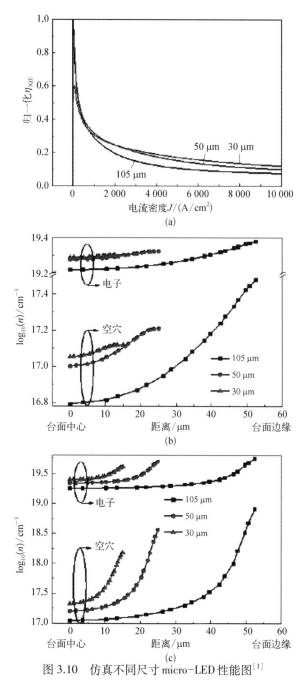

图 3.10　仿真不同尺寸 micro-LED 性能图[1]

（a）仿真得到的 η_{IQE} 随注入电流密度变化的关系；（b）在 1 kA/cm² 电流密度下电子和空穴的面内分布；（c）在 10 kA/cm² 电流密度下电子和空穴的面内分布；（b）和（c）中的面内分布考虑的是从 micro-LED 台面的中心到边缘的分布，并且考虑到的是靠近 p-GaN 的第一个 InGaN 量子阱，因为相对于其他量子阱，第一个量子阱的载流子复合占主导地位

电子和空穴面内分布情况,此面内分布考虑的是从 micro-LED 台面的中心到边缘的分布,并且考虑到靠近 p-GaN 层的第一个 InGaN 量子阱,相对于其他量子阱的空穴和电子的复合速率最高。在 1 kA/cm² 的电流密度下,整体空穴的载流子浓度比电子载流子浓度低两个数量级,意味着电子泄漏引起的效率下降是导致 micro-LED 效率降低的主要原因之一。对于 105 μm 和 30 μm 的 micro-LED,电子浓度在边缘与在中心的差值分别为 $7.3×10^{18}$ cm⁻³ 和 $6.1×10^{17}$ cm⁻³,空穴浓度在边缘和中心的差值分别为 $2.4×10^{17}$ cm⁻³ 和 $1.8×10^{16}$ cm⁻³。电子泄漏在 micro-LED 台面的边缘最高,中心最低,并且对于30 μm 的 micro-LED 是最均匀的。随着电流密度增加到 10 kA/cm²,电子和空穴浓度在面内分布越来越不均匀,这里载流子浓度的不均匀性证实了前面分析的电流分布不均匀性。

于是,可以得出仿真结果的结论:micro-LED 边缘的高载流子浓度导致了高俄歇复合速率和高非辐射复合速率,进而引起高的局部热效应和器件的失效。较小的 30 μm 的 micro-LED 具备更均匀的面内空穴和电子浓度分布,这也解释了为什么小尺寸的 micro-LED 可以支撑更高的载流子浓度和在高电流密度下的高 η_{IQE}。这些仿真结果证明了电流扩展效应对于 micro-LED 的重要性,高电流密度下的电流拥挤效应导致高非辐射复合速率、热效应、电子泄漏和高电流密度下的低量子效率。

3.3　尺寸对 micro-LED 的电容特性的影响

Micro-LED 的电容效应研究对于设计高频驱动电路的阻抗匹配,以及研究 micro-LED 器件开关特性、调制特性等有着重要意义[12]。本节所使用的 micro-LED 芯片分别包含 1×1 到 $n×n$ 的不同阵列,单颗 micro-LED 的长宽为 40 μm,所使用的 micro-LED 的结构示意图和芯片显微镜图如图 3.11 所示。

由图 3.12 可以看出,在同样的电压下,电流密度随着 micro-LED 阵列尺寸的变化趋势和前面章节中所讨论的类似。另外,不同阵列的 micro-LED 在低电流密度下的输出光功率密度类似,但在高电流密度下,不同阵列的 micro-LED 芯片的饱和电流密度从每平方厘米几百安到几千安不等,单个 micro-LED 的最高输出光功率密度超过 170 W/cm²。相对来说,10×10 的集成 micro-LED 阵列的最高输出光功率密度仅为 25 W/cm²,这是由于 micro-LED 器件中的电流扩展效应和热效应导致的。

图 3.13 显示了 micro-LED 从 −5 V 到 5 V 电压区间的电容特性。无论 micro-LED 的尺寸如何变化,所表现的趋势基本都是类似的:电容在负电压下为正

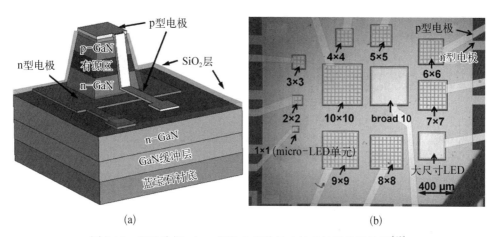

(a)　　　　　　　　　　　　　(b)

图 3.11　用于分析 micro-LED 电容的尺寸效应的器件结构图[12]

Micro-LED 尺寸为 40 μm×40 μm,图中所示为集成的 micro-LED 并行发光阵列;(a) 器件示意图;(b) 显微镜图片

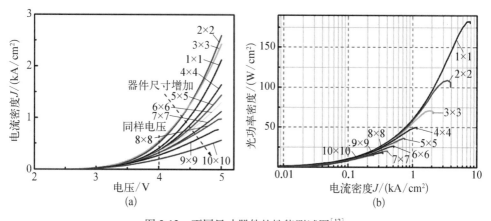

(a)　　　　　　　　　　　　　(b)

图 3.12　不同尺寸器件的性能测试图[12]

(a) $I-V$ 特性;(b) 输出光功率密度与注入电流密度的关系曲线

值,随着正向电压的增加,电容最初增加,当到达峰值以后,电容开始下降到负值。这种现象可以做如下解释:在负偏压下,耗尽层电容起到主要作用,测试过程中耗尽层的宽度和耗尽层中载流子的浓度随着偏置电压的变化而发生变化,但耗尽层电容本身比较小。在正向偏压下,N 区有大量的电子通过耗尽层区域进入 P 区,P 区中电子(少子)数量增加;同样 N 区中空穴(少子)数量增加。在扩散区域的少子数量随着电压变化而发生变化,这个时候扩散电容起到主导作用。在传统的 pn结理论中,电容应该随着正向偏压的增加而呈指数增加,由扩散电容主导,这和实际所测试到的电容曲线不符合。所测试到的负电容现象可以由测试过程中瞬态电流

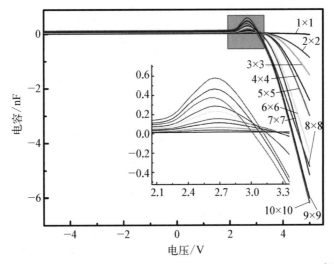

图 3.13　Micro-LED 的电容特性测试曲线(内嵌图为局部放大图)[12]

随电压变化的时间导数来描述,相应的物理机制尚需要进一步研究。

　　为了进一步观察电容随着尺寸的变化趋势,在-3 V、0 V、4 V、4.5 V、5 V 和电容峰值的条件下,对电容随 micro-LED 阵列发光面积尺寸的变化趋势做了线性拟合分析,拟合结果如图 3.14 所示,线性拟合的 R^2 接近于 1。随着正向电压的增加,线

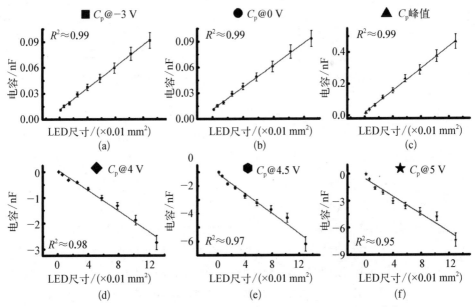

图 3.14　电容随着尺寸的变化趋势以及相应的线性拟合曲线[12]

性度有所下降。但无论是正偏压下起主导作用的扩散电容还是负偏压下起主导作用的耗尽层电容,基本都与 micro-LED 的尺寸呈线性关系,尺寸越大,电容值越大。

从图 3.14 可以看出线性关系随着正向电压的增加有所变化,为了探讨其中的原因,研究者对不同 micro-LED 阵列的电容值做了归一化处理,即求取单位面积下的电容值。图 3.15 显示了单位面积的电容值随着电压和电流密度的变化趋势。在反向偏压下,不同 micro-LED 阵列单位面积电容变化趋势一致,但是在正向偏压下出现了很大的差异:随着整体尺寸的增大,在相同的电压下,单位面积的电容是减小的。为了进一步阐述这种变化趋势的原因,图3.15 给出了单位面积的电容随

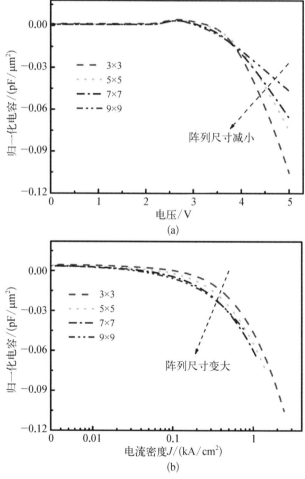

图 3.15　归一化的不同尺寸单位面积的电容随着
电压和电流密度的变化趋势[12]

着电流密度的变化,可以看到对于整体尺寸不同的 micro-LED,单位面积电容的变化相对较小,这类小变化可能是由于结温的不同造成的。

为了证明结温对 micro-LED 电容的影响,进一步测试了通过改变外界环境温度而引起的 micro-LED 电容的变化。图 3.16 显示了 5×5 的 micro-LED 的电容随着电压和温度的变化趋势,温度的变化范围为 26～200℃,内嵌图更加清晰的显示出了在 4 V 和 5 V 时电容随温度的变化趋势。可以看出,在相同驱动电压下,随着环境温度的升高,micro-LED 的电容(绝对值)会随之增大。而子像素更多的大阵列,本身自热效应较大,导致其单位面积电容会更大一些。

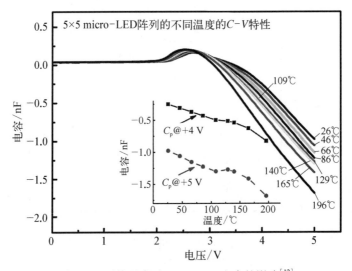

图 3.16 环境温度对 micro-LED 电容的影响[12]

因为电容会随着 micro-LED 的尺寸、驱动电流或电压、工作温度发生变化,因此,对于高频 micro-LED 驱动设计的阻抗匹配需要根据实际情况调整。

3.4 Micro-LED 尺寸效应的研究进展

近年来,随着 micro-LED 研究的热度日渐高涨,国际上涌现了大量对 micro-LED 的尺寸效应的研究,主要包括尺寸效应的机理、提高小尺寸 micro-LED 效率的技术、尺寸对 micro-LED 显示的影响。

因此,研究者们首先重点研究了小尺寸 micro-LED 辐射复合与效率的影响机理。Wierer 课题组在Ⅲ族氮化物 micro-LED 用于高效率自发光显示的综述中[13]，系统阐释了低电流密度下 micro-LED 发光效率的影响因素，并提出了提高源纯度避免位错产生以及使用特殊设计的量子阱来提升效率的方案。

Micro-LED 因其具有较大的像素密度和极高的亮度，可以用于制备高效率和大色域的自发光显示器，在手机、手表等电子设备显示领域具有极大的应用潜力，但 micro-LED 的小尺寸会带来较高的表面复合速率，不利于提高器件发光效率，而且小尺寸也会给显示系统的组装与设计带来较大的困难。美国加州大学圣巴巴拉分校 DenBaars 课题组提出，对于尺寸在 $1 \sim 10\ \mu\mathrm{m}$ 的 micro-LED 器件，表面非辐射复合的增加会引起 η_{EQE} 的降低[14]。研究发现，当尺寸小于 $5\ \mu\mathrm{m}$ 时，蓝光和绿光 InGaN micro-LED 的 η_{EQE} 随尺寸变化的趋势有明显差异，绿光 micro-LED 器件比蓝光 micro-LED 器件更不容易受到尺寸效应的影响，这是因为前者表面载流子的复合速率较小。另外，美国加州大学圣巴巴拉分校中村修二和 DenBaars 课题组制备了面积在 $100\ \mu\mathrm{m}^2 \sim 0.01\ \mathrm{mm}^2$ 的蓝光 InGaN micro-LED，尺寸最小和最大的 micro-LED 的峰值 η_{EQE} 分别可达 40.2% 和 48.6%。尺寸带来的效率下降是由刻蚀损伤引起的非辐射复合导致的，但可以通过改善电流分布来抑制这种效应[15]。法国 Olivier 课题组利用经典 *ABC* 模型分析了 GaN 基 LED 的效率[16]，通过提取不同尺寸 LED 的 *A*、*B* 和 *C* 系数，显示了辐射复合过程和非辐射复合过程之间的竞争如何随 LED 尺寸而变化。结果表明，*A* 系数取决于 LED 的尺寸，而 *C* 系数与 LED 尺寸无关，这说明与尺寸相关的侧壁缺陷对 LED 性能影响巨大。

接下来，多个课题组研究了修复侧壁缺陷的技术。美国加州大学圣巴巴拉分校中村修二和 DenBaars 课题组使用原子层沉积（atomic layer deposition，ALD）的侧壁钝化技术处理 micro-LED[17]，结果表明，具有 ALD 侧壁钝化和无侧壁钝化的 micro-LED 的峰值 η_{EQE} 分别为 33% 和 24%。这表明适当的侧壁处理可将 EQE 对尺寸的依赖性降低。台湾交通大学 Huang 课题组提出了结合铟锡氧化物层和氧化物限制孔的新型 micro-LED 器件，不仅显示出均匀的电流分布，而且显示出良好的电流限制作用[18]。

此外，尺寸还可以通过影响应力来影响 micro-LED 的性能。北京大学沈波课题组在实验上和理论上研究了应变弛豫对 micro-LED 性能的影响，发现小尺寸器件的量子阱中的应变弛豫和减小的极化场会影响 $10\ \mu\mathrm{m}$ micro-LED 的整个台面以及 $300\ \mu\mathrm{m}$ LED 台面约 4% 的面积，这为小尺寸高性能 micro-LED 的发展做出了进一步贡献[19]。

Micro-LED 的优异散热特性也被用于设计低热效应的 LED 器件。新加坡南洋理工大学 Lu 课题组比较了四种不同台面尺寸的低热效应 LED(Low thermal-mass LED)芯片,实验结果表明,减小尺寸将有助于降低热效应对器件的影响,同时还将改善器件的光学和电学特性,并证明了对于特定的倒装芯片制造工艺,可以确定具有最佳功率密度性能的低热效应 LED 的理想尺寸[20]。研究结果表明,可以通过减小 micro-LED 的尺寸来进一步增加最大承受电流密度,从而有利于设计出高性能 micro-LED 阵列。

3.5 小结

本章对 micro-LED 的尺寸效应进行了详细的介绍,总结了尺寸效应对 micro-LED 的电学特性、光学特性、量子效率、电容特性的影响。Micro-LED 较小的尺寸能使其获得更好的电流扩展以及更强的散热能力,从而能承载更高的电流密度并能输出更高的光功率密度。但 micro-LED 的小尺寸特性使其受侧壁缺陷的影响更为严重,导致在低电流密度下的 EQE 会有所降低。因此,对于将 micro-LED 应用在显示系统,我们要考虑其尺寸效应带来的各种影响。

参考文献

[1] Tian P, Mckendry J J D, Gong Z, et al. Size-dependent efficiency and efficiency droop of blue InGaN micro-light emitting diodes[J]. Applied Physics Letters, 2012, 101: 2217.

[2] Guo X, Schubert E F. Current crowding in GaN /InGaN light emitting diodes on insulating substrates[J]. Journal of Applied Physics, 2001, 90: 4191 - 4195.

[3] Malyutenko V K, Bolgov S S, Podoltsev A D, et al. Current crowding effect on the ideality factor and efficiency droop in blue lateral InGaN /GaN light emitting diodes [J]. Applied Physics Letters, 2010, 97: 251110.

[4] Kudryk Y Y, Zinovchuk A V. Efficiency droop in InGaN /GaN multiple quantum well light-emitting diodes with nonuniform current spreading[J]. Semiconductor Science and Technology, 2011, 26: 58 - 62.

[5] Kudryk Y Y, Tkachenko A K, Zinovchuk A V, et al. Temperature-dependent efficiency droop in InGaN-based light-emitting diodes induced by current crowding [J]. Semiconductor science & Technology, 2012, 27: 634 - 638.

[6] Ryu H Y, Shim J I. Effect of current spreading on the efficiency droop of InGaN light-emitting diodes[J]. Optics Express, 2011, 19: 2886 - 2894.

[7] Gong Z, Jin S, Chen Y, et al. Size-dependent light output, spectral shift, and self-heating of 400 nm InGaN light-emitting diodes[J]. Journal of Applied Physics, 2010, 107: 013103.

[8] Kim T I, Jung Y H, Song J, et al. High-efficiency, microscale GaN light-emitting diodes and their thermal properties on unusual substrates[J]. Small, 2012, 8: 1643 – 1649.

[9] Meyaard D S, Shan Q, Cho J, et al. Temperature dependent efficiency droop in GaInN light-emitting diodes with different current densities[J]. Applied Physics Letters, 2012, 100: 081006.

[10] Cho J, Sone C, Park Y, et al. Measuring the junction temperature of III-nitride light emitting diodes using electro-luminescence shift[J]. Physica Status Solidi (a), 2005, 202: 1869 – 1873.

[11] Ploch N, Rodriguez H, Stolmacker C, et al. Effective thermal management in ultraviolet light-emitting diodes with micro-LED arrays[J]. IEEE Transactions on Electron Devices, 2013, 60: 782 – 786.

[12] Yang W, Zhang S, Mckendry J J D, et al. Size-dependent capacitance study on InGaN-based micro-light-emitting diodes[J]. Journal of Applied Physics, 2014, 116: 044512.

[13] Wierer J J, Tansu N. III-nitride micro-LEDs for efficient emissive displays[J]. Laser & Photonics Reviews, 2019, 13: 1900141.

[14] Smith J M, Ley R, Wong M S, et al. Comparison of size-dependent characteristics of blue and green InGaN microLEDs down to 1 μm in diameter[J]. Applied Physics Letters, 2020, 116: 071102.

[15] Hwang D, Mughal A, Pynn C D, et al. Sustained high external quantum efficiency in ultrasmall blue III-nitride micro-LEDs[J]. Applied Physics Express, 2017, 10: 032101.

[16] Olivier F, Daami A, Licitra C, et al. Shockley-Read-Hall and Auger non-radiative recombination in GaN based LEDs: a size effect study[J]. Applied Physics Letters, 2017, 111: 669.

[17] Wong M S, David H, Alhassan A I, et al. High efficiency of III-nitride micro-light-emitting diodes by sidewall passivation using atomic layer deposition[J]. Optics Express, 2018, 26: 21324 – 21331.

[18] Huang S C, Li H, Zhang Z H, et al. Superior characteristics of microscale light emitting diodes through tightly lateral oxide-confined scheme[J]. Applied Physics Letters, 2017, 110: 021108.

[19] Zhan J, Chen Z, Jiao Q, et al. Investigation on strain relaxation distribution in GaN-based μLEDs by kelvin probe force microscopy and micro-photoluminescence[J]. Optics Express, 2018, 26: 5265 – 5274.

[20] Lu S, Liu W, Zhang Z-H, et al. Low thermal-mass LEDs: size effect and limits[J]. Optics Express, 2014, 22: 32200 – 32207.

第 *4* 章

Micro-LED 的温度效应

环境温度对 micro-LED 器件的电学、光学特性等都有较大的影响,对于 micro-LED 显示器件,其主要在低电流密度下工作,此时缺陷复合和辐射复合占主导作用,由于缺陷复合对温度非常敏感,环境温度的变化会导致 micro-LED 的发光效率和光功率产生大幅度的变化,同时 micro-LED 的注入电流、电压、发光光谱也会有较明显的变化,因此对于 micro-LED 温度效应的研究就显得尤为必要[1]。

一方面, micro-LED 显示芯片中包含大量的 micro-LED 器件阵列,虽然单个 micro-LED 的注入电流或者注入电流密度很低,但是整体 micro-LED 显示芯片的注入电流较高,能达到安培级别,因此会产生结温效应。另一方面,要满足 micro-LED 的商业化应用要求,在温度变化较大的环境中 micro-LED 仍需要保持稳定的效率。在实际生产和应用中, micro-LED 可以在不同的温度下工作而不局限于室温,并且 micro-LED 的特性也随工作环境温度的变化而发生变化。研究表明,GaN 基 micro-LED 在不同电流密度和不同温度下的效率以及其他光电特性会有显著变化,这对 micro-LED 器件驱动的匹配也提出了要求。因此,阐明相关机理以尽量减弱温度效应对 micro-LED 显示性能的影响尤为重要。

本章介绍了结温和环境温度对 LED 器件的影响,详细分析了温度如何影响 micro-LED 的电流-电压特性、量子效率的现象和机制。其中,通过结合 micro-LED 进一步研究了缺陷复合系数 A、辐射复合系数 B、俄歇复合系数 C 随温度的变化,还分析了不同注入载流子浓度下辐射和俄歇复合系数的温度依赖性,对阐明 micro-LED 效率的温度效应具有重要意义。

4.1　LED 的结温

结温是研究 GaN 基 LED 和 micro-LED 工作性能的一个关键参数,对于 LED 的结温已经有大量的研究,但是对 micro-LED 的结温研究相对较少。这里主要介绍 LED 结温研究中的部分原理和方法,可以应用于 micro-LED 结温的研究。测量结温的方法包括阈值电压、电致发光、光致发光、拉曼光谱、热成像显微镜等[2-7]。结温对于 LED 来说之所以重要,原因如下: ① LED 内量子效率受结温影响较大; ② 高结温工作会显著缩短 LED 器件的寿命,加速其老化过程; ③ 较高的器件温度会导致封装材料老化,使 LED 器件封装失效。基于此,就有必要研究结温与工作电流的关系。在 LED 器件中,产生热量的区域主要是在欧姆接触、p - GaN 以及有源区。实际上,在低电流密度下,欧姆接触和 p - GaN 中由于寄生电阻而产生的热量很小,因此,器件主要的热源是由有源区产生。在有源区中,热量主要是通过非辐射复合产生的。当通过器件的电流密度越来越高时,寄生电阻的作用变得越来越重要,甚至在一定条件下可以占据主导地位。

4.2　LED 效率随温度的变化

本节将介绍载流子复合、电子泄漏对 LED 效率的影响。对 LED 温度效应的机理的研究方法也部分适用于 micro-LED。

4.2.1　温度与载流子复合

依赖于温度的载流子复合机制已经得到了广泛研究。载流子复合效率随温度的变化通常是在不考虑电子泄漏的情况下,通过 ABC 模型拟合与温度相关的内量子效率曲线来估算。实验结果表明,在温度小于 200 K 时,俄歇复合系数强烈地依赖于温度,而在大于 200 K 的温度下随温度略有变化[8]。另一个研究发现,基于简单的 ABC 模型,拟合的俄歇复合系数随温度升高而大大降低[9]。Galler 等发现系数 B 与温度 T 的关系可以用公式 $B(T)/T$ 描述,与此同时,系数 C 随着温度升高而单调增加[10]。研究人员在研究 B、C 随温度变化的趋势时,假定了 B、C 不随电流密度变化。

图 4.1(a)显示了一个尺寸为 350 μm×430 μm 的蓝光 LED 的 η_{IQE} 随温度变化

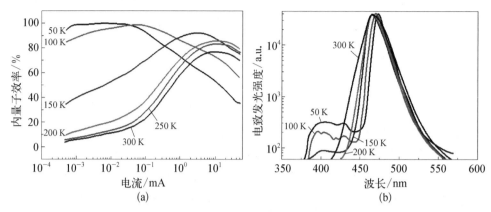

图 4.1　在不同温度下蓝光 LED 的性能测试图[11]

（a）IQE - 电流曲线；（b）10 mA 驱动电流下 EL 光谱

的曲线，温度从 50 K 变化到 300 K，并将在 50 K 时的 η_{IQE} 最大值定义为 100%。

当温度从 300 K 降低到 200 K 时，η_{IQE} 曲线会略微移向更高的值，在各个温度下，从峰值 η_{IQE} 处继续增大电流密度，都导致效率下降。但是，当温度从 200 K 降低到 50 K 时，η_{IQE} 随电流密度的变化趋势在各个温度下明显不同，即 η_{IQE} 曲线形状不同。

为了解释这种现象，如图 4.1（b）所示，在 10 mA 电流下测量电致发光（EL）光谱。将温度从 150 K 降低到 50 K 时，会出现峰值在 400 nm 左右的发光峰，这是由于 p - GaN 中与 Mg 受主有关的跃迁引起的。在低温下，空穴注入变得越来越困难，并且注入量子阱的空穴数量变少，从而降低了辐射复合效率，导致图 4.1（a）中不同温度下曲线的变化[11]。

关于辐射和俄歇复合系数的温度依赖性的理论计算，已经取得了一系列研究结果。随着温度的升高，基于 InGaN 材料的辐射复合系数降低，间接俄歇跃迁的俄歇系数增加[12-14]。但是，对于直接俄歇复合，在某些情况下（载流子限制能力弱时）会随温度降低而降低[15]。

4.2.2　温度与电子泄漏

研究表明在非常低的温度下会发生强电子泄漏[11,16]。Meyaard 等提出了一种电子漂移模型来解释电子泄漏[17]，解释了在不同温度下，高浓度载流子注入与效率下降之间的关系。当 $I - V$ 特性从指数形状变为线性形状时，可达到高载流子注入条件。由电压产生的电场将电子扫出有源区并导致电子泄漏。在假设没有俄歇复合的条件下，研究发现存在电子泄漏随温度变化的现象[18]。然而，鉴于已经报道的俄歇系数[19],即俄歇复合对温度导致的效率变化也有影响,在不同温度下电子泄漏对效率下降的影响有待进一步研究。

4.2.3　温度与 LED 效率下降

　　LED 的物理机理和应用已经取得长足研究,其中,LED 器件的外量子效率在高注入电流密度下的效率下降是 LED 效率研究中的重要方向[20-21],迄今为止研究者们对其中的机制尚未得出一致性的结论。为了研究 LED 驱动电流对效率的影响,通常利用脉冲电流进行研究。这样能够单独分析电流密度对器件的影响,可以避免热效应因素的干扰。

　　在汽车前照灯等许多 LED 应用中,工作环境温度远远高于正常室温,因此有必要研究与温度有关的 LED 效率下降现象。根据实验报道,当 LED 器件温度从 300 K 升至 450 K 时,可以观察到 η_{EQE} 降低 30%[22]。也有研究发现,在每平方厘米数百安的高电流密度下,η_{EQE} 随着温度的升高而呈现出先升高再降低的趋势,具体变化主要取决于 LED 结构的设计[16,23]。研究还提出了几种不同的与电流相关的效率下降机制来解释与温度相关的效率下降。这些因素包括俄歇复合、电子泄漏和载流子去局域化[20-21]。在理论研究上,通常不考虑电子泄漏的影响,通过 ABC 效率模型拟合与温度相关的 IQE 曲线,来对载流子复合系数随温度的变化进行研究[10]。随着温度的升高,与缺陷有关的肖克利-里德-霍尔(Shockley-Read-Hall,SRH)复合系数增加,同时,辐射复合系数 B 降低。但是,三阶系数 C(俄歇复合系数)随温度变化的趋势与 A、B 的变化趋势并不一致。研究发现,C 在低温下随温度升高而单调增加,但在高于 200 K 的温度下几乎没有变化[15]。

4.3　环境温度对 micro-LED 的电学特性的影响

　　本节选取了尺寸为 80 μm×80 μm 的 micro-LED 来研究温度对电学特性的影响,在 285~357 K 的温度条件下,研究者分别研究了中心波长为 450 nm 的蓝光 micro-LED 以及 520 nm 的绿光 micro-LED 的 I-V 特性的变化,如图 4.2 所示。实验过程中,使用热偶计实时监控 micro-LED 芯片的环境温度变化趋势。

　　Micro-LED 的 I-V 特性可以由如下公式分析[24]:

$$I = (V - R_s I)\left(\frac{1}{R_j} + \frac{1}{R_{sh}}\right) \tag{4.1}$$

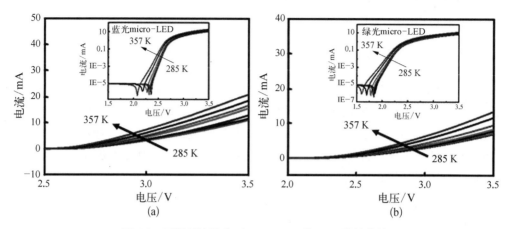

图 4.2 不同环境温度下 micro-LED 的 $I\text{-}V$ 特性曲线

(a) 蓝光 micro-LED；(b) 绿光 micro-LED

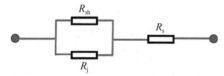

图 4.3 分析 micro-LED 的直流 $I\text{-}V$
特性曲线的等效电路模型[24]

其中，R_s 为串联电阻，R_j 为和空间电荷区相关的电阻，R_{sh} 为与 R_j 并联的和漏电流相关的电阻。电路模型的示意图如图 4.3 所示。

在较低的偏压（<1.5 V）以及反向偏压下，漏电流由电阻主导，由于 $R_j \gg R_{sh} \gg R_s$，因此 $I \approx V/R_{sh}$。图 4.2 显示出 micro-LED 的漏电基本可以忽略不计。实际上，漏电现象和 micro-LED 的制备工艺有很大关系。

在中等偏压（1.5~3 V）下，载流子浓度增加，$R_{sh} \gg R_j \gg R_s$，$I \approx V/R_j$。此部分的电流-电压曲线可以由不同温度下漂移扩散模型、载流子产生复合模型来描述。对于 GaN 基 micro-LED，由于 p-GaN 的掺杂有难度，载流子输运受空穴的限制比较大，温度对空穴浓度也有很大的影响。随着温度的增加，在同样电压下的电流增加。

在较高的偏压下（>3 V），pn 结可以近似为短路，$R_{sh} \gg R_s \gg R_j$，$I \approx V/R_s$。在同样的电压下，较高温度下的 micro-LED 的电流比较大，串联电阻比较小。

4.4　环境温度对 micro-LED 量子效率的影响

本节将介绍环境温度如何影响载流子复合以及蓝光 micro-LED 量子效率的实

验结果和理论分析。

在研究 micro-LED 量子效率随温度变化的实验中,使用直径为 40 μm 的正面发光的蓝宝石衬底蓝光 micro-LED。首先,测试了 micro-LED 在直流电流(DC)下和脉冲电流下(脉冲宽度 25 μs,脉冲周期 525 μs)的输出光功率变化趋势,来评估 DC 驱动导致的自热效应的影响。可以看到,在图 4.4 中,当电流密度低于 4 000 A/cm² (电流约为 50 mA)时,两种测试条件下的光功率没有发现明显的不同,随着电流密度的进一步增加,DC 驱动下的输出光功率明显低于脉冲电流驱动下的光功率。因此,可以认为在 DC 驱动 2 800 A/cm² (电流约为 35 mA)以下,micro-LED 自热效应引起的光功率变化可以忽略。

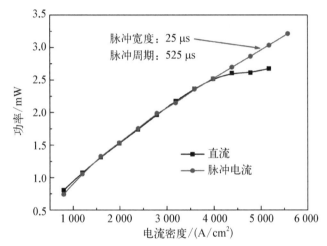

图 4.4　在直流下和脉冲电流下(脉冲宽度 25 μs,脉冲周期 525 μs)
直径为 40 μm 的 micro-LED 的输出光功率[25]

在 300～500 K 时,实验测试 40 μm 的蓝光 micro-LED,并获得了 η_{EQE} 和调制带宽 f_{3dB} 随温度变化的曲线。

图 4.5(a)为在不同温度条件下(300～500 K),η_{EQE} 随电流密度的变化关系,通过对数坐标分别清楚地显示了低电流密度和高电流密度下 micro-LED 的 η_{EQE}。可以看到,在低电流密度(<10 A/cm²)下,η_{EQE} 随着温度的增加而下降,在高电流密度下的变化则比较复杂,例如在 1 000 A/cm²,从 300 K 到 375 K η_{EQE} 增加,从 375 K 到 500 K η_{EQE} 降低。

为了探索 η_{EQE} 随温度变化的原因,进一步测试了 micro-LED 在不同温度下的调制带宽随电流的变化趋势,并以此来获得载流子浓度。调制带宽曲线变化

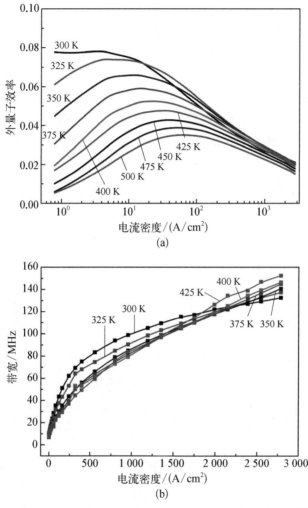

图 4.5　温度从 300 K 到 500 K 时 micro-LED 的性能测试图[1]
（a）EQE 随着电流密度的变化；（b）调制带宽随着电流密度的变化

如图 4.5（b）所示，随着温度从 300 K 增加到 425 K，调制带宽有明显的变化趋势。在 500 A/cm² 时，调制带宽随着温度增加而降低；在 2 500 A/cm² 时，调制带宽随着温度增加而增加。

　　为了分析载流子复合机理，在以下对实验结果的拟合和分析中，假设不存在电子泄漏，并且认为蓝光 micro-LED 在所有电流密度和温度下均具有恒定的光提取效率（η_{EXT}）。首先，使用带宽和微分载流子寿命来计算多量子阱中的载流子浓度（n）。通过 ABC 模型拟合与缺陷相关的 SRH 复合系数 A、辐射复合系数 B、俄歇复

合系数 C。然后,在不同温度下,计算与温度有关的参数(包括 n、A、B 和 C)。最后,根据实验结果详细阐明载流子复合机理。结果表明,随着温度的升高,缺陷复合系数大大增加,辐射复合和俄歇复合系数随温度升高而降低;在较高的注入载流子浓度下,由于能带填充效应的影响,辐射复合和俄歇复合系数随温度的变化减弱,即对温度的依赖性较弱,符合理论上在不同电流密度下系数 B 和系数 C 随温度变化的趋势[16]。如下为详细的分析过程。

从调制带宽曲线可以得到载流子浓度 n:

$$n = \frac{1}{qV_{\text{active}}} \int_0^I \eta_{\text{INJ}}(I') \tau(I') \, \mathrm{d}I' \tag{4.2}$$

其中,q 为电子电荷量,V_{active} 为量子阱区域有效有源区体积,I 和 I' 为电流,η_{INJ} 为载流子注入效率,和电子泄漏有关,τ 为微分载流子寿命,和调制带宽的关系为 $f_{-3\,\text{dB}} = \sqrt{3}/2\pi\tau$。这里仅考虑靠近 p - GaN 的一层量子阱的厚度为 2.8 nm,并假设载流子注入效率为 100%。在不同温度和电流密度下的载流子浓度变化如图 4.6 所示,随着温度从 300 K 增加到 500 K,载流子浓度 n 也随之增加。

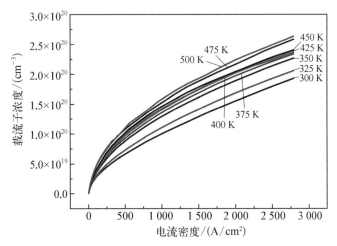

图 4.6　从 300 K 到 500 K 的温度变化下,载流子
浓度随电流密度的变化趋势[1]

这里,可以使用前面提及的 ABC 模型来解释 η_{EQE} 的变化:

$$\eta_{\text{EQE}} = \eta_{\text{EXT}} \cdot \eta_{\text{IQE}} \cdot \frac{Bn^2}{An + Bn^2 + Cn^3} \tag{4.3}$$

假设光提取效率为 $18\%^{[26]}$，B 和 C 系数由于受到相空间填充效应的影响，并非常数，B 和 C 的经验表述公式为

$$B = \frac{B_0}{1 + n/N^*} \tag{4.4}$$

$$C = \frac{C_0}{1 + n/N^*} \tag{4.5}$$

其中，N^* 为相空间填充参数，B_0 和 C_0 为在低载流子浓度 n 下的 B 和 C 的系数。总载流子复合速率为

$$R_{\text{recom}} = \frac{I}{qV_{\text{active}}} \tag{4.6}$$

辐射复合速率为

$$R_{\text{r}} = R_{\text{recom}}\eta_{\text{IQE}} \tag{4.7}$$

非辐射复合速率为

$$R_{\text{nr}} = R_{\text{recom}}(1 - \eta_{\text{IQE}}) \tag{4.8}$$

可以得到

$$R_{\text{nr}}/n = A + Cn^2 \tag{4.9}$$

A 系数可以在较低的载流子浓度下得到，如载流子浓度 $n = 1 \times 10^{18} \text{ cm}^{-3}$。
B 系数可以通过式(4.10)获取

$$R_{\text{r}}/n^2 = B \tag{4.10}$$

C 系数可以通过式(4.11)的拟合获取

$$\frac{R_{\text{nr}}}{n^3} = \frac{A}{n^2} + C \tag{4.11}$$

并且 C 系数可以在较高的载流子浓度下直接获取，如 $n = 2 \times 10^{20} \text{ cm}^{-3}$。

图 4.7 展示了实验中变量 R_{nr}/n、R_{nr}/n^2、R_{nr}/n^3 随载流子浓度 n 变化的曲线，通过上述公式拟合图 4.7 中的曲线，则可以得出从 300 K 到 500 K 的 A、B_0、C_0 和 N^* 参数，总结如表 4.1 所示。

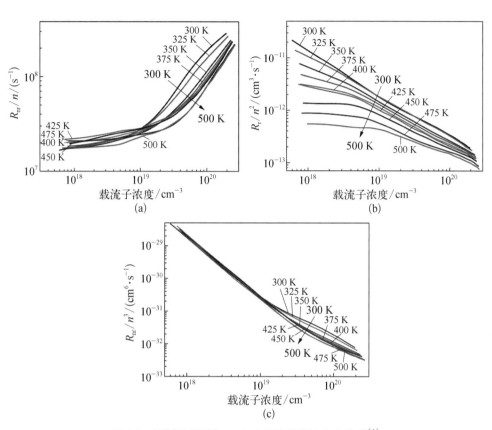

图 4.7　不同温度下与 A、B、C 系数相关的实验曲线[1]

表 4.1　从 300 K 到 500 K 的 A、B_0、C_0 和 N^* 参数[1]

T/K	$A/(s^{-1})$	$B_0/(cm^3 \cdot s^{-1})$	$C_0/(cm^6 \cdot s^{-1})$	N^*/cm^{-3}
300	1.74×10^7	8.76×10^{-11}	7.85×10^{-30}	1.94×10^{17}
325	1.78×10^7	2.72×10^{-11}	1.90×10^{-30}	6.72×10^{17}
350	1.76×10^7	1.15×10^{-11}	6.96×10^{-31}	1.42×10^{18}
375	1.86×10^7	5.97×10^{-12}	3.19×10^{-31}	2.86×10^{18}
400	2.03×10^7	3.65×10^{-12}	1.82×10^{-31}	4.75×10^{18}
425	2.21×10^7	3.52×10^{-12}	1.97×10^{-31}	4.34×10^{18}
450	2.03×10^7	1.57×10^{-12}	7.50×10^{-32}	1.17×10^{19}
475	2.09×10^7	9.53×10^{-13}	5.05×10^{-32}	1.55×10^{19}
500	1.77×10^7	5.51×10^{-13}	2.60×10^{-32}	3.18×10^{19}

从表 4.1 中可以看出,和缺陷相关的 SRH 复合系数 A 随着温度的增加而

增加,但是存在一些波动,这是由于在低电流密度下测试到的调制带宽存在误差。

从图 4.8 中发现,辐射复合系数 B 在较低的电流密度(对应的载流子浓度为 2×10^{18} cm^{-3})下,B 系数与温度 T 的四次方成反比;在较高的电流密度(对应的载流子浓度为 1×10^{20} cm^{-3})下,B 系数随温度变化趋势比较弱,表现为与温度 T 的 $3/2$ 次方成反比。在较低的电流密度(载流子浓度)下,少量的载流子分布在费米能级附近和高能带尾附近,受到温度的影响比较大;在较高的电流密度下,接近能带带隙的能态已被载流子填满,大多数的载流子填充在费米能级以下,受温度影响较小。

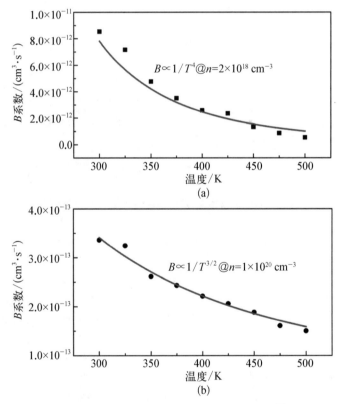

图 4.8　辐射复合系数 B 随温度的变化规律[1]

从图 4.9 中可以看出,在所有的载流子浓度下,俄歇复合系数 C 随着温度的增加而减少。另外,可以看到,和 B 系数情况类似,随着载流子浓度的增加,C 系数随温度的变化趋势变弱。

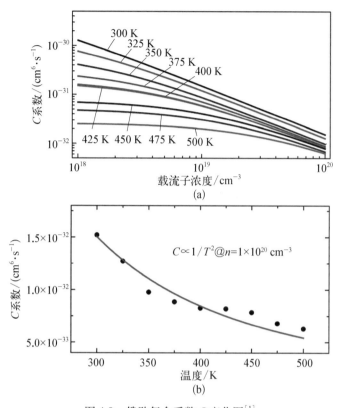

图 4.9　俄歇复合系数 C 变化图[1]

(a) C 系数随载流子浓度变化图;(b) C 系数随温度的变化趋势图

4.5　小结

本章介绍了温度对 micro-LED 光电特性的影响,重点分析了载流子复合和量子效率的温度效应。在 300~500 K 下,通过 ABC 模型对 micro-LED 的量子效率曲线进行了分析。随着温度的升高,量子阱中的载流子浓度增加;与 SRH 相关的缺陷复合系数增加,辐射复合和俄歇复合系数降低。进一步,还发现在较高的载流子浓度下,辐射复合和俄歇复合系数的温度依赖性变弱,相空间填充效应也显著地影响了辐射复合和俄歇复合系数随温度的变化趋势。

Micro-LED 的 $I-V$ 和 EQE 随着温度的剧烈变化会显著影响 micro-LED 显示器的驱动、能耗、色域、寿命等重要参数。相关载流子复合等机理分析有助于发展具有更高的热稳定性的 micro-LED 显示技术。

参考文献

[1] Tian P, McKendry J J D, Herrnsdorf J, et al. Temperature dependent efficiency droop of blue InGaN micro-light emitting diodes[J]. Applied Physics Letters, 2014, 105: 171107.

[2] Abdelkader H I, Hausien H H, Martin J D. Temperature rise and thermal rise-time measurements of a semiconductor laser diode[J]. Review of Scientific Instruments, 1992, 63: 2004 – 2007.

[3] Murata S, Nakada H. Adding a heat bypass improves the thermal characteristics of a 50 μm spaced 8-beam laser diode array[J]. Journal of Applied Physics, 1992, 72: 2514 –2516.

[4] Epperlein P W. Reflectance modulation — a novel approach to laser mirror characterization in proceedings of 17th international symposium of gallium arsenide and related compounds[C]. IOP Conference Series, London, 1990, 112: 633 – 638.

[5] Epperlein P W, Bona G L. Influence of the vertical structure on the mirror facet temperatures of visible GaInP quantum well lasers[J]. Applied Physics Letters, 1993, 62: 3074 – 3076.

[6] Hall D C, Goldberg L, Mehuys D, et al. Technique for lateral temperature profiling in optoelectronic devices using a photoluminescence microprobe[J]. Applied Physics Letters, 1992, 61: 384 – 386.

[7] Xi Y, Schubert E F. Junction-temperature measurement in GaN ultraviolet light-emitting diodes using diode forward voltage method[J]. Applied Physics Letters, 2004, 85: 2163 – 2165.

[8] Karpov S Y. Effect of localized states on internal quantum efficiency of III-nitride LEDs[J]. Physica Status Solidi – Rapid Research Letters, 2010, 4: 320 – 322.

[9] Hader J, Moloney J V, Koch S W, et al. Density-activated defect recombination as a possible explanation for the efficiency droop in GaN-based diodes[J]. Applied Physics Letters, 2010, 96: 221106.

[10] Galler B, Drechsel P, Monnard R, et al. Influence of indium content and temperature on Auger-like recombination in InGaN quantum wells grown on (111) silicon substrates[J]. Applied Physics Letters, 2012, 101: 2755.

[11] Shin D S. Study of droop phenomena in InGaN – based blue and green light-emitting diodes by temperature-dependent electroluminescence[J]. Applied Physics Letters, 2012, 100: 153506.

[12] Kioupakis E, Rinke P, Delaney K T, et al. Indirect Auger recombination as a cause of efficiency droop in nitride light-emitting diodes[J]. Applied Physics Letters, 2011, 98: 161107.

[13] Kioupakis E, Yan Q, Steiauf, et al. Temperature and carrier-density dependence of Auger and radiative recombination in nitride optoelectronic devices[J]. New Journal of Physics, 2013, 15: 125006.

[14] Bertazzi F, Goano M, Bellotti E, et al. Numerical analysis of indirect Auger transitions in InGaN [J]. Applied Physics Letters, 2012, 101: 2217.

[15] Hader J, Moloney J V, Koch S W, et al. Temperature dependence of radiative and Auger losses

in quantum wells[J]. IEEE Journal of Quantum Electronics, 2015, 44: 185 - 191.

[16] Masui H, Ive T, Schmidt M C, et al. Equivalent-circuit analysis for the electroluminescence-efficiency problem of InGaN/GaN light-emitting diodes[J]. Japanese Journal of Applied Physics, 2008, 47: 2112 - 2118.

[17] Meyaard D S, Lin G B, Cho J, et al. Identifying the cause of the efficiency droop in GaInN light-emitting diodes by correlating the onset of high injection with the onset of the efficiency droop[J]. Applied Physics Letters, 2013, 102: 2217.

[18] Meyaard D S, Shan Q, Dai Q, et al. On the temperature dependence of electron leakage from the active region of GaInN /GaN light-emitting diodes [J]. Applied Physics Letters, 2011, 99: 183507.

[19] Hader J, Moloney J V, Koch S W, et al. Temperature-dependence of the internal efficiency droop in GaN-based diodes[J]. Applied Physics Letters, 2011, 99: 3976.

[20] Piprek J. Efficiency droop in nitride-based light-emitting diodes[J]. Physica Status Solidi, 2010, 207: 2217 - 2225.

[21] Verzellesi G, Saguatti D, Meneghini M, et al. Efficiency droop in InGaN/GaN blue light-emitting diodes: physical mechanisms and remedies[J]. Journal of Applied Physics, 2013, 114: 071101.

[22] Meyaard D S, Shan Q, Cho J, et al. Temperature dependent efficiency droop in GaInN light-emitting diodes with different current densities[J]. Applied Physics Letters, 2012, 100: 183507.

[23] Meyaard D S, Lin G B, Shan Q, et al. Asymmetry of carrier transport leading to efficiency droop in GaInN based light-emitting diodes[J]. Applied Physics Letters, 2011, 99: 251115.

[24] Hirsch L, Barriere A. Electrical characterization of InGaN /GaN light emitting diodes grown by molecular beam epitaxy[J]. Journal of Applied Physics, 2003, 94: 5014.

[25] Tian P. Novel micro-pixelated Ⅲ-nitride light emitting diodes: fabrication, efficiency studies and applications[D]. Glasgow: university of strathclyde, 2014.

[26] Green R P, Mckendry J J D, Massoube D, et al. Modulation bandwidth studies of recombination process in blue and green InGaN quantum well micro-light-emitting diodes[J]. Applied Physics Letters, 2013, 102: 091103.

第 **5** 章

Micro-LED 的光谱特性

本章从 micro-LED 发光光谱的基本原理出发,讨论了 micro-LED 光谱的基本特性,以及发光波长随电流密度、环境温度的变化趋势和基本原理。

5.1 Micro-LED 发光光谱的物理原理

与普通 LED 的发光机理一致, micro-LED 同样也是通过有源区电子-空穴对的辐射复合进而发射出相应的光子。考虑到能量守恒,发射的光子的能量必须满足以下关系式:

$$h\nu = E_e - E_h \approx E_g \tag{5.1}$$

其中, E_e 和 E_h 分别是参与复合的电子和空穴能量, E_g 是有源区禁带宽度,光子能量由普朗克常数 h 和光子频率 ν 的乘积给定。需要注意的是,这里忽略了电子和空穴的平均动能 $k_B T$(k_B 为玻尔兹曼常数),因为在一般的温度条件下,其值将远远小于禁带宽度,可以被忽略不计。

假定导带电子和价带空穴的分布具有以下关系:

$$E = E_c + \frac{h^2 k^2}{8\pi^2 m_e^*} \tag{5.2}$$

和

$$E = E_v - \frac{h^2 k^2}{8\pi^2 m_h^*} \tag{5.3}$$

其中, m_e^* 和 m_h^* 是电子和空穴的有效质量, k 是载流子波数, E_v 和 E_c 则分别是价带和导带边缘。

综合上述的公式,可以得到以下关系式:

$$h\nu = E_c - E_v + \frac{h^2 k^2}{8\pi^2}\left(\frac{1}{m_e^*} + \frac{1}{m_h^*}\right) \tag{5.4}$$

通过定义约化质量 $1/m^* = 1/m_e^* + 1/m_h^*$,可以将上式简化为

$$h\nu = E_g + \frac{\hbar^2 k^2}{8\pi^2 m^*} \tag{5.5}$$

基于该式,可以进一步得到联合态密度的关系式:

$$\rho = 4\pi \frac{(2m^*)^{3/2}}{h^3}\sqrt{E - E_g} \tag{5.6}$$

假设载流子分布满足玻尔兹曼关系式 $\exp[-E/(k_B T)]$,最终可以得到器件发光光谱的关系式为

$$I \propto \sqrt{E - E_g} \times \exp[-E/(k_B T)] \tag{5.7}$$

可以看到,LED 的光发射强度分布与禁带宽度 E_g 直接相关,其 $E = E_g + \frac{1}{2}k_B T$ 时发射强度取得最大值,对应峰值发射波长 $\lambda_{\text{peak}} = hc\left/\left(E_g + \frac{1}{2}k_B T\right)\right.$,半峰宽 $\Delta\lambda = 1.8\, k_B T\lambda_{\text{peak}}^2 / (hc)$。

上述公式可以用来描述 micro-LED 器件电致发光的基本特性,但在实际测试过程中,研究人员发现,对于不同工作状态下的 micro-LED 器件(如不同电流密度、不同工作温度),micro-LED 的光谱会有一定程度的变化,特别是峰值发光波长存在红移或者蓝移问题。这种光谱的不确定性给 micro-LED 的实际应用带来了很大的问题,例如最直接的色漂现象。近年来,针对 LED 光谱特性已经开展了相对充分的理论和实验研究,主要从量子限制斯塔克效应[1]、能带填充效应[2]、热效应[3]这三种物理现象的竞争机制出发,解释峰值波长的变化趋势。Micro-LED 的光谱特性同样可以通过上述物理机制分析,但与大尺寸 LED 不同是,micro-LED 由于其尺寸和结构特性,其工作条件与大尺寸 LED 有显著的不同。特别是,用于显示应用的工作电流密度低至 0.001 A/cm²,远低于大尺寸 LED;用于可见光通信等应用的工作电流密度远高于大尺寸 LED,可以达到数 kA/cm²[4]。不同的工作条件也将改变内在物理机制的竞争机制,这也使得 micro-LED 的光谱特性与大尺寸 LED 存在

较大差异,因此,针对 micro-LED 光谱的特性分析是必要的。

5.2　Micro-LED 光谱变化分析

5.2.1　Micro-LED 光谱基本特性

对于部分外延片材料制备的 micro-LED,由于衬底/GaN 和 GaN/空气界面的 Fabry-Perot 干涉效应,其发光光谱与理论计算不同,将存在多个峰值波长[5]。图 5.1(a) 为尺寸 45 μm 的硅衬底 micro-LED 的发光光谱,可以看到存在明显的干涉效应。图 5.1(b) 为在微显示图形中展示了多个像素点的发光图,而且,研究人员进一步测试了不同 micro-LED 像素的发光光谱,实验结果表明在 10×10 阵列中随机选取的 10 个 micro-LED 的发光光谱具有高度的一致性,证明了 micro-LED 阵列各个单元之间性能的均匀性[6]。

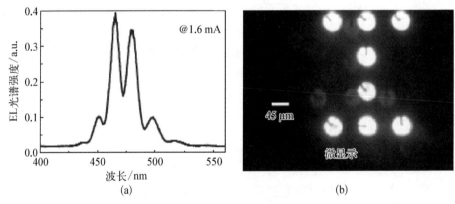

图 5.1　尺寸为 45 μm 的硅衬底 micro-LED 性能以及阵列微显示图[6]
(a) Micro-LED 的发光光谱;(b) 微显示图形示例

为了精确的分析以上光谱的特性,研究人员对于上述光谱的 7 个峰值波长进行了相应的拟合处理,结果如图 5.2(a) 所示,峰值波长和 GaN 外延片的厚度有紧密关系,可以用下式做进一步分析:

$$\frac{i}{d} = \frac{2n}{\lambda_{\text{peak}}} \tag{5.8}$$

其中,i 为第 i 个发光峰,d 为外延片(谐振腔)的厚度,n 为 GaN 的折射率,λ_{peak} 为

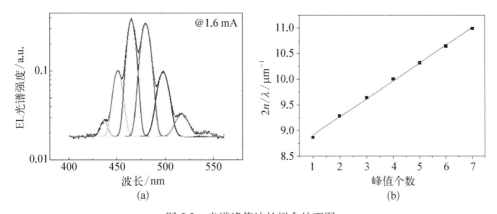

图 5.2　光谱峰值波长拟合处理图

（a）对发光光谱峰值波长的拟合；（b）对 Fabry-Perot 谐振腔的分析拟合

每个发光峰的波长。通过拟合得出了 7 个波长峰值，并在图 5.2(b)中进行线性拟合，得出外延片或者 Fabry-Perot 谐振腔的厚度为 2.86 μm，这和实际实验所用的外延片的厚度是一致的，验证了理论的正确性。

因为多个峰值波长的出现对于 micro-LED 在显示等领域的应用存在一定程度的影响，因此实际器件中并不希望出现上述由于干涉效应所产生的多个峰值。为了解决该问题，可以采用图形化衬底或者表面粗糙化设计的方式来抑制干涉效应，从而使得发光光谱曲线更加平滑[7]。图 5.3 为采用了图形化蓝宝石衬底的 80 μm 尺寸 micro-LED 的发光光谱随电流的变化趋势，其光谱曲线不存在多峰值波长现象[8]。

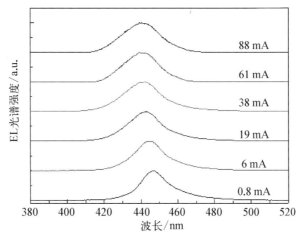

图 5.3　尺寸为 80 μm 的蓝宝石衬底 micro-LED 的
发光光谱与电流的关系[8]

图 5.1 和图 5.2 中驱动 micro-LED 的电流虽然只有 1.6 mA,但是对应的电流密度则高达约 100 A/cm²,注入电流密度实际上已经相当高,这和照明大尺寸 LED 有很大的不同。要进一步分析 micro-LED 的发光光谱,必须要考虑不同电流密度的影响,尤其是当 micro-LED 的尺寸不同时,单纯通过分析电流对发光光谱的影响,将无法得到有效的分析结果。

5.2.2　短波长 micro-LED 光谱特性分析

本节主要分析技术上已经成熟的 GaN 基紫光、蓝光、绿光等短波长 micro-LED 的光谱特性,micro-LED 发光峰值波长随着注入电流、尺寸和温度的变化,将会有大幅度的波动,波动幅度超过 10 nm,这对于显示效果有很大影响,需要进行进一步更为详尽的分析。

目前 micro-LED 通常基于 AlInGaN 这一宽禁带半导体材料体系制备得到,通过调节材料的组分,可以方便地实现材料禁带宽度的调整,从而覆盖紫外到红外的发光波段。Micro-LED 外延片的质量与材料组分息息相关,但受限于材料生长工艺,不同波段的 micro-LED 外延片质量和性能差距较大。目前的研究认为,420~470 nm 波段的 LED 效率最高[9],而其他波段器件的发光效率将不可避免地出现衰减的问题。这意味着不同波段的 micro-LED 需要分别研究,以更准确地描述器件特性。本节将首先介绍并分析蓝、绿光 micro-LED 在不同工作条件下的光谱特性。

图 5.4 为蓝光和绿光 micro-LED 在不同电流和温度下的峰值波长变化趋势。Micro-LED 器件的尺寸为 80 μm,峰值波长通过对发光光谱采用洛伦兹拟合得到。研究人员使用高精度数字电源控制 micro-LED 的电流,并重复测试了 285 K 条件下的峰值波长变化,以保证实验结果的精确性和可重复性。可以看到图 5.4(b) 中绿光 micro-LED 存在明显的波长偏移现象,当器件电流密度从 0.01 A/cm² 上升至 1 500 A/cm² 时,其峰值波长向短波段偏移了 30 nm,即所谓的蓝移。此外,从图 5.4 中可以看出从 285 K 到 357 K 温度变化范围内的峰值波长的变化趋势。研究结果表明,在同一电流密度下,随着工作温度的增加,micro-LED 的峰值波长会逐渐增加,如图 5.4(b) 内嵌图所示,在电流密度为 2 A/cm² 时,随着温度的上升,波长向长波段偏移了 4 nm,即所谓的红移。

从上述研究中可以看到,对于电流密度和环境温度两种条件,micro-LED 峰值波长的偏移完全不同,分别表现出蓝移和红移的趋势。这其实意味着不同的工作条件下,不同的物理机制将分别起到主导作用,下面主要介绍一下量子限制

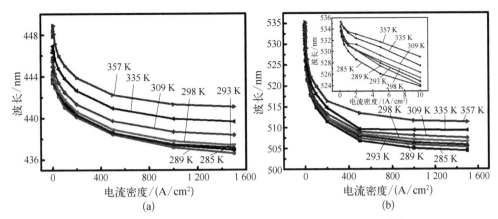

图 5.4　蓝光 micro-LED 的发光峰值波长随注入电流密度和温度的变化图(a)和
绿光 micro-LED 的发光峰值波长随注入电流密度和温度的变化图(b)

斯塔克效应(QCSE)、能带填充以及热效应这三种主要物理机制对器件峰值波长的影响。

　　量子限制斯塔克效应是一种普遍存在于 Ⅲ-Ⅴ 族氮化物材料体系 micro-LED 器件的现象。目前常用的 Ⅲ-Ⅴ 族氮化物材料通常为纤锌矿结构,由于结构本身的特性,使得金属原子和氮原子之间形成的电偶极矩无法相互抵消,因此,即使没有外加电场,材料内部也会存在一个稳定的电场,这就是自发极化效应。该自发极化电场将受到外部因素的影响,特别是外部应力对材料结构的改变将不可避免地引起极化场的增大或者减小,该现象被称为压电极化效应。以蓝光 micro-LED 为例,其量子阱结构通常为 InGaN/GaN,除了材料本身的自发极化,由于 InGaN 和 GaN 材料的晶格常数的不匹配,它们之间的相互作用还将引入压电极化效应。综合产生的极化效应所形成的极化场将使得量子阱处的能带发生一定程度的倾斜,在降低量子阱处电子和空穴波函数重叠程度的同时,也将减少阱处的带隙的有效值,从而使得发射峰值波长发生红移,如图 5.5(a)所示,也就是所谓的 QCSE。而当注入电流密度上升时,注入的载流子将对量子阱处的极化场起到屏蔽的作用,进而抑制 QCSE,使得带隙逐渐增加,该屏蔽效应表现出来就是与实验观察所一致的发射峰值波长蓝移现象,如图 5.5(b)所示。

　　能带填充效应也是用于解释 micro-LED 发光峰值波长蓝移的一个物理机制。对于直接禁带半导体,理想情况下,载流子将在导带底和价带顶之间跃迁,对应的禁带宽度最小,但当注入的载流子密度越来越大时,原本的导带底和价带顶将被不断填充,考虑到泡利不相容原理,载流子将被迫跃迁到更高的能态上。图 5.6 为仿

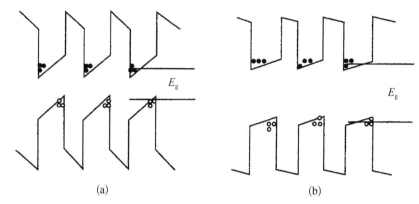

图 5.5　量子阱内 QCSE 以及屏蔽现象能带结构图[10]

（a）InGaN/GaN 多量子阱的 QCSE；（b）QCSE 的屏蔽现象

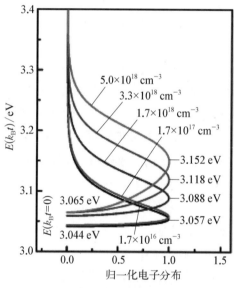

图 5.6　电子分布随注入载流子浓度的变化趋势[11]

真得到的电子分布随注入载流子密度的变化趋势[11]。可以看到，随着注入载流子浓度的增加（从 1.7×10^{16} cm^{-3} 到 5×10^{18} cm^{-3}），电子将更倾向分布在高能态上，这也使得量子阱处的等效带隙有所增加，进而引起发射峰值波长的蓝移。

除了上述两种物理机制外，热效应对禁带宽度的影响也是不可忽视的。无论是传统的 Si，GaAs 体系材料，还是以Ⅲ-Ⅴ族氮化物为代表的第三代半导体材料，其禁带宽度都与温度有关。一般而言，在较高的温度下，Ⅲ-Ⅴ族氮化物半导体材料的禁带宽度随着温度增加而减小[12]。禁带宽度随温度的变化可用以下 Varshni 公式描述：

$$E(T) = E(0) - \frac{\alpha T^2}{T + \beta} - \frac{\sigma^2}{k_B T} \tag{5.9}$$

其中，$E(T)$ 是不同温度 T 下的禁带宽度，$E(0)$ 指的是 0 K 下的禁带宽度值，α 与 β 是 Varshni 热系数，σ 表示局域化的程度。图 5.7 为研究人员测试得到的不同组分的 InGaN 单量子阱材料对应的光致发光峰值能量与温度的关系曲线，实线为利

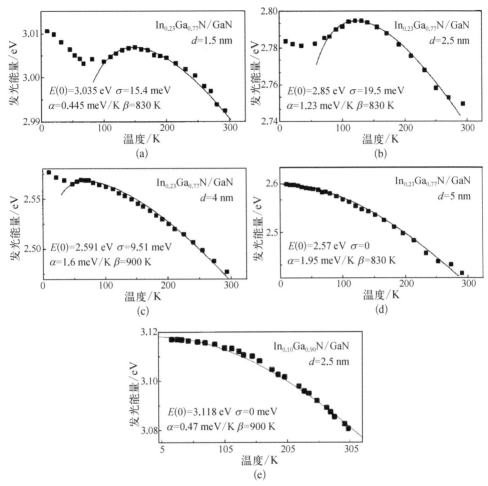

图 5.7　InGaN 量子阱的发光峰值波长随温度的变化趋势[13]

（a）1.5 nm $In_{0.23}Ga_{0.77}N$；（b）2.5 nm $In_{0.23}Ga_{0.77}N$；（c）4 nm $In_{0.23}Ga_{0.77}N$；（d）5 nm $In_{0.23}Ga_{0.77}N$；（e）2.5 nm $In_{0.10}Ga_{0.90}N$

　　用 Varshni 公式拟合的结果[13]。根据拟合结果，在较高的温度下，Ⅲ-Ⅴ族氮化物材料的禁带宽度将随着温度的上升而呈现出下降的趋势，在 micro-LED 器件中表现为量子阱带隙的减小，这可以用来很好地解释之前提到的峰值波长随温度增加而出现红移的现象。

　　对于 micro-LED 器件，上述三种物理机制的竞争关系还将受到器件尺寸的影响，这也是 micro-LED 和大尺寸 LED 发光特性有所不同的关键所在。为了阐明 micro-LED 与 LED 发光特性的差异，也为了进一步探究尺寸对器件发光特性的影响，研究人员详细分析了 20 μm、40 μm、80 μm、150 μm、300 μm 五种尺寸紫光波长的大尺寸 LED 和 micro-LED 器件的光谱[14]。图 5.8 为 40 μm 和 300 μm 尺寸器件在不同电流密度下的电致发光光谱,分别作为 micro-LED 和大尺寸 LED 的典型。对于两种尺寸差异较大的器件,其发光光谱也存在一定的共同点。器件电致发光的强度与电流密度的关系并不是线性的,当电流密度越大,增加相同的电流密度所对应的发光强度增加幅度越小,即器件的量子效率随电流密度的增加而出现的下降趋势。这表明 micro-LED 和大尺寸 LED 在大电流密

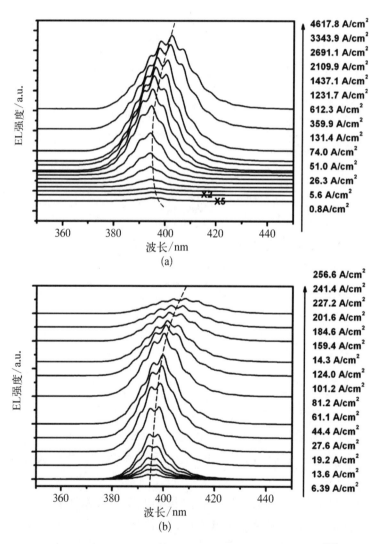

图 5.8　不同尺寸器件在不同电流密度下的电致发光光谱[14]

(a) 40 μm;(b) 300 μm

度条件下,都将不可避免地受到载流子泄漏和非辐射复合增强的影响。相同点之外,micro-LED 和大尺寸 LED 的光谱也存在明显的不同,图中虚线为不同电流密度下峰值波长的连线,可以很明显看出,micro-LED 的峰值波长在低电流密度下先减少,在高电流密度下又表现出增大的趋势,而大尺寸 LED 峰值波长主要表现出红移趋势。从上面的分析中可以看到,蓝移的现象主要是由载流子对QCSE 的屏蔽和能带填充效应的综合影响所致。红移则主要是由温度上升从而发生禁带宽度的收缩现象引起。三者的共同作用将最终决定器件峰值波长的偏移方向。之所以 micro-LED 和大尺寸 LED 器件的波长偏移趋势不同,主要还是考虑到热效应的影响程度与尺寸的内在联系。实际上 LED 器件的结温与其尺寸有着不可忽视的关系,在相同的工作电流密度下,小尺寸器件的散热能力更加优异,且由于电流分布更均匀,电流拥挤现象较弱,器件的结温要远低于大尺寸器件,即大尺寸器件所受到热效应的影响要高于小尺寸器件,因此在竞争机制中,热效应在高电流密度下将占据主导地位。图 5.9 为不同尺寸器件的峰值波长随电流密度的变化曲线。实验结果表明,尺寸越大的器件,其峰值波长由于热效应影响而偏移的程度越大,300 μm 器件的最大偏移达到了 10 nm,而 20 μm 尺寸器件即使在 7 kA/cm² 的超高电流密度下,其偏移也仅有 2.5 nm,受到热效应的影响远低于 300 μm 器件,这也意味着 micro-LED 具备更优异的光谱稳定性。

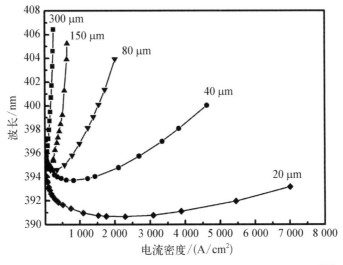

图 5.9　不同尺寸器件在不同电流密度下的峰值波长偏移曲线[14]

5.2.3　长波长 micro-LED 光谱特性分析

红光等长波段 GaN 基 micro-LED 器件是实现全彩色 micro-LED 显示的重要组成部分,目前,研究人员更倾向使用 GaN 基材料来实现高效率红光 micro-LED,这可以避免以 GaAs 材料为主制备的红光 micro-LED 在工艺上的缺陷。与蓝光 micro-LED 最大的不同是,长波段 micro-LED 需要采用 In 组分更高的 InGaN 材料作为量子阱层,以发射长波段的光,但更高的 In 组分也意味着 InGaN 和 GaN 之间的晶格失配更加严重,从而导致材料缺陷增加和更强的压电极化效应,会带来比上节讨论的短波长 micro-LED 更大的波长偏移。至今,高效率长波长 GaN 基 micro-LED 的材料生长仍然具有较大的挑战。因此,本节分析长波段 micro-LED 光谱特性以及所内含的物理机制。

研究人员设计并制备了 40 μm 的黄绿光和红光两种波段 micro-LED,对应的量子阱材料分别是 $In_{0.3}Ga_{0.7}N$ 和 $In_{0.4}Ga_{0.7}N$[15]。为了提高器件量子效率,研究人员还在量子阱层外额外生长了 InGaN/GaN 量子阱层作为电子存储层(ERL),In 组分①分别为 0.12 和 0.18。图 5.10 所示为两种波段 micro-LED 电致发光光谱随电流密度的变化曲线,图 5.10 中圆点代表的峰是由量子阱层激发的光谱曲线,正方形点代表的峰则是 ERL 激发的曲线。对于黄绿光 micro-LED,当电流密度从 7.1 A/cm^2 上升至 2.39 kA/cm^2 时,量子阱激发的峰值波长蓝移了约 45 nm。当电流超过 2.39 kA/cm^2 后,峰值波长趋于稳定。ERL 激发的峰值波长变化趋势则与短波段 micro-LED 类似,先出现小幅度蓝移,当电流密度增大到一定值后会出现红移现象。对于红光 micro-LED,其光谱变化趋势与黄绿光 micro-LED 类似。值得注意的是,在长波段 micro-LED 中,micro-LED 峰值波长随电流密度增加而产生的蓝移现象远远比短波段 micro-LED 严重,数十纳米的偏移无论是在显示、照明,还是其他应用领域都是不可忽略的。该现象的原因依然可以从 QCSE、能带填充效应和热效应进行分析,但三者的竞争机制明显已经发生了变化。因此,本节将针对长波长 micro-LED 峰值波长漂移现象开展相应的探讨。

图 5.11 为 InGaN/GaN 量子阱区域的压电电场与 In 组分的理论关系曲线[16]。以黄绿光 micro-LED 为例,其发光量子阱层和 ERL 的 In 组分分别为 0.3 和 0.12,对应的压电电场强度分别为 3.4 MV/cm 和 1.2 MV/cm。量子阱层的压电效应约是

---

①　指质量分数

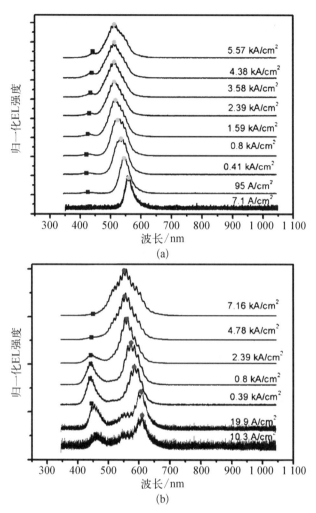

图 5.10　不同波长 micro-LED 在不同电流密度下的电致发光光谱[15]
（a）黄绿光 micro-LED；（b）红光 micro-LED

ERL 中的 2.83 倍,这意味着量子阱层受到的能带弯曲将更为严重,这也解释了电致发光光谱中,量子阱对应的峰值波长所出现的严重的蓝移现象。而 ERL 的 In 组分更接近短波段 micro-LED,所受 QCSE 较小,仅需较低密度的载流子即可实现对 QCSE 的有效屏蔽,在较高电流下 micro-LED 更多地受到的是热效应的影响,因此会表现出一定程度的红移。

　　进一步地,利用 APSYS 对 micro-LED 器件开展理论仿真,以探究能带填充效应和载流子屏蔽 QCSE 对峰值波长偏移的具体影响。图 5.12(a)为不同屏蔽系

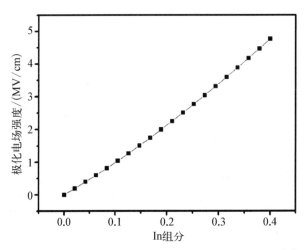

图 5.11　InGaN 层压电电场与 In 组分的理论计算曲线[15]

数下,峰值波长偏移随电流密度的变化曲线,实线对应实际实验的测试结果。屏蔽系数的设定值从 0.3 到 1(完全屏蔽状态),值得注意的是,因为器件本身掺杂和缺陷会对极化电场起到天然的屏蔽作用[17],因此屏蔽系数并没有从 0 开始设置,而是从 0.3 开始以更接近实际情况。根据仿真结果,在低电流密度下,屏蔽系数设定为 1 时,即不考虑 QCSE,仅考虑能带填充效应,此时对应的峰值波长为525 nm,但随着屏蔽系数的减少,峰值波长逐渐增加(QCSE 引起的有效带隙下降),当屏蔽系数减少到 0.3 后,峰值波长变为 570 nm,相对增加了 45 nm。峰值波长大幅度的红移表明了 QCSE 对器件光谱特性的巨大影响,在低电流密度情况下其将占据主导作用。可以看到,如果屏蔽系数一直保持为常数,那 QCSE 带来的红移影响将在全电流密度范围内被观察到,但实际测试情况否定了这一点,其与任意一条恒定屏蔽系数的仿真曲线都不重合。电流密度越大的情况下,实际曲线越趋向于屏蔽系数大的仿真曲线,这也意味着屏蔽系数是随电流密度增加而同步增加的变量。实际的屏蔽系数可以从图 5.12(a)中实验曲线和仿真曲线的交点中提取出来。图 5.12(b)为不同电流密度下对应的压电电场曲线,极化效应在 3.5 kA/cm² 的电流密度之前都是不可忽视的,此时载流子屏蔽 QCSE和能带填充效应将共同使得峰值波长随电流密度的增大而出现蓝移。当电流密度超过 3.5 kA/cm² 后,极化电场被逐渐彻底屏蔽,相应的,能带填充效应将起到主导作用,考虑到热效应引起的红移,两者相互竞争之下使得器件峰值波长最终表现出相对稳定的趋势。

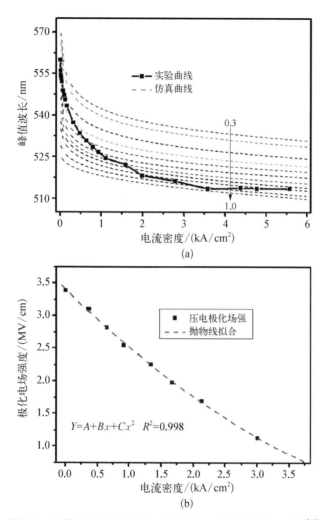

图 5.12　峰值波长和压电极化电场强度与电流密度关系变化图[15]
（a）不同屏蔽系数下，电流密度和峰值波长关系的仿真结果，实线
为实验曲线；（b）提取出的压电电场随电流密度的变化关系曲线

5.3　小结

本节介绍了 micro-LED 光谱曲线的理论计算，并根据实际情况，从短波段 micro-LED 和长波段 micro-LED 两方面分析了器件电致发光光谱与电流密度、温度、尺寸等因素的关系，并探究了 QCSE、能带填充效应、热效应对峰值波长偏移的

竞争机制,揭示了 micro-LED 光谱特性所内含的物理本质。

参考文献

[1] Jain S C, Willander M, Narayan J, et al. III-nitrides: growth, characterization, and properties [J]. Journal of Applied Physics, 2000, 87: 965 - 1006.

[2] Nakamura S. The roles of structural imperfections in InGaN-based blue light-emitting diodes and laser diodes[J]. Science, 1998, 281: 956 - 961.

[3] Cho J, Sone C, Park Y, et al. Measuring the junction temperature of III-nitride light emitting diodes using electro-luminescence shift[J]. Physica Status Solidi, 2005, 202: 1869 - 1873.

[4] Tian P, Althumali A, Gu E, et al. Aging characteristics of blue InGaN micro-light emitting diodes at an extremely high current density of 3. 5 kA/cm^2 [J]. Semiconductor Science and Technology, 2016, 31: 045005.

[5] Hums C, Finger T, Hempel T, et al. Fabry-Perot effects in InGaN/GaN heterostructures on Si-substrate[J]. Journal of Applied Physics, 2007, 101: 033113.

[6] Tian P, McKendry J J D, Gong Z, et al. Characteristics and applications of micro-pixelated GaN-based light emitting diodes on Si substrates[J]. Journal of Applied Physics, 2014, 115: 033112.

[7] Zhu D, Wallis D J, Humphreys C J, et al. Prospects of III-nitride optoelectronics grown on Si [J]. Reports on Progress in Physics, 2013, 76: 106501.

[8] Tian P, Liu X, Yi S, et al. High-speed underwater optical wireless communication using a blue GaN-based micro-LED [J]. Optics Express, 2017, 25: 1193.

[9] Mukai T, Nagahama S, Yanamoto T, et al. Expanding emission wavelength on nitride light-emitting devices[J]. Physica Status Solidi, 2015, 192: 261 - 268.

[10] 虞丽生.半导体异质结物理[M].北京:科学出版社,2006.

[11] Wang L, Lu C, Lu J, et al. Influence of carrier screening and band filling effects on efficiency droop of InGaN light emitting diodes[J]. Optics Express, 2011, 19: 14182 - 14187.

[12] Varshni Y P. Temperature dependence of the energy gap in semiconductors[J]. Physica, 1967, 34: 149 - 154.

[13] Wang T, Bai J, Sakai S, et al. Investigation of the emission mechanism in InGaN/GaN-based light-emitting diodes[J]. Applied Physics Letters, 2001, 78: 2617 - 2619.

[14] Gong Z, Jin S, Chen Y, et al. Size-dependent light output, spectral shift, and self-heating of 400 nm InGaN light-emitting diodes[J]. Journal of Applied Physics, 2010, 107: 013103.

[15] Gong Z, Liu N Y, Tao Y B, et al. Electrical, spectral and optical performance of yellow-green and amber micro-pixelated InGaN light-emitting diodes [J]. Semiconductor Science & Technology, 2011, 27: 015003.

[16] Ryou J H, Yoder P D, Liu J, et al. Control of quantum-confined stark effect in InGaN-based quantum wells[J]. IEEE Journal of Selected Topics in Quantum Electronics, 2009, 15: 1080 - 1091.

[17] Flory C A, Hasnain G. Modeling of GaN optoelectronic devices and strain-induced piezoelectric effects[J]. IEEE Journal of Quantum Electronics, 2001, 37: 244 - 253.

第6章

Micro-LED 的光提取效率

在 micro-LED 器件中,由于衬底的吸收、电极的遮挡、出光面的全反射等因素,使得 micro-LED 内部产生的光子无法全部从器件中射出,从而影响器件发光性能,因而提高 micro-LED 光提取效率就变得尤为重要。其中,出光角度是光提取过程中需要考虑的重要因素,一方面,在优化出光角度时可以提高光提取效率;另一方面,又可以通过设计光提取结构控制出光角度,从而设计相应的配光曲线。此外,由于 micro-LED 的尺寸较小,其侧壁占总表面积的比重变大,改善侧壁出光也能够有效地提升光提取效率。同时,通过优化器件尺寸、制作表面透镜等方式也可以进一步提高光提取效率。因此,本章将对 micro-LED 光提取特性进行详细分析,并总结提升 micro-LED 光提取效率的方法。

6.1 Micro-LED 光提取的特性分析

在 micro-LED 的多量子阱有源层区通过辐射复合产生的光子,并不能全部发射到 micro-LED 芯片之外。光子从有源区发射到芯片之外的光提取效率的定义如下:

$$\eta_{\text{EXT}} = \frac{\text{单位时间发射到自由空间的光子数}}{\text{单位时间从有源区发射的光子数}} \tag{6.1}$$

式中,η_{EXT} 表示光提取效率。

通过定义式,我们可以推导出内量子效率、外量子效率和光提取效率的关系：

$$\eta_{EXT} = \frac{\text{单位时间发射到自由空间的光子数}}{\text{单位时间注入器件中的电子数}} \Bigg/ \frac{\text{单位时间从有源区发射的光子数}}{\text{单位时间注入器件中的电子数}}$$

$$= \eta_{EQE} \Big/ \eta_{IQE} \tag{6.2}$$

式中，η_{EQE} 表示外量子效率，η_{IQE} 表示内量子效率。

其中，影响 micro-LED 光提取效率的重要因素之一为全反射损失。光在两种介质之间的传播规律遵循斯涅尔（Snell）定律：

$$n_1 \sin\theta_1 = n_2 \sin\theta_2 \tag{6.3}$$

式中，n_1 和 n_2 分别表示第一种和第二种介质的折射率，θ_1 表示入射角，θ_2 表示折射角。当光从光密介质（GaN 材料）向光疏介质（空气）传播的时候，入射角小于折射角，且折射角随入射角的增大而增大。然而折射角并不能无限地随入射角的增大而增大，最多只能增大到 90°，即折射光线平行于两种介质的交界面的情况。通过式（6.3）计算全反射临界角：

$$\theta_{1max} = \arcsin\left(\frac{n_2}{n_1} \cdot \sin 90°\right) = \arcsin\frac{n_2}{n_1} \tag{6.4}$$

当入射角大于全反射临界角时，根据上述分析可知，入射光将全部被反射。光的全反射对于 LED 的出光是相当不利的，因为对于所有入射角大于全反射临界角的光线，都会在 GaN 与空气的边界被全反射，有源区产生的相当一部分光子将无法射出到芯片以外，从而无法满足高光效的发光要求，这是 LED 光提取效率需要考虑的关键因素之一。

下面以一个仿真为例来描述 micro-LED 发光在界面处发射到空气中发生全反射的情况[1]。图 6.1 显示了在不存在衬底（a，c，e）和存在 90 μm 厚的蓝宝石衬底（b，d，f）时，不同波长的光在空气和封装外壳界面发生全反射的情况差异。图 6.1(a) 和(b)是多条光束沿任意方向出射时的情况，可以看出，在存在蓝宝石衬底时，有更多的光线可以到达空气中。在图 6.1(c) 和(d)中，当光线的入射角为 16°时，无论有无蓝宝石衬底，光线大多可以透射到空气中；然而在图6.1(e) 和(f)中，当光线的入射角为 18°，超过全反射临界角时，可以看到有衬底和无衬底时的光提取效率存在较大差异。在没有衬底的情况下，光子由于光路短，具有更均匀的入射方向，因此，当入射角大于全反射临界角时，光子发生全反射，严重地影响了

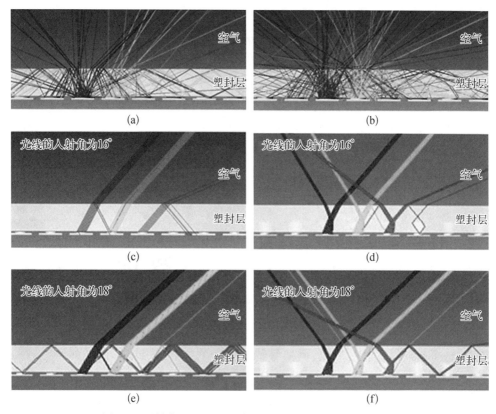

图 6.1　无衬底(a, c, e)和有蓝宝石衬底(b, d, f)时,不同
入射角下 micro-LED 出光光线追迹图[1]
(a)和(b) 随机方向;(c)和(d) 16° 入射角;(e)和(f) 18° 入射角

micro-LED 的光提取效率。而在具有 90 μm 厚的蓝宝石衬底时,由于光子在 GaN 和蓝宝石衬底界面多次散射,改变了光子在空气和封装外壳界面的入射角,因此,当入射角大于全反射临界角时,仍然有光子可以被提取。

　　进一步的,从实验上也可以获得 micro-LED 的出光特性,可以用积分球系统、共焦显微镜系统等测试。Dawson 课题组使用商用共焦显微镜系统测试分析了尺寸为 20 μm 的蓝光、绿光、紫外光 micro-LED 的出光角度[2]。Micro-LED 的发光可通过扫描共焦显微镜成像,系统在 Z 轴方向上从 -50 μm 到 $+50$ μm 的截面上扫描蓝光和绿光器件,在 -25 μm 到 $+25$ μm 的截面上扫描紫外光器件,扫描步长为 1 μm,芯片表面被设定为 0 μm。然后,使用软件分析不同 Z 位置上的 XY 截面,并根据得到的每个剖面结果计算出光束发散强度。图 6.2 显示了通过测量器件光束轮廓而重建的 X-Z 截面图,在向上($+Z$)发射方向的光束强度显示出清晰的锥形,而向下($-Z$)方向的光束强度虽然也是锥形,但是强度分布不太清晰,这很可能是由于量子阱向下发射的光子会被衬底散射导致的。可以看出,波长越长的 micro-LED 器件出射光束更加发散,且不同波长 micro-LED 器件的光均会从侧壁出射,而这种现象会导致 micro-LED 显示器件像素之间的光学串扰问题。

6.2 提高 micro-LED 光提取效率的方法

由于 micro-LED 尺寸较小,更容易受到器件几何形状和尺寸影响,因此,本节将首先分析 micro-LED 尺寸、形状、侧壁等特性对光提取效率的影响及优化方案,然后,从

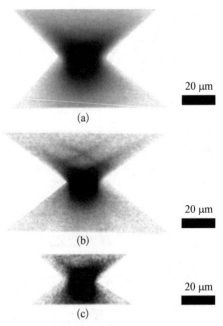

图 6.2 不同发光波长 micro-LED
器件的出光强度轮廓图[2]
(a) 蓝光;(b) 绿光;(c) 紫外光

图形化衬底、表面粗化、微截锥结构、微透镜几个方面介绍提高 micro-LED 光提取效率的方法。

6.2.1 Micro-LED 形状与尺寸

Micro-LED 形状和尺寸的选择也会影响光提取效率。在仿真研究中,通过时域有限差分法(finite difference time domain, FDTD)模拟 30 μm 以下的不同尺寸的圆形和正方形的 micro-LED 的光提取过程[3],如图 6.3 所示,发现相同尺寸下方形芯片的光提取效率要高于圆形芯片。随着芯片尺寸的增大,光提取效率逐渐减小,这可以归因于侧壁出光占全部出光比重的降低。此外,对于正方形的 micro-LED 芯片而言,光提取效率会在小尺寸情况下保持稳定,在面积大于 30 μm² 以后 micro-LED 的光提取效率会快速下降。

此外,研究人员在一块大面积 LED 上设计了不同尺寸的 micro-LED 阵列。如图 6.4(a)所示,将大尺寸 LED 制备成 4×4 以及 12×15 的 micro-LED 阵列[4],芯片尺寸依次为 650 μm×650 μm、130 μm×130 μm 以及 30 μm×30 μm。其中,深色区域代表电流分布较为聚集的地方,可以看出 12×15 的 micro-LED 阵列具有更好的电

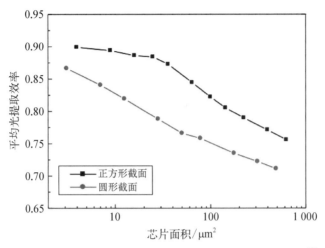

图 6.3　不同尺寸的圆形和方形的 micro-LED 的光提取效率[3]

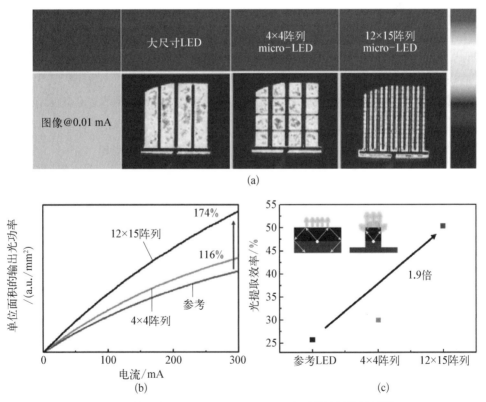

图 6.4　大尺寸、4×4、12×15 micro-LED 阵列结构的特性图[4]

（a）Micro-LED 阵列组成的大尺寸 LED 结构图及电流密度分布；（b）单位发光面积输出光功率对比；（c）光提取效率对比图

流扩展特性。

从图 6.4(b)和(c)可以看出,随着 micro-LED 尺寸的减小,单位面积的输出光功率以及光提取效率会逐渐增大,12×15 micro-LED 阵列的光提取效率是大尺寸 LED 的 1.9 倍,这是因为小尺寸的 micro-LED 可以使光从侧壁提取,从而有效减少顶部表面的全反射损失。

6.2.2　侧壁出光

由于 micro-LED 的尺寸小,侧壁占总表面积的比重大,因此侧壁出光的这个优点在 micro-LED 上得到了重要的体现,例如横向尺寸为 20 μm 的 micro-LED 的侧壁占总表面积的比重大约是 1 mm 尺寸的普通 LED 的 50 倍。因此,侧壁出光对 micro-LED 的光提取效率有着重要的意义。目前,提高 micro-LED 侧壁光提取效率的方法包括增加衬底厚度、制备梯形 micro-LED、图形化侧壁结构等,下面将逐个进行分析。

首先,通过增加倒装 micro-LED 结构的衬底厚度可以增加侧壁出光[1,5]。如图 6.5 所示,将尺寸为 80 μm 的 micro-LED 封装并增加衬底厚度。图 6.5(a)为封装结构示意图,图 6.5(b)显示了仿真计算得到的发光强度随角度分布曲线。可以看出,当有蓝宝石衬底时,出光角度曲线呈现明显的双峰分布,这说明发射的光子可以从侧壁发射出来,光分布角度更大,能够有效增加侧壁出光从而提升光提取效率。如图 6.5(c)所示,通过倒装 micro-LED 并增加衬底厚度,能够增强侧壁出光效果,对于无图形化结构的衬底,随着衬底厚度从 0 μm 增加到 90 μm,光提取效率增加了 67.75%,图形化衬底将会进一步提高光提取效率。

其次,通过制备梯形 micro-LED 也有助于提高侧壁出光。该方法是将光刻胶掩膜在 180℃下加热回流,可以形成带倾斜角度的刻蚀梯模,从而可以制备成梯形的 micro-LED 结构,图 6.6(a)和(b)分别为垂直侧壁结构与梯形结构示意图[6]。当刻蚀深度为 1 μm 时,侧壁倾斜角度约为 70°,如图 6.6(c)所示。从图 6.6(d)可以看出,将 micro-LED 的结构从图 6.6(a)的标准垂直侧壁变成图 6.6(b)的梯形时,测量到的发光效率以及仿真的电光转换效率(wall plug efficiency,WPE)均得到有效提升,这种提升归因于梯形刻蚀侧壁能够反射光线并将其重新反射回光提取侧壁。

为了进一步表征 micro-LED 像素阵列的光提取特性,在光线追迹仿真中,建立了基于两种器件结构的光提取模型,光照射在垂直侧壁和梯形侧壁上的一些可能

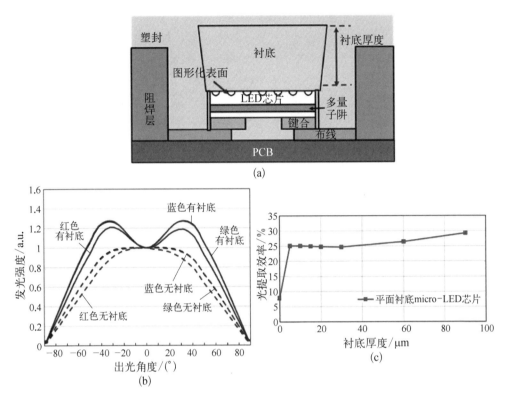

图 6.5　封装在 PCB 板上的单个倒装 micro-LED 结构及其发光特性[1]

（a）封装在 PCB 板上的单个倒装 micro-LED 结构示意图；（b）该结构下不同波长光在有无衬底时的出光强度随角度分布曲线；（c）倒装 micro-LED 衬底厚度对光提取效率的影响

的光线路径如图 6.7（a）所示。由于梯形结构改变了入射到 GaN/空气界面上的光线入射角，从而大大减少了因全反射限制在 GaN 中的光线，提高了总的光提取效率。此外，当入射角小于临界角时，入射到梯形结构 micro-LED 斜面上的光线会向轴方向弯曲，有助于更好地提取光。通过将 micro-LED 的结构从图 6.6（a）的垂直侧壁变成图 6.6（b）的梯形[6]，出光效果变化如图 6.7（b）所示，光提取效率在 ±30° 的出光角度内增加了 1/3。

　　图形化侧壁结构也是提高光提取效率的一种方法。利用四甲基氢氧化铵（TMAH）无损伤及各向异性的刻蚀特性，刻蚀小尺寸 LED 的侧壁以产生棱镜结构来散射光子，可以有效地提升光提取效率，这种方法已在 mini-LED 中得到研究[7]，并有望在更小尺寸的 micro-LED 中得到应用。如图 6.8（a）所示，利用 TMAH 湿法刻蚀图形化尺寸为 150 μm 的 mini-LED 的侧壁，通过调整 TMAH 刻蚀时间，可以控制 mini-LED 侧壁棱镜结构的尺寸从纳米数量级到微米数量级。通过 TMAH

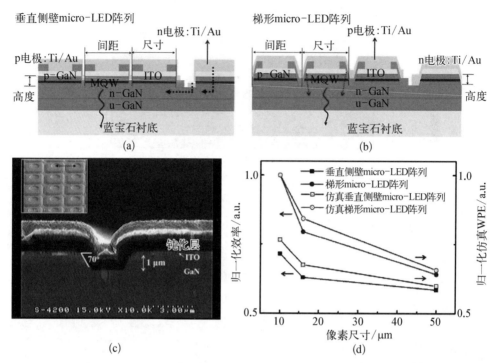

图 6.6   具有不同几何形状的 micro-LED 示意图及光提取效果对比[6]

（a）垂直侧壁结构示意图；（b）梯形结构示意图；（c）梯形结构截面 SEM 图,内嵌图为像素大小为 10 μm 的 micro-LED 阵列；（d）测量和仿真两种结构的归一化效率

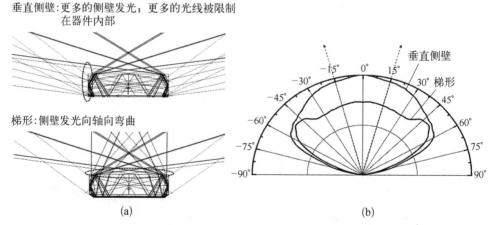

图 6.7   垂直侧壁和梯形 micro-LED 出光仿真图[6]

（a）垂直侧壁结构和梯形结构的 micro-LED 结构出光仿真效果图；（b）垂直侧壁结构与梯形结构 micro-LED 的出光角度对比

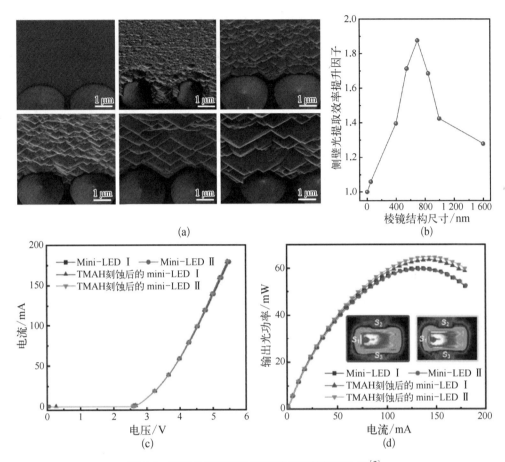

图 6.8　图形化侧壁结构图及其相关特性对比图[7]

(a) 使用 TMAH 刻蚀不同时间后芯片侧壁的扫描电子显微镜图;(b) 图形化侧壁形貌对 micro-LED 光提取效率的影响变化图;(c) 经过 TMAH 刻蚀和未经 TMAH 刻蚀处理的两种 mini-LED 的电流-电压曲线;(d) 经过和未经 TMAH 处理的 mini-LED 的输出光功率-电流曲线,内嵌图显示了在 10 mA 注入电流下经 TMAH 处理的 mini-LED 的照片: mini-LED Ⅰ(左) 和 mini-LED Ⅱ(右)

湿法刻蚀的方法图形化 mini-LED 的侧壁,出光效果变化如图 6.8(b) 所示,光提取效率会在特定的侧壁棱镜结构尺寸下达到最大值,最大可以提高 90% 的光提取效率。

　　为了验证 TMAH 刻蚀是一个无损伤的过程,研究人员研究了经过和未经 TMAH 刻蚀处理的 mini-LED 的电流-电压特性(mini-LED Ⅰ 和 Ⅱ 的侧壁对应的晶向不同),如图 6.8(c) 所示,发现当使用 TMAH 刻蚀 7.5 min 时只会导致 mini-LED 的正向电压发生轻微变化,这表明 TMAH 刻蚀过程基本不会影响 mini-LED 的电学性能。图 6.8(d) 还显示了所研究的 mini-LED 的输出光功率-电流曲线,可以看出,经 TMAH 处理后的 mini-LED 的输出光功率会明显提升,内嵌图是在 10 mA 注入电流下经 TMAH 处理的 mini-LED 的照片,采用 TMAH 刻蚀的 mini-LED Ⅰ 显示出更亮的 S_1 侧壁,而 mini-LED Ⅱ 则显示出更亮的 S_2 和 S_3 侧壁,这正与他们刻蚀后形成棱镜结构的侧壁相对应。

　　侧壁出光虽然对提高光提取效率有益,但是在制备 micro-LED 显示器的过程中,也需要综合考虑侧壁出光的作用。在制备全彩色 micro-LED 显示器的过程中,发现三基色 micro-LED 的出光情况并不匹配,无法在大的发散角范围内实现全彩显示,如图 6.9(a)所示,红光、绿光和蓝光 micro-LED 顶部发光角度分布情况相似,但是蓝光和绿光 micro-LED 的侧壁发光强度要远远大于红光

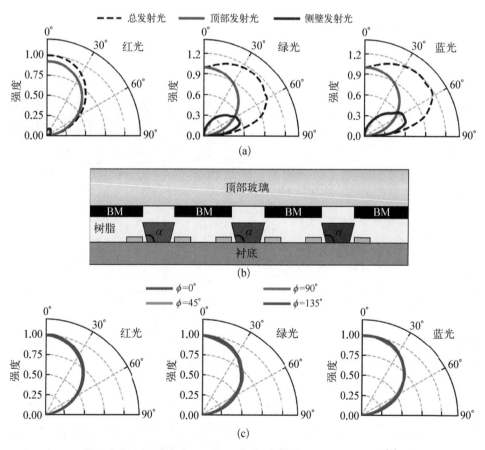

图 6.9　红光、绿光和蓝光 micro-LED 的出光角度分布对比图[8]
　　(a) 不同出光角度下的不同发光波长的 micro-LED 的出光情况:红光(左)、绿光(中)、蓝光(右);(b) 设置顶部黑色矩阵的 micro-LED 显示器的结构示意图;(c) 设置顶部黑色矩阵、120°的锥角后的不同发光波长的 micro-LED 沿不同方位角的出光情况:红光(左)、绿光(中)、蓝光(右)

micro-LED，这是因为红光 micro-LED 量子阱对光的吸收更强。侧壁出光虽然提高了光提取效率，却影响了显示的均匀性[8]。因此，这就需要抑制绿光和蓝光的侧壁出光，为了抑制侧壁出光，可以在顶部玻璃上设置黑色矩阵（black matrix，BM），并采用了 120° 的 micro-LED 锥角，如图 6.9（b）所示。采用这种方法后的出光效果如图 6.9（c）所示，可以看到此时三基色 micro-LED 在不同方位角下（φ 为方位角）沿不同出光角度的出光情况十分均匀且匹配，并且仿真结果很好地吻合了实验结果。

6.2.3　图形化衬底及表面粗化

图形化衬底、表面粗化等是用于提升大尺寸 LED 光提取效率的常规方法，同时这些方法也可用于提高 micro-LED 的光提取效率。图形化衬底、表面粗化的原理是使出光表面变得不光滑，从而减小全反射损失。如图 6.10（a）所示，研究者对 micro-LED 的正面采用了表面粗化[3]，即在 n - GaN 表面制备一个 GaN 圆锥阵列，圆锥的底径、高度和周期均设定为 1 μm，他们研究了表面粗化对光提取效率的影响。图 6.10（b）中比较了当 micro-LED 尺寸变化时，具有光滑表面和粗化表面 micro-LED 的光提取效率，可以发现，当 micro-LED 尺寸大于 6 μm 时，表面粗化能够有效提升光提取效率，这是因为对于光滑表面，因内部全反射而损失的光会随着芯片尺寸的增加而增加，而对于具有粗化表面结构的 micro-LED，粗化的表面能够有效改变光的入射角，从而减少光的全反射。根据实验结果，对于更小尺寸的 micro-LED，无须表面粗化就能获得较高的光提取效率，因此，表面粗化对于提高 micro-LED 的光提取效率具有一定的尺寸选择性。

研究还发现，通过调节 p - GaN 层的厚度，可以调控顶部出光与侧壁出光的比例，其中，当 p - GaN 层的厚度为 100 nm 时可以极大地提升 micro-LED 顶部出光的光提取效率[3]。图 6.10（c）的结果表明，当 p - GaN 层厚度分别为 90 nm 和 100 nm 时，得到了最高的光提取效率值约为 0.77。当 p - GaN 层厚度在 110 nm 以上时，光提取效率随厚度增加而减小。实验结果表明，顶部光提取效率和总的光提取效率随 p - GaN 层厚度变化的趋势相同，而侧壁的光提取效率变化趋势与之相反，这是因为从量子阱发出的光与在金属反射面上反射的光形成的干涉图样取决于量子阱和金属之间的相对距离，即 p - GaN 层的厚度，因此顶部发光、侧壁发光以及由此产生的光提取效率也会有所不同。

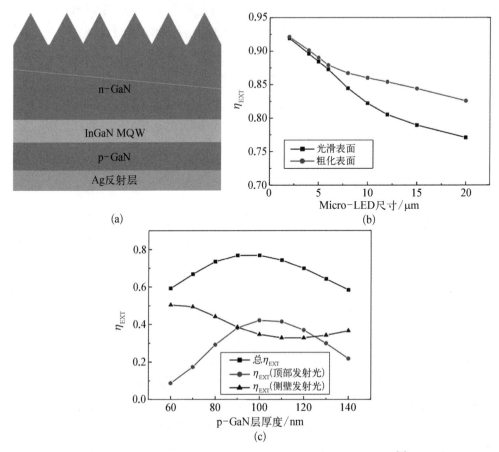

图 6.10　粗化表面结构图以及 micro-LED 光提取效率对比图[3]

（a）n‑GaN 表面粗化结构示意图；（b）不同尺寸 micro‑LED 表面粗化前后的光提取效率对比曲线；
（c）20 μm尺寸的micro‑LED 的光提取效率随 p‑GaN 层厚度的变化图

6.2.4　微截锥结构

微截锥结构由于具备隐失波耦合效应,已被证明可以用于实现光的定向发射。所谓的隐失波耦合效应指的是光在高低折射率界面会产生全反射,反射面一般处于低折射率材料"一个波长"数量级的深度内。但如果低折射率材料的厚度与出射光波长的数量级相近,同时在界面设计一个条形光波导,那么光就会在界面沿波导方向传输,即形成隐失波耦合。

利用微截锥结构产生定向发射光的原理如图 6.11（a）所示,在带有直径为亚波长大小的顶部表面的微截锥结构中心放置一个发光区域,该区域的横向尺寸小于被截断的锥顶面。当从发光区域中心发出的光以等于或大于内部全反射临界角的角度到达两个倾斜侧壁时,将在两个侧壁上产生隐失波。当隐失波到达顶部表面时,通过与表面发射的光耦合,从而形成在空气中高定向发射的光。

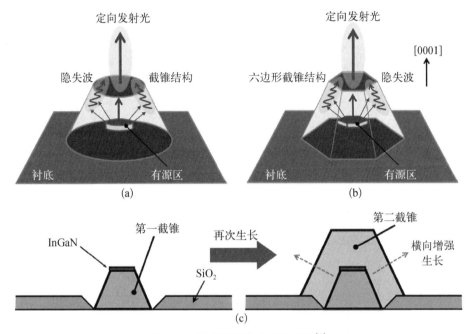

图 6.11　微截锥结构出光示意图[9]

（a）微截锥结构出光示意图;（b）micro-LED 六边形微截锥结构示意图;（c）六边形截锥结构两步生长过程示意图

纤锌矿 GaN 通过选区生长可在 c 面上形成六边形截锥结构,该结构如图 6.11（b）所示,与图 6.11（a）中的微截锥结构类似,顶面的面积应大于顶面下方嵌入的有源区域,顶面的直径应与发光波长的数量级一致,从而可以实现 micro-LED 的定向发光。该结构需要两步生长过程,从而实现在具有较宽顶面的六边形锥台中嵌入 InGaN 有源区,生长过程示意图如图 6.11（c）所示。第一截锥通常是在沿 c 轴方向占主导地位的生长模式下生长的。在第一截锥顶部的有源区 InGaN 层和 InGaN 层上的覆盖层生长之后,第二截锥在横向增强生长的模式下生长。

研究人员采用 FDTD 仿真了该结构是如何影响 micro-LED 的出光角度和光提取效率[9]。图 6.12 显示了一个沿极性 c 面生长的 GaN 基 micro-LED 内部的出光过程,通过这个过程,我们可以直观地看到光提取过程与出光角度之间存在的联系。图 6.12（a）显示了 GaN 六边形截锥结构和内部点光源设置之间的几何形状示

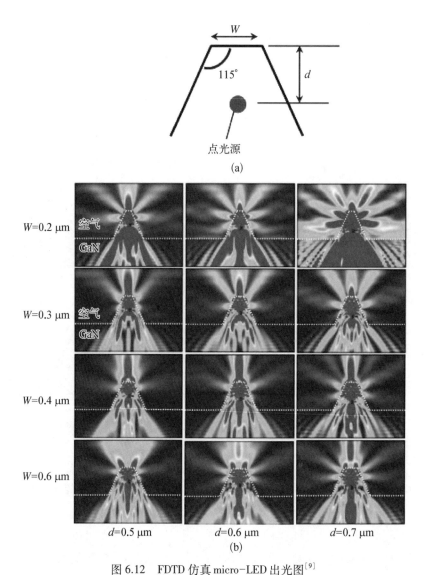

图 6.12　FDTD 仿真 micro-LED 出光图[9]

（a）六边形截锥结构示意图，顶面直径为 W，有源区与顶面距离为 d，有源区被视为点光源；（b）出光仿真结果

意图，其中，有源发光区域被视为点光源，顶面直径为 W，有源区与顶面距离为 d，而图 6.12（b）显示了 FDTD 仿真的出光结果。当顶面直径 $W = 0.2\ \mu m$ 时，光发射图案是发散的。当 $W = 0.3\ \mu m$ 和点光源深度 $d = 0.5\ \mu m$ 时，光发射方向相对集中。对于 $W = 0.3\ \mu m$ 的其他情况，光发射角度会产生扩展。对于 $W = 0.4\ \mu m$ 的情况，即使 d 从 $0.5\ \mu m$ 变为 $0.7\ \mu m$，光发射仍然具有方向性。在 $W = 0.6\ \mu m$ 条件下，光发

射方向性更强。

此仿真结果可以得出 $W = 0.2 \sim 0.6\ \mu m$ 和 $d = 0.5 \sim 0.7\ \mu m$ 时的定向发射情况。对于 $W = 0.4\ \mu m$ 和 $d = 0.6\ \mu m$，光提取效率最高。在实际的micro-LED制备过程中，不同的工艺会带来不同的 W 值和 d 值，从而会产生不同的出光角度和光提取效率。此外，从图6.12(b)可以发现，若要实现较大的出光角度，侧壁出光非常重要。

6.2.5　微透镜

通过制备micro-LED微透镜阵列，也可以对micro-LED出光进行有效地调控，并显著地提升发光效率[10]，设计方案的结构如图6.13(a)所示。通过常用的热回流制作技术在倒装micro-LED的蓝宝石衬底上制备微透镜阵列，其中蓝宝石衬底

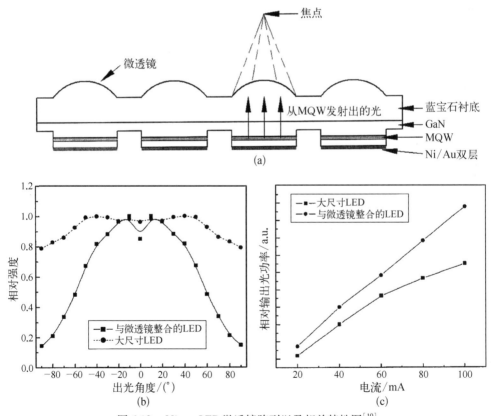

图6.13　Micro-LED 微透镜阵列以及相关特性图[10]

（a）蓝宝石衬底上的micro-LED微透镜阵列图；（b）微透镜阵列micro-LED 和普通 LED 的出光强度角度分布对比；（c）相同发光面积下带有微透镜阵列的micro-LED 和普通 LED 的光功率对比图

已提前经过抛光处理。具体过程为利用标准的光刻技术在蓝宝石衬底表面图案化制备厚度为 7 μm 的光刻胶微盘,随后在 115℃的热板上加热 15 min 形成透镜状,再利用电感耦合等离子体刻蚀将透镜图案转移到蓝宝石衬底上。微透镜的位置与 micro-LED 阵列的位置相匹配,因此,量子阱发出的光,以及从金属镜面反射的光,都可以通过蓝宝石被微透镜收集,其优点在于可以有效调控 micro-LED 的出光特性。

将采用此方案后的 micro-LED 阵列与传统的大面积顶部发光 LED 进行比较,出光强度随出光角度分布的归一化曲线如图 6.13(b)所示,两种器件的峰值输出被归一化,仅对比两个输出光功率的相对分布情况。可以看出,与普通的大面积顶部发光 LED 相比,带有微透镜阵列的 micro-LED 出光角度明显减小了。大面积 LED 的光输出强度均匀分布,全发射角接近 180°,即使在发射角为 80°时,其发光强度也能达到峰值的 80%。相比之下,带有微透镜阵列的 micro-LED 会聚集量子阱发出的光,并将发射光集中到与量子阱平面垂直的方向上,因此仅有不到 20% 的光会以大于 40°的角度发射,从而有效实现光的定向发射。此外,如图 6.13(c)所示,制备微透镜阵列的 micro-LED 相比于普通大面积 LED 而言,输出光功率得到了有效提升。

6.3 小结

本章介绍了光提取效率的概念,分析了 micro-LED 光提取特性,然后从不同的方面介绍了提高 micro-LED 光提取效率的方法,包括 micro-LED 的尺寸、形状、侧壁、图形化衬底、表面粗化、微截锥结构、微透镜阵列等。光提取效率的提高对于提高 micro-LED 显示器件的外量子效率至关重要,研究人员的相关努力有助于加快 micro-LED 显示技术的产业化进展。

参考文献

[1] Yang S M, Wang P H, Chao C H, et al. Angular color variation in micron-scale light-emitting diode arrays[J]. Optics Express, 2019, 27: A1308 - A1323.

[2] Griffin C, Gu E, Choi H W, et al. Beam divergence measurements of InGaN/GaN micro-array light-emitting diodes using confocal microscopy[J]. Applied Physics Letters, 2005, 86: 041111.

[3] Ryu H Y, Pyo J, Ryu H Y, et al. Light extraction efficiency of GaN-based micro-scale light-

emitting diodes investigated using finite-difference time-domain simulation[J]. IEEE Photonics Journal, 2020, 12: 1600110.

[4] Son K R, Lee B R, Kim T G, et al. Improved optical and electrical properties of GaN-based micro light-emitting diode arrays[J]. Current Applied Physics, 2017, 18: S8 − S13.

[5] Yang S M, Wang P H, Chao C H, et al. The substrate thickness dependence on micro LED chip arrays[C]. SID Symposium Digest of Technical Papers, 2019, 50: 1724 − 1727.

[6] Chu Y C, Wu M H, Chung C J, et al. Micro-chip shaping for luminance enhancement of GaN micro-light-emitting diodes array[J]. IEEE Electron Device Letters, 2014, 35: 771 − 773.

[7] Tang B, Miao J, Liu Y, et al. Enhanced light extraction of flip-chip mini-LEDs with prism-structured sidewall[J]. Nanomaterials, 2019, 9: 319.

[8] Gou F, Hsiang E L, Tan G, et al. Angular color shift of micro-LED displays[J]. Optics Express, 2019, 27: A746 − A757.

[9] Kumagai N, Takahashi T, Yamada H, et al. Fabrication of submicron active-region-buried GaN hexagonal frustum structures by selective area growth for directional micro-LEDs[J]. Journal of Crystal Growth, 2018, 507: 437 − 441.

[10] Choi H, Liu C, Gu E, et al. GaN micro-light-emitting diode arrays with monolithically integrated sapphire microlenses[J]. Applied Physics Letters, 2004, 84: 2253 − 2255.

第 7 章

Micro-LED 的光电响应时间

Micro-LED 具有高效率等出色的光电特性，在显示领域具有很大的应用前景。此外，micro-LED 因其小尺寸所带来的尺寸效应，使其还具备响应时间短和调制带宽高等优势，可以进一步拓展其在光通信、虚拟现实、光学测试等领域的应用[1-3]。近年来，可见光和紫外光波段的氮化镓 micro-LED 阵列成为人们越来越关注的课题。这种多用途的微结构光源可以在计算机控制下编程，在高帧速率下通过固定位置的投射显现自定义光学图像，用于对各种材料进行空间和光谱选择性激发。这一性能正逐渐被应用在科学研究及仪器制备等领域，如无掩模直写光刻、有机/无机集成器件、时间分辨荧光光谱和光学芯片等。在这些应用中，一方面，要求 micro-LED 阵列中的每个像素具备一定的发光强度，例如在异质集成的有机半导体激光器中，作为光泵浦源的 micro-LED 要求每个纳秒输出脉冲至少有几十 pJ 的能量；另一方面，则要求 micro-LED 能够发出极窄的光脉冲，这就需要 micro-LED 具备超快的光电响应。Micro-LED 的电致发光响应往往是通过测量光输出相对于驱动电流的时间响应来获得，本章介绍光电响应时间的基本半导体理论、micro-LED 的脉冲响应宽度和频率响应等特性，以及 micro-LED 调制带宽的研究进展。

7.1 Micro-LED 中的载流子复合寿命机理

7.1.1 非平衡载流子

在一定温度下，且不存在其他外界作用条件时，无论是本征半导体还是掺杂半导体,都会由热激发产生能够导电的电子和空穴。例如电子由价带跃迁到导带(本征激发),形成导带电子和价带空穴。电子和空穴也可以通过杂质电离的方式产生,例如电子从施主能级跃迁至导带时产生导带电子或者电子从价带激发到受主能级时产生价带空穴。这些电子和空穴产生的过程统称为载流子的产生。同时,电子也可以从高能态跃迁至低能态与空穴复合并释放一定的能量。这种使电子和空穴数量不断减少的过程称为载流子的复合。当温度不发生变化时,载流子的产生与复合将建立一个动态平衡状态,称为热平衡状态。处于热平衡状态下的电子和空穴称为平衡载流子,此时的电子空穴浓度都会保持一个稳定的数值。在没有光或电流等外部刺激的情况下,平衡载流子浓度积 $n_0 p_0$ 只受温度影响,即在给定温度下 $n_0 p_0 = n_i^2$ 是一个定值,n_i 称为本征载流子浓度。

当对半导体施加外界作用(如光照、偏压或者电子束激发等)后,会使半导体处于非平衡状态,在这种情况下激发的载流子,就属于非平衡载流子,也称为过剩载流子,记为 Δn 和 Δp。举个例子来说,设想一个 N 型半导体,$n_0 > p_0$。若用光子能量大于禁带宽度的光照射该半导体,则可将价带的电子激发到导带,使导带比平衡时多出一部分电子 Δn,称为非平衡多子;价带多出一部分空穴 Δp,称为非平衡少子。在这种情况下,电子浓度和空穴浓度满足 $n = n_0 + \Delta n$,$p = p_0 + \Delta p$,$\Delta n = \Delta p$,$n_0 p_0 = n_i^2$,$np \neq n_i^2$。

由光注入或电注入产生非平衡载流子时,往往分为小注入和大注入。倘若注入的非平衡载流子浓度与热平衡多数载流子浓度相比很小,但是却远远大于热平衡少数载流子浓度(如 N 型半导体中 $p_0 \ll \Delta n \ll n_0$)时,则多子浓度基本不变($n = n_0 + \Delta n \approx n_0$);而少子浓度近似等于注入的过剩少子浓度($p = p_0 + \Delta p \approx \Delta p$)。这种情况称为小注入。倘若注入的非平衡载流子浓度 Δn 可以与热平衡多数载流子浓度 n_0 相比较,则称为大注入。可以看出,非平衡载流子在数量上对少子的影响比较大,所以在很多情况下都会考虑非平衡少子的变化情况。载流子的产生和复合过程是研究 LED 发光的基础,对器件性能的分析具有十分重要的作用。平衡状态下,载流子的产生率与复合率相等,从而保持载流子的浓度稳定不变。而非平衡载流子是在外界作用下产生的,处于非平衡状态,往往会发生复合。根据其复合过程中的微观机制,可以分为直接复合和间接复合;根据复合发生的位置,可以分为体内复合和表面复合;而根据复合时能量释放的方式,则可以分为辐射复合和非辐射复合。直接复合指的是电子在导带和价带之间直接跃迁,引起电子与空穴的复合;间接复合指的是电子和空穴通过禁带中的复合中心发生复合。辐射复合指的是电子和空穴复合产生光子,能量以发光的形式损失掉。而对于非辐射复合,一方面,电子和空穴复合后会产生声子,能量传递给晶格,以晶格振动的方式损失掉;另一方面,电子和空穴复合后产生的能量也可能传递给其他的载流子,使其在导带或价带内激发,这种情况称为俄歇复合。LED 作为一种发光器件,人们在研究其中的复合机制时,往往会从辐射复合和非辐射复合角度进行考虑。

定义单位时间内单位体积中产生的电子-空穴对数为产生率 G,单位时间内单位体积中复合的电子-空穴对数为复合速率 R,常用单位为 $cm^{-3} \cdot s^{-1}$。假设施加光照或电流注入作用后,平衡态被破坏,产生速率 G 将大于复合速率 R,产生的非平衡载流子数为 Δn 和 Δp。随着非平衡载流子数目增多,复合速率 R 增大,当产生和复合这两个过程的速率相等时,非平衡载流子数目不再增加,达到稳定值。在 $t = 0$ 时,当光照或电流注入停止后,复合速率 R 超过产生速率 G,Δn 和 Δp 随时间衰减至 0,最后恢复到热平衡状态,衰减的时间常数称为非平衡载流子寿命 τ,也被称作少数载流子寿命。一般用 $1/\tau$ 来表示单位时间内非平衡载流子的复合概率,$\dfrac{\Delta p}{\tau}$ 代表复合率。在 N 型半导体中,Δp 为非平衡少子,则有

$$R = \frac{\Delta p(t)}{\tau} \tag{7.1}$$

如果考虑小注入时,可以近似将 τ 当作一个常量,与 $\Delta p(t)$ 无关,求解得

$$\Delta p(t) = \Delta p_0 \exp(-t/\tau) \tag{7.2}$$

式中,Δp_0 是 $t = 0$ 时非平衡少子的浓度,可以看出非平衡载流子浓度随时间呈指数衰减。τ 是 Δp 衰减到 Δp_0 的 $1/e$ 时所用的时间,所以在实际计算时,一般用非平衡载流子浓度减小到初始值的 $1/e$ 这段时间来近似表征非平衡载流子寿命。

在辐射复合过程中,每个电子在单位时间内都有一定的概率和空穴相遇而复合,这个概率和空穴浓度成正比,同理也与电子浓度成正比。因此非平衡载流子的复合速率可由双分子速率方程表示,即复合速率与电子和空穴浓度的乘积成正比:

$$R = -\frac{dn}{dt} = -\frac{dp}{dt} = Bnp \tag{7.3}$$

其中,n 和 p 分别是电子和空穴的载流子浓度,B 是辐射复合系数。对于直接带隙 III-V 族半导体,B 的值约为 $10^{-11} \sim 10^{-9} \ cm^3/s$[4]。

载流子复合过程可以考虑为一个关于时间的函数。假设一个受光激发的半导体,其平衡态载流子浓度分别为 n_0 和 p_0,过剩载流子浓度为 Δn 和 Δp,且根据前文

所述有 $\Delta n = \Delta p$。假设该光照激发是一个小注入过程,存在小注入条件 $\Delta n \ll (n_0 + p_0)$,通过辐射复合方程得到复合速率为

$$R = B[n_0 + \Delta n(t)][p_0 + \Delta p(t)]$$
$$= Bn_i^2 + B(n_0 + p_0)\Delta n(t) = R_0 + R_e \tag{7.4}$$

其中,第一项可以定义为平衡复合速率 R_0,第二项可以定义为非平衡复合速率 R_e。则载流子浓度随时间变化的速率方程可以表示为

$$\frac{\mathrm{d}n(t)}{\mathrm{d}t} = G - R = (G_0 + G_e) - (R_0 + R_e) \tag{7.5}$$

其中,G_0 和 G_e 分别表示平衡产生速率和非平衡产生速率。假设在 $t = 0$ 时,光照停止,则 $G_e = 0$,且平衡产生速率与平衡复合速率相等,即 $G_0 = R_0$。则根据式(7.4)和式(7.5)得到非平衡载流子复合速率:

$$R_e = -\mathrm{d}\frac{\Delta n(t)}{\mathrm{d}t} = B(n_0 + p_0)\Delta n(t) \tag{7.6}$$

通过分离变量求解该微分方程得

$$\Delta n(t) = \Delta n_0 \exp[-B(n_0 + p_0)t] = \Delta n_0 \exp(-t/\tau) \tag{7.7}$$

其中,Δn_0 是 $t = 0$ 时刻的非平衡载流子浓度,$\tau = \dfrac{1}{B(n_0 + p_0)}$ 定义为非平衡载流子寿命,可以看出,τ 是一个常量,并不随时间变化。对于 P 型半导体,有 $\tau_n = \dfrac{1}{Bp_0} = \dfrac{1}{BN_A}$,其中 N_A 为 P 型半导体掺杂浓度;对于 N 型半导体,有 $\tau_P = \dfrac{1}{Bn_0} = \dfrac{1}{BN_D}$,其中 N_D 为 N 型半导体掺杂浓度。

而如果该光照激发是一个大注入过程,例如,注入的非平衡载流子浓度远大于平衡载流子浓度,即 $\Delta n \gg (n_0 + p_0)$,则辐射复合速率方程可表示为

$$R = -\mathrm{d}\frac{\Delta n(t)}{\mathrm{d}t} = B\Delta n^2(t) \tag{7.8}$$

利用分离变量法进一步求解为

$$\Delta n(t) = \frac{1}{Bt + 1/\Delta n_0} \tag{7.9}$$

其中,Δn_0 是 $t = 0$ 时刻的非平衡载流子浓度。从式(7.9)可以看出,在大注入的情

况下,非平衡载流子的浓度并非呈指数形式衰减。通过非平衡载流子浓度与其复合速率的比值,并将式(7.8)和式(7.9)代入可近似推导出其寿命的时间常数为

$$\tau(t) = -\frac{\Delta n(t)}{\dfrac{d\Delta n(t)}{dt}} = -\frac{\Delta n(t)\,dt}{d\Delta n(t)} = t + \frac{1}{B\Delta n_0} \tag{7.10}$$

在大注入的情况下,非平衡载流子的寿命时间常数将随着复合时间的增加而增大。当复合时间足够长时,非平衡载流子浓度趋向于小注入情况,进而可以用小注入条件求解非平衡载流子寿命 τ。

而在非辐射复合过程中,有很多的复合机制,其中两种主要机制为复合中心复合与俄歇复合,作为复合中心的杂质与缺陷一般会在禁带中引入一个或几个深能级。复合中心复合的理论是由肖克利、里德和霍尔三个人首次提出来的,因此也被称为 SRH 复合模型[5]。结合 SRH 模型,通过深能级陷阱的能量 E_T 和浓度 N_T,复合中心复合的速率为[6]

$$R_{SRH} = \frac{p_0\Delta n + n_0\Delta p + \Delta n\Delta p}{(N_T v_p \sigma_p)^{-1}(n_0 + n_1 + \Delta n) + (N_T v_n \sigma_n)^{-1}(p_0 + p_1 + \Delta p)} \tag{7.11}$$

式中, $\Delta n = \Delta p$, v_n 和 v_p 是电子和空穴的热速度,载流子热速度越大,被复合中心俘获的概率就越大; σ_n 和 σ_p 是深能级陷阱的俘获截面,俘获的截面积越大,载流子被俘获的概率就越大; n_1 和 p_1 是费米能级位于陷阱能级 E_T 上时的电子和空穴浓度,设立该参数是为了便于简化计算。SRH 复合的寿命可由 $\dfrac{1}{\tau} = \dfrac{R_{SRH}}{\Delta n}$ 得到:

$$\frac{1}{\tau} = \frac{p_0 + n_0 + \Delta n}{(N_T v_p \sigma_p)^{-1}(n_0 + n_1 + \Delta n) + (N_T v_n \sigma_n)^{-1}(p_0 + p_1 + \Delta p)} \tag{7.12}$$

下面简单讨论小注入情况下的非平衡载流子的 SRH 寿命。可设定电子俘获系数 $r_n = v_n \sigma_n$,空穴俘获系数 $r_p = v_p \sigma_p$,对于强 n 型区,在小注入情况下, $n_0 \gg p_0$ 且 $\Delta p = \Delta n \ll n_0$,此时式(7.12)可简化为

$$\frac{1}{\tau} = \frac{1}{\tau_{p_0}} = N_T v_p \sigma_p = N_T r_p \tag{7.13}$$

由上式可知,在掺杂较重的 N 型半导体中,小注入情况下,对 SRH 寿命起决定作用的是复合中心对少数载流子空穴的俘获系数 r_p。同理可得 P 型半导体中:

$$\frac{1}{\tau} = \frac{1}{\tau_{n_0}} = N_{\mathrm{T}} v_{\mathrm{n}} \sigma_{\mathrm{n}} = N_{\mathrm{T}} r_{\mathrm{n}} \tag{7.14}$$

将式(7.13)和式(7.14)代入式(7.12)可得

$$R_{\mathrm{SRH}} = \frac{np - n_{\mathrm{i}}^2}{\tau_{p_0}(n_0 + n_1) + \tau_{n_0}(p_0 + p_1)} \tag{7.15}$$

且 $n_1 = n_{\mathrm{i}} \exp\left[-\frac{(E_{\mathrm{T}} - E_{\mathrm{i}})}{k_0 T} \right]$，$p_1 = n_{\mathrm{i}} \exp\left[-\frac{(E_{\mathrm{i}} - E_{\mathrm{T}})}{k_0 T} \right]$，$E_{\mathrm{i}}$ 为本征费米能级。对于一

般的复合中心,简明起见,假定 $r_{\mathrm{n}} = r_{\mathrm{p}} = r$,那么有 $\tau_{p_0} = \tau_{n_0} = \frac{1}{N_{\mathrm{T}} r}$。则式(7.15)简化为

$$R_{\mathrm{SRH}} = \frac{N_{\mathrm{T}} r(np - n_{\mathrm{i}}^2)}{n + p + 2n_{\mathrm{i}} \mathrm{ch}\left(\dfrac{E_{\mathrm{T}} - E_{\mathrm{i}}}{k_0 T} \right)} \tag{7.16}$$

式中,ch(x)为双曲余弦函数。不难看出,当 $E_{\mathrm{T}} = E_{\mathrm{i}}$ 时,R_{SRH} 趋向于极大值。也就是说,位于禁带中央附近的深能级是最有效的复合中心,而远离禁带中央的浅能级,不能起到有效的复合中心的作用。

　　而另一个重要的非辐射复合机制则是俄歇复合。在这个过程中,通过电子-空穴复合而获得的能量(近似为 E_{g}),被一个自由电子在导带中的高激发或者一个空穴在价带中的高激发所消耗。俄歇复合的复合速率可以表示为 $R_{\mathrm{Auger}} = C_{\mathrm{p}} np^2$ 或者 $R_{\mathrm{Auger}} = C_{\mathrm{n}} n^2 p$。因为在俄歇复合过程中往往需要两个相同类型的载流子(两个空穴或两个电子),所以俄歇复合速率与载流子浓度的立方成正比,C_{p} 和 C_{n} 分别是两种过程中的俄歇复合系数。在俄歇复合过程中,能量和动量必须守恒,但由于半导体中导带和价带的结构不同,所以两个俄歇系数 C_{p} 和 C_{n} 通常是不同的。

　　在大注入的情况下,由于非平衡载流子浓度远远高于平衡载流子的浓度,可以将俄歇复合速率方程简化为 $R_{\mathrm{Auger}} = (C_{\mathrm{n}} + C_{\mathrm{p}}) n^3 = C n^3$。式中,$C$ 被称为俄歇复合系数,对于直接带隙Ⅲ-Ⅴ族氮化物半导体,C 的值约为 $10^{-29} \sim 10^{-31}$ cm^6/s[4]。由于俄歇复合与载流子浓度的三次方相关,所以在高激发强度或者非常高的注入电流下,俄歇复合往往会降低半导体中的发光效率。而在较低的载流子浓度下,俄歇复合速率很小,在实际应用中可以忽略不计。

7.1.2　分析载流子寿命的 *ABC* 模型

　　LED 器件中载流子的复合动力学是限制 LED 开关时间的因素之一,用于通信

应用的 LED 的调制速度可能会受到少数载流子寿命的限制,因此需要对 LED 器件内部的载流子复合动力学进行深入研究。根据上节所讨论的,载流子的复合机制主要有非辐射 SRH 复合(τ_{SRH})、非辐射俄歇复合(τ_{Auger})与辐射复合(τ_{r})。针对 LED 器件,其量子阱有源区内总的载流子复合寿命存在以下关系:

$$\frac{1}{\tau} = \frac{1}{\tau_r} + \frac{1}{\tau_{SRH}} + \frac{1}{\tau_{Auger}} \tag{7.17}$$

半导体中的载流子寿命可以通过短脉冲光激发后的发光衰减来测量,发光强度与复合速率成正比。在小注入条件下,其复合速率为

$$R = -\frac{\mathrm{d}n(t)}{\mathrm{d}t} = \frac{\Delta n_0}{\tau}\exp(-t/\tau) \tag{7.18}$$

在大注入条件下,其复合速率为

$$R = -\frac{\mathrm{d}n(t)}{\mathrm{d}t} = \frac{-B}{\left(Bt + \dfrac{1}{\Delta n_0}\right)^2} \tag{7.19}$$

图 7.1 为短脉冲光激发后发光强度的衰减曲线和寿命曲线图,激发后的发光强度的纵坐标做了对数计算处理。在小注入条件下,发光强度衰减与衰减时间成指数关系,取对数后呈线性关系,且载流子寿命 τ 为常量。在大注入条件下,衰减是非指数的,且载流子寿命 τ 随时间 t 增加,并逐渐趋近于常数。这种类型的衰减函数经常被称为延伸的指数衰减函数,它描述了比指数衰减更慢的衰减。

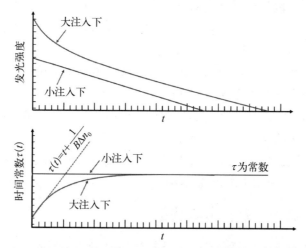

图 7.1　短脉冲光激发后发光强度的衰减曲线和寿命曲线图

基于此原理,LED 材料的载流子寿命通常可用时间分辨光致发光(time resolved photoluminescence,TRPL)测量,其方法是跟踪不同光激发密度下光致发光强度随时间的衰减,然后通过将数据拟合到单指数或双指数衰减模型来提取载流子寿命。

虽然 TRPL 测量方法已经被很好地建立了,但是这种技术在表征电注入器件方面时存在一些限制[7]。首先,TRPL 是在光激发的情况下进行的,在这种情况下,载流子密度很难量化,除非已知有源区的详细吸收特性。第二,TRPL 通常假设有源区的光激发是均匀的,忽略了载流子输运效应。第三,TRPL 不能达到在电注入下所实现的能带条件,从而导致与电注入不同的电子空穴波函数重叠。第四,TRPL 测量得到的是载流子寿命,不是小信号响应的寿命。微分载流子寿命(τ_D)表示器件对小信号的响应,取决于载流子复合速率相对于注入载流子浓度的曲线的局部斜率(dR/dn)。对于 LED 器件,其小信号调制带宽 $f_{-3\,dB}$ 与微分载流子寿命密切相关。因此,在分析 micro-LED 器件内部调制带宽问题时,最好是分析其微分载流子寿命的变化情况。

我们在第 3 章所分析的 ABC 模型基础上推导 τ_D。首先,忽略了有源区的电子泄漏,即假设载流子注入效率 $\eta_{INJ} = 1$。其次,假设电子 n 和空穴 p 在 LED 有源区内的非平衡载流子浓度相等。第三,假设与 SRH 非辐射复合相对应的常数 A、与辐射复合相对应的常数 B 和与非辐射俄歇复合相对应的常数 C 几乎与载流子浓度无关。在这种情况下,LED 器件的载流子复合速率及微分载流子寿命[8-9],可以通过量子阱内的载流子浓度 n 来进行表示[3]:

$$R = An + Bn^2 + Cn^3 \tag{7.20}$$

$$\frac{1}{\tau_D} = \frac{dR}{dn} = A + 2Bn + 3Cn^2 \tag{7.21}$$

$$I_{QW} = I_{SRH} + I_{rad} + I_{Auger} = qV_{active}(An + Bn^2 + Cn^3) \tag{7.22}$$

$$n = \frac{1}{qV_{active}} \int_0^{I_{QW}} \tau_D(I')\,dI' \tag{7.23}$$

$$f_{-3\,dB} = \frac{\sqrt{3}}{2\pi\tau_D} \tag{7.24}$$

式中,q 是单位电荷,V_{active} 是有源区内量子阱的有效体积。利用 ABC 模型,可以很容易地对大注入及小注入情况下的量子效率、载流子寿命等因素进行理论分析,为实验现象提供指导意义。

7.2 Micro-LED 脉冲响应宽度

近年来,如何制备快速响应的 micro-LED 阵列,使其满足器件应用需求的高水平,以及如何设计相应的控制电路,并与 micro-LED 相集成,正成为人们越来越关心的问题。Micro-LED 阵列的制备往往分为正装结构和倒装结构,正装结构即通过外延表面的 p 型电流扩展层来提取光,且成功地利用了矩阵寻址来进行驱动。但是在这种正装结构器件中,p 型电流扩展层中通常会存在光损耗,而倒装结构则通过(抛光的)蓝宝石外延衬底来提取光,更有效的电流注入导致更高的内部量子效率和改进的热管理,因此可以获得更高的发光强度。

研究人员在 2008 年就报道了倒装 micro-LED 芯片阵列的进展[10]。他们制备了两种倒装 micro-LED 阵列,阵列 A 包含 16×16 个像素,像素直径大小为 72 μm,间距为 100 μm;阵列 B 包含 32×32 个像素,像素直径大小为 30 μm,间距为 60 μm,发光波长分别为 370 nm 和 470 nm。所制备的 micro-LED 阵列可与互补金属氧化物(CMOS)背板键合后进行单独寻址,典型的阵列 A 器件的显微镜图及其发光情况如图 7.2 所示。

对制备好的不同阵列、不同波长的 micro-LED 器件进行测试,测试后的 $I-V$ 特性曲线及输出光功率曲线如图 7.2(c)所示。首先,在给定像素尺寸和注入电流密度相同的情况下,蓝光 micro-LED 器件的输出光强度远远高于紫外光器件,这主要是由于紫外光 micro-LED 有源结构的内量子效率较低所致。其次,小尺寸的 micro-LED 在光功率饱和之前能够维持一个较高的注入电流密度,且不受发光波长的影响。需要强调的是,阵列 B 器件在击穿前能够承受高达 12 kA/cm^2(蓝光)和 5.6 kA/cm^2(紫外光)的极高电流密度,这在当时是已报道的 GaN 基 LED 中最高的电流密度。且每个像素的连续输出光强度可达到 0.55 μW/μm^2(蓝光)和 0.029 μW/μm^2(紫外光)。

这种倒装 micro-LED 阵列的一个很有前途的应用是用于异质集成有机半导体激光器的光泵浦。考虑到这一目标,对 micro-LED 阵列的脉冲输出宽度及脉冲输出能量进行进一步的研究。为此,需要使用了一个定制的 LD 驱动电路,为 micro-LED 阵列提供脉冲频率为 10.5 kHz 的电流脉冲,电脉冲宽度为 18 ns,输出的光脉冲宽度约为 18~28 ns,这取决于注入电流以及器件类型。通过增加电脉冲宽度可以很容易地获得更高的脉冲能量,在 34 ns 的光脉冲中可以获得超过 150 pJ 的脉冲能量。采用 30 μm 尺寸的蓝光 micro-LED 阵列,在脉冲模式下最高可以获得

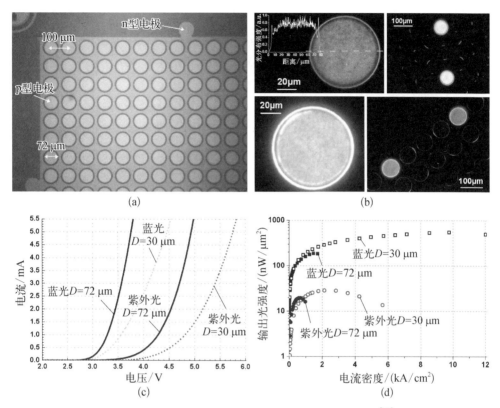

图 7.2　Micro-LED 阵列、发光情况及相关性能测量图[10]

（a）16×16 micro-LED 阵列显微镜图；（b）上图为蓝光 micro-LED 发光图片，下图为紫外光 micro-LED 发光图；（c）单像素的蓝光和紫外光器件的 I-V 特性图，D 为器件直径；（d）蓝光和紫外光器件的输出光强度随电流密度的变化图

$2.90\ \mu W/\mu m^2$ 的输出光强度。

在 2009 年，Dawson 课题组报道了一个定制设计的 CMOS 驱动电路驱动的 370 nm 的 micro-LED 阵列器件，该器件的输出光脉冲宽度可达到亚纳秒范围[11]。该 micro-LED 阵列包含 16×16 个像素，像素直径大小为 72 μm，间距为100 μm；每个 CMOS 像素所提供的最大电流和电压分别为 100 mA 和 5 V，独特的 CMOS 电路设计使其可以输出最小脉冲宽度为 300 ps 的电脉冲，并使 micro-LED 像素获得更大的输出光功率。这些光脉冲的持续时间可由用户定义，其范围可从 300 ps 到 40 ns，如图 7.3 所示。对于最短和最长持续时间的光脉冲，其脉冲的能量分别为2.7 fJ 和 17.2 pJ，对应的峰值输出光功率密度为 $2.21\ W/cm^2$ 和$10.56\ W/cm^2$，这些光脉冲可通过时间相关单光子计数的方法测量。这种 micro-LED 输出的亚纳秒光脉冲，有用于荧光样品进行类似时间分辨测量的可能性，且在其他测试方面，也具有更广阔的应用空间。

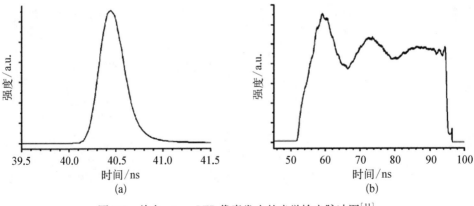

图 7.3 单个 micro-LED 像素发出的光学输出脉冲图[11]

(a) 300 ps;(b) 40 ns

7.3 Micro-LED 的 RC 常数、频率响应与 −3 dB 调制带宽

Micro-LED 能够输出亚纳秒级别的超短宽度光脉冲,这得益于其所具备的快速开关特性。快速开关特性带来的另一大优势就是使 micro-LED 器件具有很高的调制带宽,并在可见光通信领域有着很大的应用前景。目前适合应用于可见光通信的主要光源是 LED,但商用 LED 的调制带宽仅有几十 MHz,极大地限制了通信速率。Micro-LED 因为具有注入电流密度大、自热效应低、RC 常数小等优点,其调制带宽可达 GHz 以上,且基于 micro-LED 的可见光通信技术可以获得超过 10 Gbps 的通信速率。本节将对 micro-LED 器件的频率响应及调制带宽做一个详细的介绍。

LED 的频率响应,指的是当在 LED 器件上加载振幅不变、频率变化的信号时,测量系统输出端的幅频特性和相频特性等响应情况。频率响应主要反映的是信号强度随频率的变化情况,往往用分贝数(dB)来表示。

一个 LED 器件可简单近似为如图 7.4(a)中所示的 RC 电路,当输入一个电压幅值为 V_0 的阶跃信号时,由一阶 RC 电路的阶跃响应可知电容上的电压响应为

$$V_{\text{out}}(t) = V_0\left(1 - \mathrm{e}^{-\frac{t}{\tau}}\right) \qquad (7.25)$$

当输入电压幅值降为 0 时,输出的电压响应为

$$V_{\text{out}}(t) = V_0\mathrm{e}^{-\frac{t}{\tau}} \qquad (7.26)$$

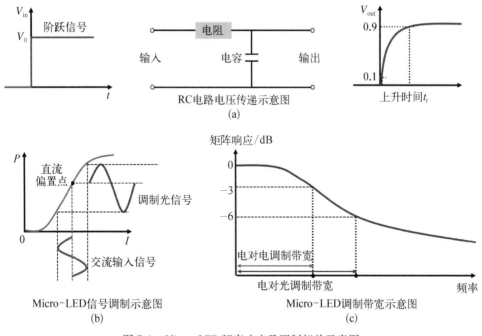

图 7.4　Micro-LED 频率响应及调制相关示意图

（a）RC 电路及输入输出信号示意图；（b）调制信号示意图；（c）调制带宽示意图

式中，$\tau = RC$ 为时间常数。定义上升时间 τ_r 为从电压峰值幅值的 10% 上升到峰值幅值 90% 所需的时间，下降时间 τ_f 为从电压峰值幅值的 90% 下降到峰值幅值 10% 所需的时间。由式（7.25）可得：$t = -\tau \ln\left(1 - \dfrac{V_{out}}{V_0}\right)$，可得 $\tau_r = (\ln 9)\tau \approx 2.2\tau$，同理可得 $\tau_f = (\ln 9)\tau \approx 2.2\tau$。则 LED 的频率响应表达式可由电压传递函数得 $H(i\omega) = \dfrac{V_{out}}{V_{in}} = \dfrac{1}{1 + i\omega\tau}$，其中 $\omega = 2\pi f$。

利用 LED 加载调制信号时，往往是选取 LED 的线性工作区，利用直流偏置电流驱动 LED 发光，然后将所需加载的调制信号转换成交流信号，叠加到直流偏置电流上，对应的调制信号示意图如图 7.4（b）所示。Micro-LED 的调制带宽一般指器件在加载调制信号时，当信号强度（交流光功率）为直流驱动（对于网络分析仪等设备，初始频率往往不为 0，其低频参考点为 f_1）信号强度值的一半时（-3 dB）对应的频率值为 f_2，则 f_2 与 f_1 的差值 $f_{-3\,dB}$ 即为 micro-LED 的 -3 dB 调制带宽，也称为光调制带宽。类比于光调制带宽的定义，我们定义电调制带宽为交流电功率下降到直流驱动时幅值的一半时对应的频带宽度。光调制带宽和电调制带宽对应的频率响应的示意图如图 7.4(c) 所示,换句话说,就是−3 dB 光带宽的值等于−6 dB 电带宽的值。光调制带宽的 dB 值往往用:dB 值 $= 10\log_{10}\dfrac{I_f}{I_光}$dB 来进行换算。LED 的调制带宽是可见光通信系统信道容量和传输速率的决定性因素,但会受到器件本身许多特性的影响。

所以,对于电调制带宽,根据频率响应表达式和电带宽定义可得:$|H(i\omega)|^2 = \dfrac{1}{2}$,即 $\dfrac{1}{1+\omega^2\tau^2} = \dfrac{1}{2}$。代入 $\omega = 2\pi f$,可以得到电调制带宽的表达式为

$$f_{-3\,dB} = \frac{1}{2\pi\tau} = \frac{\ln 9}{\pi\tau_r + \pi\tau_f} \approx \frac{0.7}{\tau_r + \tau_f} \tag{7.27}$$

而对于光调制带宽,则有 $|H(i\omega)| = \dfrac{1}{2}$,即 $\dfrac{1}{1+\omega^2\tau^2} = \dfrac{1}{4}$,可以得到光调制带宽的表达式为

$$f_{-3\,dB} = \frac{\sqrt{3}}{2\pi\tau} = \frac{\sqrt{3}\ln 9}{\pi\tau_r + \pi\tau_f} \approx \frac{1.2}{\tau_r + \tau_f} \tag{7.28}$$

由表达式可以看出,LED 的调制带宽和 LED 器件加载调制信号后的响应电压或者响应电流的上升下降时间密切相关。而这个上升下降时间往往又是由器件本身的 RC 时间常数和载流子复合寿命来决定的。曾有研究人员发现[7],对于尺寸小于 100 μm 的 micro-LED 器件,RC 时间常数约为 0.1 ns,远远小于载流子复合寿命的 10 ns 数量级,因此 micro-LED 器件的调制带宽主要受到微分载流子寿命的限制。而上升时间和下降时间的总和可近似为载流子复合寿命,这也就意味着,如果载流子复合寿命越短,所能取得的调制带宽就越高。而根据式(7.21)可知,当注入有源区中的载流子浓度越大时,对应的微分载流子寿命就会越小。Micro-LED 器件本身的一大特性就是能够承受较高的电流密度,这会导致器件内部注入量子阱中的载流子浓度变多,微分载流子寿命减小,从而获得更高的调制带宽。目前已知的 micro-LED 的最高调制带宽可以超过 1.5 GHz[12],这将大大提升通信系统的通信速率。因此,micro-LED 在可见光通信领域有着很大的应用前景。

制约 LED 调制带宽的因素主要有 RC 时间常数和载流子复合寿命。RC 时间常数与结电容效应以及电阻值相关,而结电容和几何电容一样,都会受到器件尺寸的影响,这在前文中已有详细的介绍。此外,micro-LED 的微分电阻也随尺寸变化而变化[13]。图 7.5 显示了不同尺寸的 micro-LED 的 I-V 特性曲线及根据 I-V 特

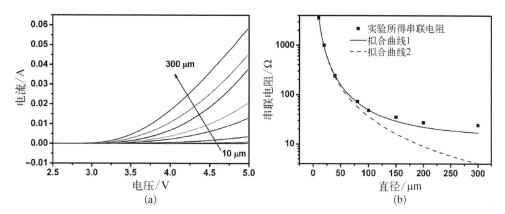

图 7.5　不同尺寸 micro-LED 的 I-V 特性曲线(a)及提取的串联电阻(b)

性曲线提取的串联电阻。可以看出,随着 micro-LED 的尺寸从 10 μm 增大至 300 μm,其串联电阻值也从 3 600 Ω 逐渐下降至 24 Ω。

如果电流在 p-GaN 中均匀分布,则可以通过 $R_{\mathrm{s}} = \dfrac{4\rho d}{\pi D^2} + R_{\mathrm{c}}$ 对串联电阻曲线进行拟合,拟合结果如图 7.5(b)实线所示。式中,ρ 是 p-GaN 的电阻率,d 是它的厚度,R_{c} 是 micro-LED 中其他结构所包含的一个电阻常量,D 是 micro-LED 的直径。考虑到所用 p-GaN 中可迁移的载流子浓度比 n-GaN 低了近一个数量级,因此对串联电阻起主要贡献的就是 p-GaN 的电阻。因此,微分电阻拟合曲线的公式可简化为 $R_{\mathrm{s}} = \dfrac{4\rho d}{\pi D^2}$,拟合结果如图 7.5(b)虚线所示,拟合结果存在差异是因为忽略了 n 型和 p 型电极的电阻。可以看出,串联电阻 R_{s} 与 micro-LED 直径的平方近似成反比,也就是说,像素尺寸越大,串联电阻越小。

RC 常数表示的是一个反映过渡过程的时间常数,LED 器件通常可以等效为电容和电阻组成的电路,在这个电路中,RC 时间常数就是等效电容和等效电阻的乘积。如果 R 的单位是 MΩ,C 的单位是 μF,那 RC 常数的单位就是 s。如果 RC 常数太大,则意味着 LED 器件内的载流子注入时要受到空间电荷电容等寄生电阻电容的影响,从而导致光输出延迟,LED 器件的开关速度变慢。

综上可知,micro-LED 因其尺寸较小,往往可以具备一个更小的寄生电容,但串联电阻会随尺寸减小而增大。如果通过实验测量并进行参数提取便可以发现小尺寸 LED 的 RC 时间常数会更小,因而使器件本身具有更快的开关特性。但在实际考虑 micro-LED 的调制带宽时,对于尺寸小于 100 μm 的 micro-LED 器件,RC 时间常数远远小于载流子复合寿命,因此调制带宽主要还是受到载流子寿命的限制。

Micro-LED 的调制带宽通常是利用网络分析仪来进行测量,其测试过程如下。利用高速探针将 micro-LED 芯片点亮测试,通过偏置器将网络分析仪产生的小信号交流分量和直流电源提供的直流分量结合起来驱动 micro-LED。利用光学透镜对光束进行准直和聚焦,使其最终被光电探测器接收。然后将接收到的信号反馈给网络分析仪,在网络分析仪上通过比较不同频率下的输出信号和输入信号,便可以得到调制带宽。

7.4 Micro-LED 调制带宽的研究进展

许多研究团队都试图通过引进先进技术或设计新的外延结构来提高 micro-LED 的调制带宽。提高 LED 调制带宽的主流方法包括量子阱结构设计、电极设计、外延材料改进等[2]。目前,基于半极性或非极性 GaN 材料制备的 micro-LED 可以实现目前最高的带宽,非极性蓝光 micro-LED 的带宽可达 1.5 GHz[12],半极性绿光 micro-LED 可以实现 756 MHz 的带宽[14]。这是因为在低电流密度下,半极性和非极性 GaN micro-LED 具有其较大的电子-空穴波函数重叠和较短的载流子寿命。英国思克莱德大学 Dawson 课题组报道了红光 AlGaInP micro-LED 的数据传输能力,并实现了高达 170 MHz 的调制带宽[15]。此外,2019 年已有研究团队制备了 438 MHz 调制带宽的深紫外 micro-LED,传输速率达 1 Gbps[16]。2021 年,田朋飞课题组报道了 452 MHz 带宽的深紫外 micro-LED,并将传输速率提高了一倍[17]。Micro-LED 的高带宽特性对提高通信系统的数据速率有很大帮助。

7.5 小结

本章详细介绍了 micro-LED 中载流子的复合机理及其所影响的脉冲响应、频率响应、调制带宽等诸多特性。Micro-LED 由于其体积小,RC 时间常数较小。同时,由于低结温和均匀的电流扩展,micro-LED 可承受的电流密度高达 kA/cm^2,因而其具有更低的载流子寿命。这就使得 micro-LED 一方面能够输出亚纳秒级别的光脉冲,可用于荧光样品时间分辨测试等方面,具有广阔的测试应用空间;另一方面,micro-LED 可以实现更高的调制带宽,而调制带宽是影响可见光通信系统信道容量和传输数据速率的决定性因素,因此,micro-LED 在可见光通信领域也有着很大的应用前景。

参考文献

[1] Zhu S, Chen X, Liu X, et al. Recent progress in and perspectives of underwater wireless optical communication[J]. Progress in Quantum Electronics, 2020, 73: 100274.

[2] Tian P, Wu Z, Liu X, et al. Large-signal modulation characteristics of a GaN-based micro-LED for Gbps visible-light communication[J]. Applied Physics Express, 2018, 11: 044101.

[3] Tian P, Edwards P R, Wallace M J, et al. Characteristics of GaN-based light emitting diodes with different thicknesses of buffer layer grown by HVPE and MOCVD[J]. Journal of Physics D: Applied Physics, 2017, 50: 075101.

[4] Schubert E F. Light-emitting diodes[M]. Cambridge: Cambridge University Press, 2006.

[5] Shockley W, Read W T J. Statistics of the recombinations of holes and electrons[J]. Physical Review, 1952, 87: 835 – 835.

[6] 刘恩科,朱秉升,罗晋生.半导体物理学: 第 6 版[M].北京: 电子工业出版社,2003.

[7] Rashidi A, Nami M, Monavarian M, et al. Differential carrier lifetime and transport effects in electrically injected III-nitride light-emitting diodes [J]. Journal of Applied Physics, 2017, 122: 035706.

[8] Eliseev P G, Osinski M, Li H, et al. Recombination balance in green-light-emitting GaN / InGaN / AlGaN quantum wells[J]. Applied Physics Letters. 1999, 75: 3838 – 3840.

[9] Karpov S. ABC – model for interpretation of internal quantum efficiency and its droop in III-nitride LEDs: a review[J]. Optical & Quantum Electronics, 2015, 47: 1293 – 1303.

[10] Zhang H X, Massoubre D, McKendry J, et al. Individually-addressable flip-chip AlInGaN micropixelated light emitting diode arrays with high continuous and nanosecond output power[J]. Optics Express, 2008, 16: 9918 – 9926.

[11] McKendry J J D, Rae B R, Gong Z, et al. Individually addressable AlInGaN micro-LED arrays with cmos control and subnanosecond output pulses [J]. IEEE Photonics Technology Letters, 2009, 21: 811 – 813.

[12] Rashidi A, Monavarian M, Aragon A, et al. GHz-bandwidth nonpolar InGaN/GaN micro-LED operating at low current density for visible-light communication [C]. 2018 IEEE International Semiconductor Laser Conference (ISLC). IEEE, 2018: 57 – 58.

[13] Gong Z, Jin S, Chen Y, et al. Size-dependent light output, spectral shift, and self-heating of 400 nm InGaN light-emitting diodes[J]. Journal of Applied Physics, 2010, 107: 013103.

[14] Chen S W H, Huang Y M, Chang Y H, et al. High-bandwidth green semipolar (20 – 21) InGaN / GaN micro light-emitting diodes for visible light communication[J]. ACS Photonics, 2020, 7: 2228 – 2235.

[15] Carreira J F C, Xie E, Bian R, et al .Gigabit per second visible light communication based on AlGaInP red micro-LED micro-transfer printed onto diamond and glass[J]. Optics Express, 2020, 28: 12149 – 12156.

[16] He X, Xie E, Islim M S, et al. 1 Gbps free-space deep-ultraviolet communications based on III-nitride micro-LEDs emitting at 262 nm[J]. Photonics Research, 2019, 7: B41 – B47.

[17] Zhu S, Qiu P, Qian Z, et al. 2 Gbps free-space ultraviolet-C communication based on a high-bandwidth micro-LED achieved with pre-equalization [J]. Optics Letters, 2021, 46: 2147 – 2150.

第 **8** 章

Micro-LED 的可靠性

近年来,micro-LED 性能随尺寸和电流密度而变化的物理机制已经被国内外研究者重点研究[1-4],但 micro-LED 在一定驱动电流密度下的老化特性和可靠性,以及 micro-LED 性能随驱动条件和外部环境变化的相关机理仍有待进一步研究。Micro-LED 因其独特的材料结构和特殊的功能要求,其失效模式和老化机制也需要详细地探讨。基于此,本章详细分析了 micro-LED 老化特性和可靠性。

8.1　常用 LED 寿命的测试方法

根据应用和结构的不同,LED 的使用寿命可达数万小时[5]。尽管 LED 得益于其固态光源的特性,很少会完全失效,但不可避免的是,其光输出性能将随工作时间和工作条件的变化而出现一定程度的衰减。因此,对于传统 LED 而言,一般通过定义光源的流明维持率来表征 LED 的工作寿命,对于照明领域的应用,采用的是"L70"标准,即 LED 输出光功率衰减至原本光功率的 70% 所需要的时间,而对于显示领域,则通常采用"L50"标准,此时要求 LED 的流明衰减不超过原本光功率的 50%。

由于 LED 在正常工作条件下,其寿命一般都在数千小时乃至数万小时,如果采用传统的测试方法,将不利于快速获得 LED 寿命。因此,可以引入加速寿命试验的方法来实现 LED 寿命的快速预测,以提高测试效率,降低成本。加速寿命试验的基本思路是通过测试器件在外加高强度应力条件下的寿命,以此合理推测正常工作条件下的寿命。常见的外加应力有温度、湿度、电流等,对于 LED 而言,其

性能受结温的影响最为显著,因此可以引入 Arrhenius 模型来实现 LED 的高温加速测试,模型公式如下[6]:

$$L_{\text{test}} = A\exp\frac{E_{\text{a}}}{k_{\text{B}}T_{\text{test}}} \tag{8.1}$$

其中,L_{test} 为测试寿命, A 为常数,E_{a} 为活化能, k_{B} 为玻尔兹曼常数,T_{test} 为测试时的结温。进一步的,引入加速因子(acceleration factor, AF)的概念,其定义为

$$AF_{\text{T}} = \frac{L_{\text{normal}}}{L_{\text{accelerated}}} = \exp\left[\frac{E_{\text{a}}}{k_{\text{B}}} \times \left(\frac{1}{T_{\text{normal}}} - \frac{1}{T_{\text{accelerated}}}\right)\right] \tag{8.2}$$

其中,L_{normal} 和 $L_{\text{accelerated}}$ 分别为正常工作条件和高温加速测试的寿命,其对应的测试温度分别为 T_{normal} 和 $T_{\text{accelerated}}$。

基于加速因子的概念,LED 的寿命测试可以得到有效的简化。首先测试的是高温条件下 LED 光输出与测试时间的关系曲线,如图 8.1 所示[7]。在已有测试结果的基础上,采用 $L50$ 或者 $L70$ 标准,一般可以通过直接测试或者对已有曲线进行拟合的方式得到高温加速测试的寿命 $L_{\text{accelerated}}$。再经由活化能和结温计算得到加速因子 AF_{T},两者的乘积即为所需要的 LED 在正常工作条件下的寿命。

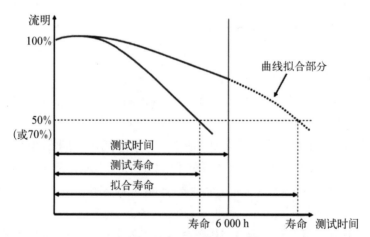

图 8.1　LED 加速寿命测试[7]

在加速寿命测试中,除了上述基于 Arrhenius 模型的结温参数外,实际上器件的工作电流或者电流密度也是较为常见的外部应力参数[8]。一般认为,LED 的工作寿命与电流密度之间满足逆幂定律[6]:

$$L_{\text{test}} = B \times J^{-\beta} \tag{8.3}$$

其中，B 和 β 为常数，J 为器件工作电流密度。类似于结温相关的加速因子定义，电流密度相关的加速因子为

$$AF_{\text{J}} = \frac{L_{\text{normal}}}{L_{\text{accelerated}}} = \left(\frac{J_{\text{accelerated}}}{J_{\text{normal}}}\right)^{\beta} \tag{8.4}$$

同时考虑结温和电流密度对 LED 寿命的影响，此时总的加速因子 AF 为

$$AF = AF_{\text{T}} \times AF_{\text{J}} = \exp\left[\frac{E_{\text{a}}}{k} \times \left(\frac{1}{T_{\text{normal}}} - \frac{1}{T_{\text{accelerated}}}\right)\right] \times \left(\frac{J_{\text{accelerated}}}{J_{\text{normal}}}\right)^{\beta} \tag{8.5}$$

实际上，单一的加速寿命测试参数很难满足实际的测试需求，在已有的文献报道中[8]，对于寿命高达 2×10^5 h 的 LED 而言，如果仅仅采用温度作为加速参数，其需要上升至 620 K 的高温才能将测试时间压缩在 1 000 h 以内。因此，通过额外引入电流密度作为加速寿命测试参数，其在有效地提高了加速因子数值的同时，降低了对测试条件的要求，还保证了测试结果的可靠性。除了温度和电流密度外，也可以进一步引入环境湿度作为加速寿命测试参数[9]。更高的加速因子可以大大提高测试效率，缩短测试时间，降低测试成本。

8.2　Micro-LED 老化和可靠性研究的必要性

对于 micro-LED 而言，得益于小尺寸和高散热能力等优异特性，其可以工作在数 kA/cm² 的高电流密度之下[1-2]，以实现高密度的输出光功率以及高光电调制带宽。相比较而言，大尺寸 LED 的工作电流密度通常仅为 100 A/cm²[10-12]。考虑到 micro-LED 与大尺寸 LED 具备类似的外延结构，我们自然希望能将现有的较为成熟的 LED 寿命评估方法应用在 micro-LED 上。但 micro-LED 和大尺寸 LED 的电流密度差距较大，使得它们的内在物理机理有所不同，实际上，micro-LED 极高的电流密度和较小的自热效应导致与大尺寸 LED 产生不同的老化现象[1-2]。对于大尺寸 LED 的老化机制，已经有了较为全面的研究报道[13-17]，在 100 A/cm² 的电流密度条件下，其同时受到注入载流子引起的电应力和温度引起的热应力的作用，导致缺陷增加、欧姆接触变差、Mg-H 键解离等一系列退化效应。这些研究对于 micro-LED 而言无疑具有很好的参考价值，但必须考虑

micro-LED 的特殊性以及内在物理机制的变化。因此有必要对 micro-LED 特有的老化特性进行相关研究,以建立更加合理完善的寿命预测模型。

进一步地,还应当考虑 micro-LED 的应用场合对器件寿命的需求。Micro-LED 在不同的应用领域中工作电流差距极大,在可见光通信(VLC)和有机激光泵浦中需要极高的电流密度和输出光功率密度[18-19],在显示应用中,则一般采用相对较低的电流密度[20]。而不同的工作电流密度将显著地影响器件寿命。此外,器件尺寸对寿命也有很大的影响。对于不同尺寸的 micro-LED,其受到散热性能和缺陷的影响差异很大[1-2],应用场合也不同。对于较大尺寸的 micro-LED(如尺寸为 60 μm),其可以用来提供高的绝对输出光功率。但对于需要高电流密度和高调制带宽的场合,小尺寸(如尺寸为 20 μm)micro-LED 则是更佳的选择。因此,有必要研究 micro-LED 老化特性与尺寸的相关性,这实际上也有助于深入理解其在高电流密度情况下的老化现象。

本章分析 micro-LED 的老化特性,测量不同尺寸的 micro-LED 的输出光功率达到其初始值的 90%($L90$)的衰减时间。测试是在 3.5 kA/cm² 的极高电流密度下进行的。如此高的电流密度可以大大加速 micro-LED 的老化测试。$L90$ 的寿命可用于比较不同尺寸的 micro-LED 的老化行为,也可用于预测 micro-LED 的可靠性,并为未来工作在大电流密度条件下的高可靠性 LED 芯片的研发提供理论基础。

8.3 Micro-LED 老化特性

实验选取了直径分别为 20 μm、40 μm 和 60 μm 的圆形 micro-LED 器件,在 25℃、电流密度为 3.5 kA/cm² 的条件下进行器件的 $L90$ 寿命特性测试[21]。Micro-LED 器件被封装在 PCB 板上,并利用合适的 Si 光电探测器以及温度计分别检测输出光功率和环境温度。图 8.2(a)和(b)是 micro-LED 结构示意图和光学显微镜图,测试结果如图 8.3 所示,可以看到,三种尺寸 micro-LED 的老化特性表现出强烈的尺寸依赖性:以初始(0 h)的输出光功率作为基准,20 μm 的 micro-LED 工作了 288 h 时,其输出光功率增加 5%;而 40 μm 的 micro-LED 输出光功率在 70 h 内下降约 10%;60 μm 的 micro-LED 的输出光功率则衰减得更为明显,其在约 3 h 的工作时间后就下降了 10%。虽然在 288 h 的实验测试范围内并未观察到 20 μm 器件的输出光功率出现低于初始值的情况,但仍可以看到一个明显的下降趋势,因此,通过数值拟合的方式,对于 20 μm 的 micro-LED,可以得到其输出光功

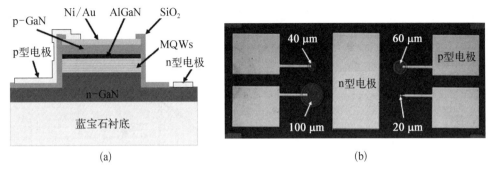

图 8.2　Micro-LED 结构示意图(a)和 micro-LED 光学显微镜图(b)

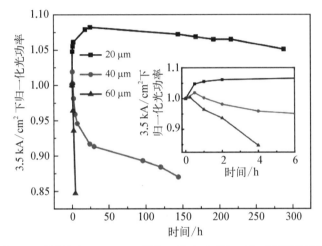

图 8.3　不同尺寸 micro-LED 的归一化光功率与工作时间的关系图
插图显示前 6 h 内的数据

率降低 10% 的工作时间约为 1 050 h。

　　三种尺寸 micro-LED 在老化前后的输出光功率与电流密度的关系曲线对比如图 8.4 所示。从上述测试结果可以看出,在高电流密度工作条件下,20 μm 的 micro-LED 相较于其他较大尺寸 micro-LED 产品,表现出更为优异的抗老化特性。其可以长时间工作在 3.5 kA/cm² 的高电流密度下而没有出现明显的性能衰减,这是在 100 A/cm² 电流密度条件下工作的传统大尺寸 LED 所无法实现的。因此,尺寸对 LED 器件老化特性的强烈影响表明,减小尺寸将是一种改善 LED 可靠性的有效方法。

　　研究人员进一步详细分析了 micro-LED 老化特征的机制。通过对图 8.3 的仔细剖析,发现在整个测试流程中,所有尺寸 micro-LED 的输出光功率随着工作时间

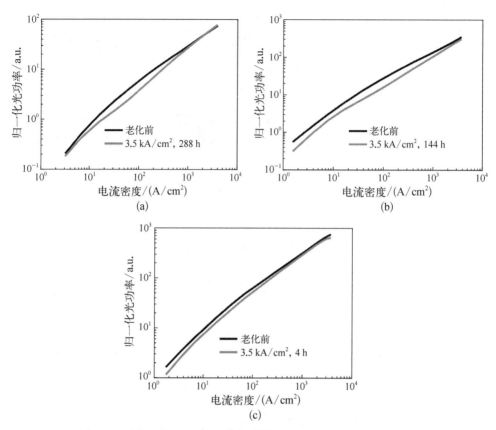

图 8.4　不同尺寸 micro-LED 老化前后的光电流-电流密度特性曲线

（a）20 μm；（b）40 μm；（c）60 μm

的变化,都会经历先增加(第一阶段),然后下降(第二阶段)的过程。20 μm、40 μm、60 μm三种尺寸对应的第一阶段时间分别为 25 h、0.5 h、0.25 h。第一阶段和第二阶段截然相反的变化趋势预示着 micro-LED 器件内部存在多种物理机制的竞争,从而导致其老化特性的变化,其中详细的内在机制将在以下部分中进行分析。

图 8.5(a)和(b)分别以线性刻度和对数刻度展示了 20 μm 的 micro-LED 在不同工作时间后的伏安特性(I-V)曲线。对 I-V 曲线进行求导则可以得出器件的串联电阻 $R_\text{s} = \mathrm{d}V/\mathrm{d}I$。研究人员发现,20 μm 的 micro-LED 在 4.5 V 工作电压下,串联电阻首先表现出快速下降的特性,从 0 h 的 670 Ω 下降到 0.5 h 的 400 Ω,之后其缓慢下降到 25 h 的 340 Ω,这与图 8.3 中 20 μm 器件的输出光功率变化趋势一致,其也在 25 h 内表现出先快速后缓慢的增加特性。类似现象在 40 μm 和 60 μm 的

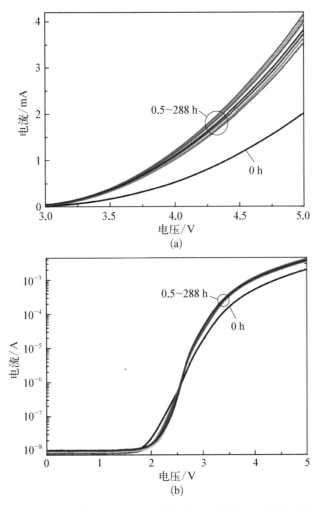

图 8.5　20 μm 的 micro-LED 在不同工作时间下的 I-V 特性曲线

(a) 线性曲线；(b) 对数曲线

micro-LED 中也可以大致看到，不同的是，它们的第一阶段持续时间相对 20 μm 的 micro-LED 较短，因此该现象并不明显。

实际上，高电压下的 micro-LED 的串联电阻主要受 p-GaN 层电阻和 p 型接触电阻的影响[22]。据报道，在 250℃ 的高温下，p 型接触电阻随工作时间的延长而增加[17]。对于结温远低于 250℃ 的 micro-LED 而言，其显然不存在 p 型接触的自退火情况，因此可以认为 micro-LED 的 p 型接触电阻会随着老化时间的增加而增加。在这种情况下，图 8.5 中 micro-LED 的串联电阻减少主要可以归因为 p-GaN 层电阻的降低。对于常规的大尺寸 LED，老化测试期间同样会观察到输出光功率增加这一现象,其可以归因于热电子效应导致的 p‑GaN 中 Mg‑H 键的解离[14,23]。而对于 micro-LED 而言,其工作电流密度可达 kA/cm² 数量级,远高于大尺寸 LED,这将大大增加 Mg‑H 键解离的可能性。综上可以得出结论,在第一阶段,micro-LED 高注入电流密度将首先使得 Mg‑H 键发生解离,减小器件的串联电阻,并提高相应的输出光功率。

从 I‑V 特性中可进一步分析器件老化特性在第二阶段的下降机制,图 8.6 和图 8.7 分别是 40 μm 和 60 μm micro-LED 的 I‑V 特性曲线。在 1.5~2 V 的工作电压下,对于 60 μm 的 micro-LED,可以明显观察到其工作时间越长,隧穿电流增加

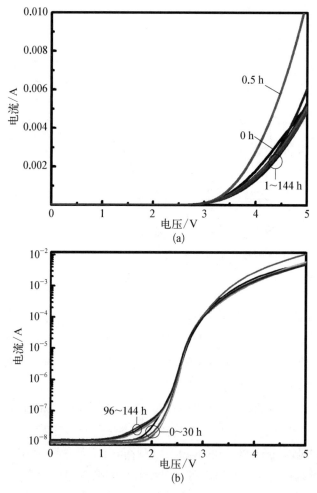

图 8.6 40 μm 的 micro-LED 在不同工作时间下的 I‑V 特性曲线

(a) 线性曲线;(b) 对数曲线

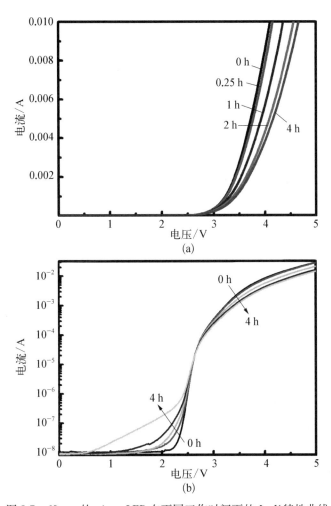

图 8.7 60 μm 的 micro-LED 在不同工作时间下的 $I-V$ 特性曲线

（a）线性曲线；（b）对数曲线

越显著[24]；而对于 40 μm 的 micro-LED，隧穿电流在 30 h 后才开始缓慢的增长；对于 20 μm 的 micro-LED，则几乎没有观察到隧穿电流的变化。

高的隧穿电流预示着器件在工作过程中生成了更多的缺陷[14,25-26]。在图 8.4 中的老化测试中，器件工作在高电流密度条件下一段时间后，其在低电流密度下的输出光功率也会表现出一定程度的衰减，这意味着器件内部缺陷密度的增加以及与缺陷相关的非辐射复合的增加[17,27]。因此，上述器件 $I-V$ 曲线的尺寸依赖特性表明，在高电流密度工作条件下，大尺寸的 micro-LED 产生缺陷的速度更快，从而导致更快的输出光功率下降（第二阶段）以及更短的输出光功率上升时间（第一阶段），如图 8.3 所示。

根据已有的文献报道，在约为 5 A/cm² 的低电流密度下，micro-LED 的侧壁缺陷是导致器件性能下降的主要因素[28]。但该机理并不能很好地解释 micro-LED 老化测试结果。如果假设器件随着工作时间的增加而产生更多的侧壁缺陷，小尺寸的 micro-LED 的光输出特性则应当表现出更为强烈的性能衰减，这主要是因为其具备更高的侧壁面积与台面面积之比。但这与上述实际测试结果相矛盾，因此，可以认为对于高电流密度下的器件输出光功率下降（老化），起主导作用的缺陷主要来自量子阱有源区而不是侧壁。

进一步地，考虑到高的环境温度会使得器件不可避免地出现更强烈的输出光功率退化现象[15-17]，因此，在高注入电流密度下，测试不同尺寸 micro-LED 的自热效应以深入探究尺寸相关的老化机制的内在物理机理[2,29]。在 3.5 kA/cm² 条件下，20 μm、40 μm、60 μm 的 micro-LED 的结温分别相对室温增加了 5℃、16℃、40℃。可以看到，20 μm micro-LED 的结温与室温非常接近，这主要归因于其优异的电流扩展和散热能力[1-2,30]。而与之相反，大尺寸 micro-LED 的高结温则有可能导致有源区热激活缺陷的产生[15]，进而引起器件性能的衰退。这也有助于分析由于高注入电流密度产生的电应力和温度产生的热应力对器件性能的影响：在室温以及没有附加结温的情况下，高电流密度引起的应力几乎不会导致输出光功率的衰减（如 20 μm 的 micro-LED）；而高结温和高电流密度的组合则会引起较大的功率和可靠性的下降（如 40 μm 和 60 μm 的 micro-LED）。

8.4 Micro-LED 阵列组成的大功率器件的老化特性

尽管 micro-LED 具备高电流密度、高输出光功率密度、高调制带宽等优势，但由于其发射面积小，其绝对输出光功率难以与传统大尺寸 LED 比较。因此，通过设计 micro-LED 阵列器件，在保留 micro-LED 优势的基础上，大大提高总输出光功率，可以同时满足固态照明以及可见光通信的需求。所以除了上述单颗 micro-LED 器件的老化特性研究外，也有必要评估 micro-LED 阵列的老化特性。

Micro-LED 阵列和常规大尺寸 LED 的显微镜图如图 8.8(a)所示。不同于传统大尺寸 LED，micro-LED 阵列在 300 μm×300 μm 的区域中的填充因子约为 0.64。图 8.8(b)及其插图分别显示了两种器件通过积分球系统测得的输出光功率密度-电流密度以及输出光功率-电流的关系曲线。从图中可以看到，尽管发光面积减少

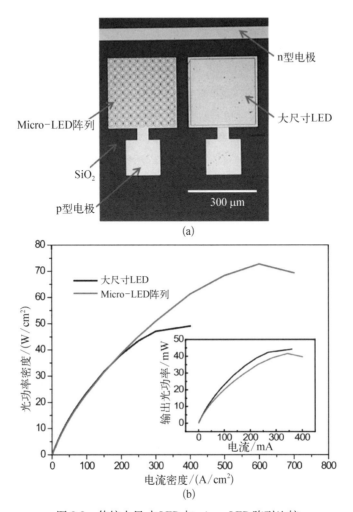

图 8.8　传统大尺寸 LED 与 micro-LED 阵列比较

（a）Micro-LED 阵列和传统大尺寸 LED 的光学显微镜图；
（b）micro-LED 阵列和传统大尺寸 LED 的光功率密度与电流密度关系
以及输出光功率与电流关系（插图）

了约 36%，但在相同电流下，micro-LED 阵列的输出光功率仅比传统大尺寸 LED 低约 10%。该现象主要是因为 micro-LED 具备高工作电流密度，优异的电流扩散特性，以及良好的散热性能。

大尺寸 LED 的热饱和电流密度在 400~500 A/cm²，但电流密度增加至 500 A/cm² 时，器件就会发生失效。相比之下，micro-LED 阵列具有更高的热饱和电流密度（约为 600 A/cm²），而更高的电流密度将带来更高的调制带宽[18]，因此，与传统大尺寸 LED 相比，micro-LED 阵列在兼顾了高输出光功率的同时，其也具备更佳的光电信号调制能力。此外,较高的热饱和电流密度也表明 micro-LED 阵列的散热效应更好,可以预期的是,在相同电流密度下,micro-LED 阵列将因此具有更好的抗老化特性。

两种器件的老化特性测试如图 8.9 所示。在电流密度为 100 A/cm² 条件下,器件工作 96 h 时,micro-LED 阵列的输出光功率下降了约 2.3%,而传统大尺寸 LED 的输出光功率则下降了约 5.5%。在图 8.9(b)中,在电流密度为 200 A/cm² 时,

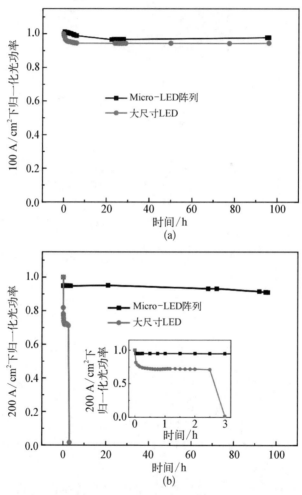

图 8.9 Micro-LED 阵列与传统大尺寸 LED 的归一化光
功率随时间变化的老化特性

(a)电流密度为 100 A/cm²;(b)电流密度为 200 A/cm²;插图
显示前 3 h 内的老化特性

micro-LED 阵列的输出光功率在 96 h 时仅下降了约 9%，而传统大尺寸 LED 的输出光功率在 2.5 h 时就下降了约 29%，并发生了不可逆的器件失效。实验结果充分表明 micro-LED 阵列具备更优异的抗老化特性。

与图 8.3 中单颗 micro-LED 的老化特性不同，在图 8.9 中并没有发现在器件开始工作时输出光功率的增加现象（第一阶段）。这主要是考虑到 micro-LED 阵列的工作电流密度远低于单颗器件，因此热电子对 Mg-H 的解离效果不够显著。此外，相较于单颗 micro-LED，micro-LED 阵列所存在更为明显的电流拥挤以及自热效应，其输出光功率将衰减得更快，甚至可能覆盖初始的增加阶段。因此，如何进一步改进 micro-LED 阵列的电流扩展以及散热性能，是研究可以同时应用于固态照明和可见光通信的高可靠性、大光功率 LED 的关键。

8.5　小结

本章内容主要介绍了 micro-LED 的老化特性，分别对单个 micro-LED 老化特性以及 micro-LED 阵列组成的器件老化特性进行研究。特别地，对于单个 micro-LED 的老化特性，不同尺寸器件的输出光功率随时间变化都可以分为两个主要过程，即先增加和后减少两个阶段，并证明了 micro-LED 的尺寸越小，其抗老化特性越优异。进一步地，详细探究了光功率随时间变化的两个阶段的内在机理。最后，分析了 micro-LED 阵列器件的老化特性。Micro-LED 的老化特性和显示器件的寿命有直接关系，因此，探究 micro-LED 的老化特性以及内含的物理机制对于 micro-LED 显示商业化具有重要价值，这可以帮助相关从业者研发和生产使用寿命更长更稳定的显示器件。

参考文献

[1] Tian P, McKendry J J D, Gong Z, et al. Size-dependent efficiency and efficiency droop of blue InGaN micro-light emitting diodes[J]. Applied Physics Letters, 2012, 101: 231110.

[2] Gong Z, Jin S, Chen Y, et al. Size-dependent light output, spectral shift, and self-heating of 400 nm InGaN light-emitting diodes[J]. Journal of Applied Physics, 2010, 107: 013103.

[3] Hwang D, Mughal A, Pynn C D, et al. Sustained high external quantum efficiency in ultrasmall blue III-nitride micro-LEDs[J]. Applied Physics Express, 2017, 10: 032101.

[4] Olivier F, Daami A, Licitra C, et al. Shockley-Read-Hall and Auger non-radiative recombination

in GaN based LEDs: a size effect study[J]. Applied Physics Letters, 2017, 111: 022104.

[5] Narendran N, Deng L, Pysar R M, et al. Performance characteristics of high-power light-emitting diodes[C]. Third International Conference on Solid State Lighting, 2004, 5187: 267 – 275.

[6] Sawant M, Christou A. Failure modes and effects criticality analysis and accelerated life testing of LEDs for medical applications[J]. Solid-State Electronics, 2012, 78: 39 – 45.

[7] Chang M H, Das D, Varde P V, et al. Light emitting diodes reliability review [J]. Microelectronics Reliability, 2012, 52: 762 – 782.

[8] Deshayes Y, Bechou L, Verdier F, et al. Long-term reliability prediction of 935 nm LEDs using failure laws and low acceleration factor ageing tests[J]. Quality and Reliability Engineering International, 2005, 21: 571 – 594.

[9] Jeong J S, Jung J K, Park S D. Reliability improvement of InGaN LED backlight module by accelerated life test (ALT) and screen policy of potential leakage LED[J]. Microelectronics Reliability, 2008, 48: 1216 – 1220.

[10] Hahn B, Galler B, Engl K. Development of high-efficiency and high-power vertical light emitting diodes[J]. Japanese Journal of Applied Physics, 2014, 53: 100208.

[11] Meneghini M, Tazzoli A, Mura G, et al. A review on the physical mechanisms that limit the reliability of GaN-based LEDs [J]. IEEE Transactions on Electron Devices, 2009, 57: 108 – 118.

[12] Meneghini M, Dal Lago M, Trivellin N, et al. Degradation mechanisms of high-power LEDs for lighting applications: an overview[J]. IEEE Transactions on Industry Applications, 2013, 50: 78 – 85.

[13] Dal Lago M, Meneghini M, Trivellin N, et al. Phosphors for LED-based light sources: thermal properties and reliability issues[J]. Microelectronics Reliability, 2012, 52: 2164 – 2167.

[14] Moe C G, Reed M L, Garrett G A, et al. Current-induced degradation of high performance deep ultraviolet light emitting diodes[J]. Applied Physics Letters, 2010, 96: 213512.

[15] Jung E, Kim M S, Kim H. Analysis of contributing factors for determining the reliability characteristics of GaN-based white light-emitting diodes with dual degradation kinetics[J]. IEEE Transactions on Electron Devices, 2012, 60: 186 – 191.

[16] Gong Z, Gaevski M, Adivarahan V, et al. Optical power degradation mechanisms in AlGaN-based 280 nm deep ultraviolet light-emitting diodes on sapphire [J]. Applied Physics Letters, 2006, 88: 121106.

[17] Meneghini M, Trevisanello L R, Meneghesso G, et al. A review on the reliability of GaN-based LEDs[J]. IEEE Transactions on Device and Materials Reliability, 2008, 8: 323 – 331.

[18] McKendry J J D, Massoubre D, Zhang S, et al. Visible-light communications using a CMOS – controlled micro-light-emitting-diode array [J]. Journal of Lightwave Technology, 2011, 30: 61 – 67.

[19] Zhang H X, Massoubre D, McKendry J, et al. Individually-addressable flip-chip AlInGaN micropixelated light emitting diode arrays with high continuous and nanosecond output power[J]. Optics Express, 2008, 16: 9918 – 9926.

[20] Day J, Li J, Lie D Y C, et al. III-Nitride full-scale high-resolution microdisplays[J]. Applied Physics Letters, 2011, 99: 031116.

[21] Tian P, Althumali A, Gu E, et al. Aging characteristics of blue InGaN micro-light emitting diodes at an extremely high current density of 3.5 kA cm^{-2}[J]. Semiconductor Science and Technology, 2016, 31: 045005.

[22] Guo X, Schubert E F. Current crowding in GaN/InGaN light emitting diodes on insulating substrates[J]. Journal of Applied Physics, 2001, 90: 4191−4195.

[23] Liu L, Ling M, Yang J, et al. Efficiency degradation behaviors of current/thermal co-stressed GaN-based blue light emitting diodes with vertical-structure[J]. Journal of Applied Physics, 2012, 111: 093110.

[24] Cao X A, Stokes E B, Sandvik P M, et al. Diffusion and tunneling currents in GaN/InGaN multiple quantum well light-emitting diodes[J]. IEEE Electron Device Letters, 2002, 23: 535−537.

[25] Cao X A, Sandvik P M, LeBoeuf S F, et al. Defect generation in InGaN/GaN light-emitting diodes under forward and reverse electrical stresses[J]. Microelectronics Reliability, 2003, 43: 1987−1991.

[26] Polyakov A Y, Smirnov N B, Govorkov A V, et al. Enhanced tunneling in GaN/InGaN multi-quantum-well heterojunction diodes after short-term injection annealing[J]. Journal of Applied Physics, 2002, 91: 5203−5207.

[27] Shao X, Lu H, Chen D, et al. Efficiency droop behavior of direct current aged GaN-based blue light-emitting diodes[J]. Applied Physics Letters, 2009, 95: 163504.

[28] Li Z L, Li K H, Choi H W. Mechanism of optical degradation in microstructured InGaN light-emitting diodes[J]. Journal of Applied Physics, 2010, 108: 114511.

[29] Lin Y, Gao Y L, Lu Y J, et al. Study of temperature sensitive optical parameters and junction temperature determination of light-emitting diodes[J]. Applied Physics Letters, 2012, 100: 202108.

[30] Ploch N L, Rodriguez H, Stolmacker C, et al. Effective thermal management in ultraviolet light-emitting diodes with micro-LED arrays[J]. IEEE Transactions on Electron Devices, 2013, 60: 782−786.

第 **9** 章

Micro-LED 显示驱动技术

如第 2 章所介绍的，micro-LED 的驱动方式主要有通过扫描寻址的无源驱动以及通过电路独立寻址的有源驱动[1-3]。虽然扫描驱动 micro-LED 阵列形成显示背板的电路和工艺较简单，但仍存在一些缺点，如不利于大面积制备、行列micro-LED 发光不均匀导致显示图像和分辨率受到限制等。因此，要想做出基于micro-LED 的实用显示系统，就需要设计相应的驱动电路与 micro-LED 阵列集成在一起，这样就可以并行地独立驱动像素。例如，使用互补金属氧化物半导体和micro-LED 键合集成的系统有望实现高密度的 micro-LED 阵列，可应用于显示、并行可见光通信、光荧光测试、光电镊子等领域。从产业化和降低成本的角度来看，通过改进薄膜晶体管（thin film transistor, TFT）以适应 micro-LED 更高的电流驱动是一种较为可行的方案，如韩国 LED Litek、友达光电等国内外一些研究机构和公司已有了基于 TFT／micro-LED 的初步样品。下面将对 CMOS 和 TFT 驱动micro-LED 的设计和一些进展进行详细的介绍。

9.1　CMOS、TFT 等驱动技术

9.1.1　CMOS 驱动 micro-LED

在过去的几十年中，CMOS 已成为硅（Si）片上制造电子集成电路（integrated circuits, ICs）的主导技术。与晶体管逻辑（transistor transistor logic, TTL）相比，CMOS 具有可靠、廉价、能够规模化制造、更紧凑、工艺流程更少和功耗低的

优点[3]。

　　CMOS 工艺的基本组成部分是金属氧化物半导体场效应晶体管(metal oxide semiconductor field effect transistor, MOSFET)。n 型和 p 型 MOSFET 分别被称为 NMOS 和 PMOS,它们可以一起使用来实现数字逻辑电路,PMOS 管和 NMOS 管共同构成的互补型 MOS 集成电路即为 CMOS 集成电路。NMOS 和 PMOS 晶体管的简化截面图如图 9.1 所示,通常由四个端子组成。以 NMOS 为例来进行简单介绍, NMOS 通常是在一块掺杂浓度较低的 p 型衬底上,制作两个高掺杂浓度的 n⁺ 区,并用金属引出两个电极,分别作为源极(S)和漏极(D)。然后在器件表面生长一层薄的绝缘层,在源漏极间的绝缘层上生长金属作为栅极(G)。衬底也会引出一个体电极(B),由于体电极和源极通常连接在一起,所以 MOS 器件一般也被认为是三端器件。NMOS 器件在导通工作时,必须在两个高掺杂的 n 区之间形成导电沟道, 增强型 NMOS 必须在栅极上施加正压才会形成导电沟道,而耗尽型 NMOS 在零栅压下即存在导电沟道,一般增强型 MOS 管用于门电路分析。

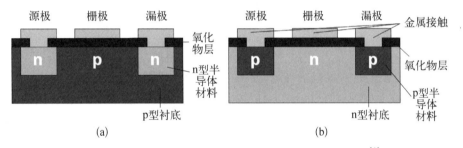

图 9.1　金属氧化物半导体场效应晶体管的横截面示意图[3]
(a) NMOS;(b) PMOS

　　非门(反相器)是最简单的逻辑门,通常可以使用一个 NMOS 和一个 PMOS 来构成,反相器是用于构建数字逻辑电路的基本单元。CMOS 反相器的电路图如图 9.2(a)所示,NMOS 在栅极高电平时导通,PMOS 在低电平时导通。V_{dd} 是正电压供电,V_{ss} 是接地,A 是逻辑输入,Q 是逻辑输出。逻辑 1 被定义为输入电压高于开/关 NMOS/PMOS 晶体管所需的阈值电压。类似地,逻辑 0 被定义为输入电压低于开/关 NMOS/PMOS 晶体管上的阈值的电压。在 $A = 0$ 的情况下,上 PMOS 晶体管导通,而下 NMOS 晶体管断开。因此,存在从 V_{dd} 到 Q 的路径,使得 $Q = 1$。在 $A = 1$ 的情况下,上 PMOS 晶体管断开,而下 NMOS 晶体管导通。因此,存在从 V_{ss} 到 Q 的导电路径。CMOS 反相器没有任何静态能耗,仅在输出逻辑转换期间消耗功率。PMOS 和 NMOS 晶体管也可用于实现其他数字逻辑门,如

图 9.2(b)所示的与非门,当输入端 A、B 中只要有一个为低电平时,就会使与它相连的 NMOS 截止,PMOS 管导通,输出为高电平;仅当 A、B 全为高电平时,才会使两个串联的 NMOS 管都导通,使两个并联的 PMOS 管都截止,输出为低电平。这是非常重要的逻辑门类型,因为它们可以用来构造任何其他类型的逻辑门。与非门和非门是用于驱动 micro-LED 阵列的 CMOS 控制芯片内的各种逻辑电路的最基本的两个门。

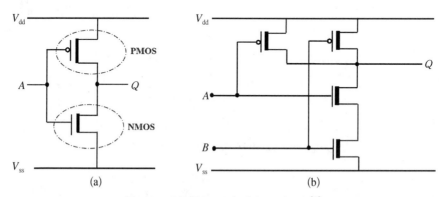

图 9.2　反相器(a)和与非门电路(b)[3]

　　CMOS 驱动电路一般包括寻址、定时、电平转换等部分,寻址通过用户设置信号输入为高电平(ON)或低电平(OFF)来控制所需的驱动器状态从而实现像素寻址,定时通过设置两个脉冲信号之间的延迟时间来设定每个像素的脉冲持续时间,电平转换能够实现将控制逻辑输出电压转换为较高的驱动电压。

　　图 9.3(a)为一种典型的使用钨通孔技术的 CMOS 驱动设计,其中键合电极和钨通孔相连[3-4]。图 9.3(b)显示了芯片表面的局部图,突出了 100 μm×100 μm 的键合区域。这些专用键合区域的优点是有较好的机械稳定性。CMOS 器件由 8×8 个驱动器阵列组成,每个单元的总面积为 200 μm×200 μm。图 9.3(c)中显示了这种 CMOS 芯片的光学显微镜图,包括用于驱动 micro-LED 的 8×8 阵列部分和周围的接地端。键合电极位于芯片的边缘。芯片尺寸为 3.2 mm×3.2 mm,最大驱动电流为 236 mA,内部时钟范围为 7~800 MHz。

　　该 CMOS 芯片的驱动电路原理如图 9.4 所示,左边虚线边框中显示了使用 3.3 V 逻辑电压来实现的寻址电路。所有的驱动输入信号都基于 3.3 V 逻辑电压转换为输出电平 LED_VDD,LED_VDD 最高可达到 5 V。MODE_CONTROL 信号控制驱动器的输出模式,当 MODE_CONTROL 信号为高电平时,驱动将随 INPUT_SIG 信号而变化。INPUT_SIG 可以是来自芯片本身的直流信号,也可以是片内压控振荡

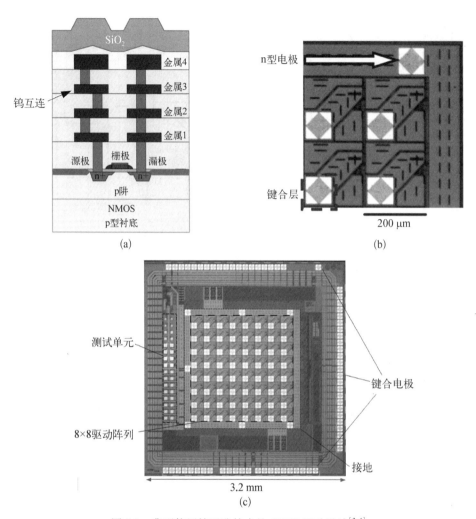

图 9.3　典型使用钨通孔技术的 CMOS 驱动设计[3-4]

（a）CMOS 芯片的截面示意图,此设计使用钨通孔;(b) 实际 CMOS 芯片的局部显微镜图,可以看到 n 型电极和 p 型电极的键合点;(c) CMOS 芯片的光学显微镜图

器(voltage-controlled oscillator, VCO)信号,或者是从片外输入的外部信号。当 MODE_CONTROL 信号为低电平时,驱动器以脉冲模式工作,并将产生一个短的电输出脉冲。

芯片设计中的 micro-LED 的接地端 LED_GND 与 CMOS 器件的接地 GND 分离。这意味着,可以将外部直流电源的正偏压端连接到 GND,并且将负偏压端连接到 LED_GND,LED_GND 可以相对于 GND 移位为负。这允许 LED_VDD 提供大于 5 V 的正向电压给 CMOS 控制的 micro-LED。例如,如果 LED_VDD = 5 V,并且

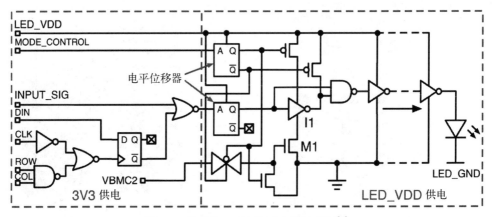

图 9.4　典型的 CMOS 驱动电路原理图[3]

LED_GND 相对于 GND 的偏置为 -2 V,那么在 micro-LED 上的总正向偏置将为 5-(-2)=7 V。

　　通过上述设计驱动直径为 72 μm 的 micro-LED 阵列,峰值发射波长分别为 370 nm、405 nm 或 450 nm,CMOS 驱动可以提供超过 100 mA 的直流电流到单个 micro-LED 像素。对于峰值发射波长为 370 nm、405 nm 和 450 nm 的器件,最大输出功率分别为 0.75 mW、0.58 mW 和 4 mW。进一步,研究者测试了一个尺寸为 44 μm、发射波长为 450 nm 的蓝光 micro-LED 的频率响应曲线。频率响应 $P(\omega)$ 和带宽 $f_{-3\,dB}$,由以下公式定义:

$$P(\omega) = \frac{1}{\sqrt{1 + (\omega\tau)^2}} = \frac{1}{2} \tag{9.1}$$

$$f_{-3\,dB} = \frac{\sqrt{3}}{2\pi\tau} \tag{9.2}$$

　　上述 $P(\omega)$ 方程用于拟合图 9.5 中的测量数据[5],得到 CMOS / micro-LED 的 -3 dB 带宽约为 100 MHz。而未封装的 micro-LED 的调制带宽超过 400 MHz,因此可以得知,在这种情况下测量得到的调制带宽受 CMOS 器件的设计限制,而不受限于 micro-LED 的设计。高调制带宽意味着该 CMOS / micro-LED 系统可用于发出小于 ns 级别的短脉冲进行光荧光测试,还可以进行高速可见光通信,将 micro-LED 显示与可见光通信结合起来有望实现智能显示芯片。

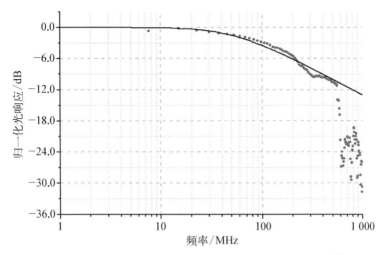

图 9.5　CMOS 控制 450 nm 的 micro-LED 的频率响应曲线[5]
测量数据表示为圆点,拟合曲线用实线表示,系统的-3 dB 带宽约为 100 MHz

9.1.2　TFT 驱动 micro-LED

以 TFT 方式驱动的 micro-LED 显示阵列与传统薄膜晶体管 OLED(TFT-OLED)技术类似,一般使用键合技术将 micro-LED 阵列转移到 TFT-OLED 的驱动背板上。通常用于有源驱动的 TFT 技术有非晶 Si TFT、低温多晶 Si(low temperature polycrystalline silicon, LTPS)TFT 以及氧化物 TFT 等。非晶 Si TFT 载流子迁移率较低,难以实现高质量的显示;而低温多晶 Si TFT 以其载流子迁移率高、响应速度快、高度集成化、低功耗等优点被用于 micro-LED 驱动;氧化物 TFT 载流子具有迁移率较高、漏电流较低、响应速度较快、制备成本较低等优点,有一定的应用前景。Jin 课题组使用低温多晶 Si TFT 技术驱动了 32×32 像素的有源驱动 micro-LED,像素间距为 10 μm,亮度达 40 000 cd/m^2,发射波长为 455 nm,半峰宽为 15 nm[6]。图 9.6(a)和(b)所示为 TFT 驱动矩阵 micro-LED 的示意图以及相应的器件横截面结构示意图。32×32 micro-LED 的 p 型电极独立可控,n 型电极共用,电极最上层为 Au 以降低 TFT 和 LED 之间的接触电阻。在 Au 电极上镀上焊料以键合 micro-LED 阵列与 TFT 驱动背板,LED 的 p 型电极与 TFT 连接,n-GaN 层顶部与共有 n 型电极连接。该有源驱动可以控制灰度,并且可以应用于大尺寸显示器。此外,该课题组在蓝宝石衬底上制备了 micro-LED,在玻璃衬底上制备了铟镓锌氧化物(indium gallium zinc oxide, IGZO)TFT 背板,通过激光剥离将 micro-LED 转移到 IGZO TFT 背板上并精准对齐,像素大小为 240 μm×80 μm[7]。图 9.7 显示了键

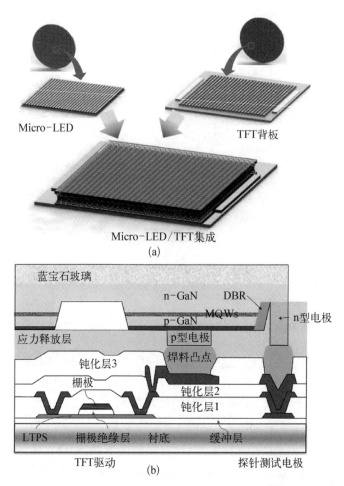

图 9.6　有源 TFT 驱动 micro-LED 矩阵图[6]

（a）TFT 驱动矩阵 micro-LED 的示意图，32×32 micro-LED 连接在
TFT 背板顶部；（b）采用凸点键合法的 TFT 驱动矩阵 micro-LED 横截面
结构示意图

合到 TFT 背板的micro-LED倒装芯片的原理图。图 9.7(a)和(b)分别是非晶 IGZO
TFT(amorphous IGZO TFT, a – IGZO TFT)背板上 n 型电极、p 型电极与 LED 电极
对齐的截面示意图和在蓝宝石衬底上制备的 micro-LED 光学图。图 9.7(c)展示了
micro-LED 通过激光剥离倒装芯片衬底并将其键合到 a – IGZO TFT 背板上的过
程，键合背板的器件的光学图如图9.7(d)所示。图 9.7(e)和(f)分别是蓝宝石衬
底剥离后，将栅极和数据驱动芯片键合在 TFT 背板上的示意图以及键合 TFT 背板
的光学图。最后，该课题组成功演示了 2 英寸基于 a – IGZO TFT 技术的micro-LED
灰度图像，这表明氧化物 TFT 背板在 micro-LED 有源驱动显示的潜在应用不仅包

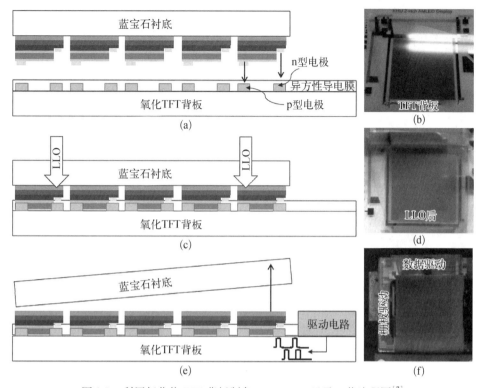

图 9.7　利用氧化物 TFT 背板制备 micro-LED 显示工艺流程图[7]

（a）背板内 micro-LED 电极与 n 型电极/p 型电极的对齐；（b）蓝宝石衬底上制备的 micro-LED 光学图片；（c）通过 LLO 工艺去除衬底并倒装键合过程；（d）LLO 工艺剥离并键合后的光学图片；（e）和（f）在 TFT 背板上移除蓝宝石衬底、将栅极和数据驱动芯片键合在 TFT 背板上的光学图

括大尺寸电视，也可以用于 AR/VR 和头戴显示器等微显示器。

随着技术的不断发展，TFT 技术也日趋成熟，在未来显示市场中，TFT 驱动 micro-LED 显示有着一定的应用前景。对于 TFT 驱动电路，micro-LED 显示的驱动电路需要至少 60 Hz 的屏幕刷新频率、12 bit 的灰阶等级、高动态范围图像以及较高的驱动能力，因此制备具有高载流子迁移率、较低漏电流、响应速度快、应用多样化等特性的 TFT 是实现高质量有源驱动显示的关键。目前，有着低功耗、载流子迁移率高、系统集成化高等优点的低温多晶 Si TFT 技术制备工艺相对比较成熟，但由于玻璃尺寸有限，制造成本较高，其主要集中在小屏幕应用领域；IGZO - TFT 以氧化物半导体材料充当半导体有源区，载流子迁移率较高，漏电较少，但是器件工艺稳定性较差，工艺尚未成熟；有机薄膜晶体管以有机半导体材料充当栅绝缘层、半导体有源区，可应用于柔性显示，应用环境多样化，但载流子迁移率较低，尚处在研发阶段。

9.2　Micro-LED /CMOS 集成技术——键合

有源驱动显示意味着每个像素都与它自己的 CMOS 驱动电路相结合,该 CMOS 能够存储数据并驱动每个单独的 micro-LED。要实现用 CMOS 控制 micro-LED阵列的目的,我们需要将micro-LED 和 CMOS 器件键合在一起,让每个 CMOS 控制单元能够驱动每个micro-LED像素。现有的半导体工业开发的多种技术都有可能适用于键合 micro-LED 和 CMOS 器件。这里主要介绍金倒装键合、铟倒装键合、微管金属倒装键合的方式集成micro-LED 和 CMOS。

9.2.1　金倒装键合

金倒装键合集成micro-LED 和 CMOS 是使用金来提供两个芯片之间的机械和电学互连的工艺。如图 9.8 显示了金键合工艺的流程[3]。首先,将金材料沉积到其中一个芯片上,通常把金材料沉积到 CMOS 芯片上,因为相对于micro-LED,金材料更容易黏附到 CMOS 器件上。将直径为 20 μm 的金丝接触到 CMOS 芯片上,

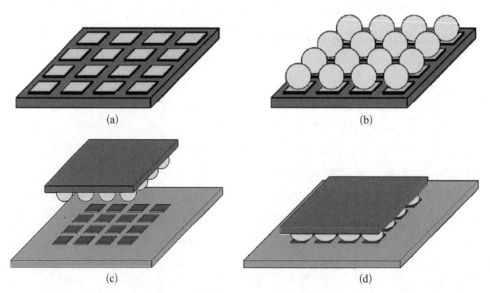

(a)　　　　　　　　　　　　　(b)

(c)　　　　　　　　　　　　　(d)

图 9.8　倒装芯片键合过程的示意图[3]

(a)和(b)金沉积在第一衬底上;(c)第一衬底翻转并对齐在第二衬底上方;(d)通过超声键合将 CMOS 和 micro-LED 键合到一起

在键合处施加热、电和超声,熔化金丝形成金附着在 CMOS 芯片上,在 CMOS 阵列中的每个单元上都形成这样的金。然后,使用倒装芯片键合机进行 CMOS 器件键合,将 CMOS 芯片平放在加热的真空吸板上,金面朝上,通过真空头吸附 micro-LED 阵列器件,使得 micro-LED 金属面向下。如图 9.8(c)所示,通过显微镜精细地对准 micro-LED 器件和 CMOS 阵列,将两个芯片压在一起;然后,应用超声波熔化位于两个阵列之间的金完成键合,如图 9.8(d)所示。图 9.9(a)显示出了金材料的侧面扫描电子显微镜图,图 9.9(b)显示了沉积金到 CMOS 芯片上后的光学显微镜图。

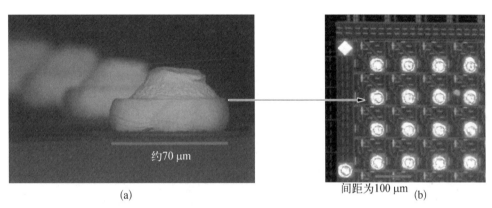

图 9.9　键合金材料示意图[3]

(a) 金材料的侧面 SEM 图;(b) 沉积金的 CMOS 芯片的光学显微镜图

9.2.2　铟倒装键合

铟倒装键合是指通过热蒸发沉积的铟实现 micro-LED 阵列与 Si CMOS 驱动芯片之间的集成。类似于金倒装键合,铟倒装键合步骤通常如下,如图 9.10 所示[8],蓝宝石衬底上生长的 micro-LED 结构中,每个像素 n-GaN 共阴极,阳极 p 电极独立可控。首先,在驱动衬底上旋涂光刻胶并光刻图案化;接着溅射 100 nm 的 Ni/Au 层作为铟的键合层和扩散阻挡层;然后,如图 9.11(a)所示在 Ni/Au 层热蒸发 6 μm 厚的铟,并通过光刻胶剥离形成图案化的盘状铟;盘状铟在回焊炉中退火后转变为球形铟凸点,如图 9.11(b)所示。经铟回流处理后,用倒装键合机将 micro-LED 阵列倒装键合到驱动衬底上。铟经回流处理后形成的不同直径焊料凸点如图 9.11(c)所示。最小的焊点直径为 5 μm,这为超高分辨率的铟倒装键合有源驱动微显示提供了可能。

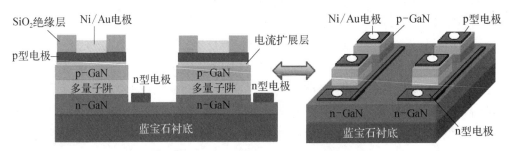

图 9.10　Micro-LED 像素的横截面和 3D 视图[8]

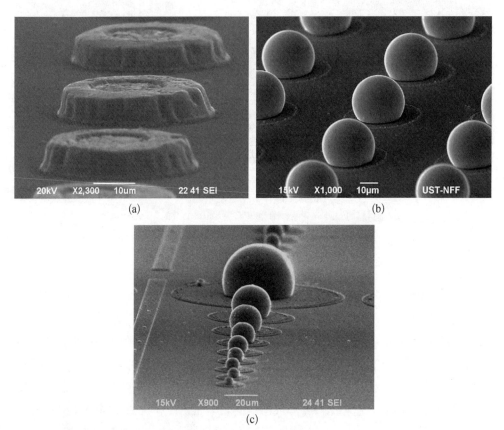

图 9.11　键合铟材料示意图[8]

（a）圆盘状铟的 SEM 图;（b）回流焊后焊点的 SEM 图;（c）不同直径的焊料凸点,最小的直径是 5 μm

9.2.3　微管金属倒装键合

为了进一步将像素间距缩小到 10 μm 以下以获得更高的分辨率,法国 Leti 开发了一种微管金属键合技术,实现了低温下 micro-LED 阵列与 Si CMOS 驱动芯片之间的集成。如图 9.12 所示,该技术的原理是首先在 micro-LED 电极上制备铟凸点,然后在 Si CMOS 驱动芯片上生长金属微管,将 Si CMOS 与 micro-LED 阵列对齐,然后将微管插入到 micro-LED 阵列电极上[9]。铟凸点制备流程采用标准的金属剥离方法[10],光刻凸点下金属孔(under bumps metallization, UBM),沉积 UBM,光刻形成铟柱孔,热蒸发沉积铟,剥离后得到铟柱,180℃下回流形成铟球。金属微管的制备步骤如图 9.13 所示。首先在 Si CMOS 驱动芯片上旋涂一层聚合物层并在接触电极上刻蚀出空心圆柱状图形,然后溅射约 300 nm 的金属[见图 9.13(a)];接着在空心间隙处填充特定的材料,空心间隙内的金属会被保护[见图 9.13(b)];最后未受保护的顶部金属层由 RIE 等离子体刻蚀,通过等离

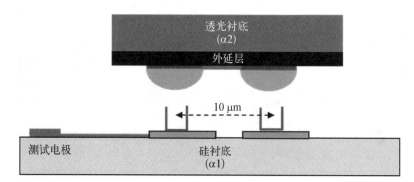

图 9.12　微管金属键合原理图[9]

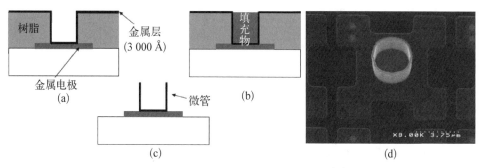

图 9.13　金属微管制备以及结构示意图[10]

(a)、(b)、(c)为金属微管制备步骤;(d)金属微管 SEM 图

子体清洗去除孔内残留的聚合物,从而完成微管制备[见图 9.13(c)]。微管的几何形状(高度、直径)由最初的聚合物光刻步骤确定,微管的厚度由金属沉积相关参数确定。插入过程是利用智能设备技术公司(smart equipment technology,SET)与 Leti 共同开发的用于这类应用的超精密、高强度热压倒装贴片机在室温下进行的。Leti 基于此微管金属键合方法制备了高分辨(873×500)有源驱动 GaN 基 micro-LED 微显示,像素间距为 10 μm,图 9.14 为在该蓝色和绿色有源驱动 micro-LED 显示上获得的图像[11]。

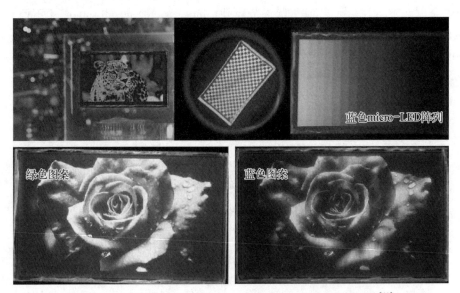

图 9.14   在蓝色和绿色有源驱动 micro-LED 阵列上获得的图像[11]

9.3   基于驱动技术的 micro-LED 显示器进展

基于 micro-LED 器件、驱动、巨量转移等技术,近年来,全球已有大量的研究机构、企业涉足 micro-LED 显示技术,并基于各自不同的键合技术,成功制备了各类显示器样机或产品。

法国 Leti 在 2019 年的显示周上,展示了一种基于 CMOS 工艺的 GaN micro-LED 显示器的新技术[12],如图 9.15 所示。该技术的核心思路在于首先制备出 RGB micro-LED 与 Si 基 CMOS 的微型集成器件,再利用微管技术将 RGB micro-LED/CMOS 集成单元连接到接收衬底上。这样的优势是:一方面接收衬底不采用 TFT 背板,而是采用一种简单、低成本的行列导电线路接收衬底。对每个像素来说,不再需要进行多步转移,良率更高。另一方面,这项新技术可用于制造各类 micro-LED 显示器,从小型可穿戴显示器到大型电视面板,应用更为广泛。

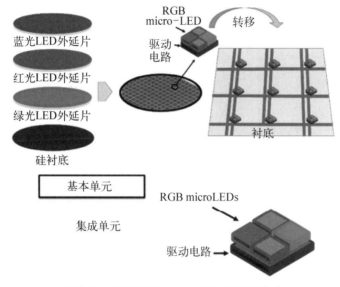

蓝光LED外延片

红光LED外延片

绿光LED外延片

硅衬底

基本单元

集成单元

RGB micro-LED

转移

驱动电路

衬底

RGB microLEDs

驱动电路

图 9.15　基于 RGB micro-LED /CMOS 集成
单元的新型显示器制备技术

　　X-Celeprint 公司在 SID 2018 展会上展示了 5.1 英寸的 micro-LED 全彩显示器,该显示器件采用了尺寸为 8 μm×15 μm 的 RGB micro-LED 芯片,分辨率能够达到 70 PPI,并且结合 Micro IC 做成的主动式的驱动方案,能够流畅的播放任何动画画面。2018 年,錼创公司同天马微电子公司合作开发了一个分辨率为114 PPI的透明"像素化"micro-LED 显示器,透明度为 60%,基于有源驱动 TFT(LTPS) 背板制备而成[13]。2018 年,香港北大青鸟公司利用独有的集成技术,制备了像素间距只有 2.5 μm 的 micro-LED 显示器。在混合集成工艺中,他们使用 MOCVD 在蓝宝石或砷化镓衬底上生长超薄的 InGaN 蓝绿光外延层和 AlInGaP 红光外延层,然后将完整外延层与衬底分离,并键合到 CMOS 芯片上,再通过标准光刻及刻蚀工艺来制备发光像素阵列[14]。这种在晶圆层面实现外延转移的方案规避了单颗芯片大量转移键合带来的问题,提高了良率与产率。

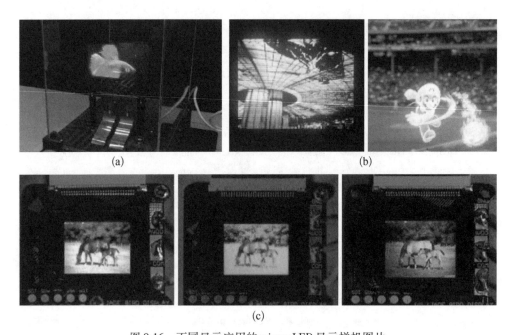

(a)

(b)

(c)

图 9.16　不同显示应用的 micro-LED 显示样机图片

（a）X – Celeprint 5.1 英寸展品；（b）鍗创透明 micro-LED 显示器；（c）JBD 主动驱动 micro-LED 微显示器

9.4　小结

本章首先对 CMOS、TFT 等驱动技术及其与 micro-LED 的集成化技术进行了介绍。用于驱动 micro-LED 阵列的 CMOS 电路通常具备像素寻址、定时、电平转换等功能，有望实现高密度的 micro-LED 阵列显示。集成化 CMOS/micro-LED 器件能够产生亚纳秒级的光脉冲并能获得较高的调制带宽，在显示、并行可见光通信、光荧光测试中都有很大的应用前景。而以 TFT 方式驱动的 micro-LED 阵列显示则与 OLED 显示技术类似，因而技术更为成熟，成本较为低廉。然后，本章节中还着重介绍了 micro-LED 与驱动电路集成时所采用的键合技术，其中，金和铟倒装键合都是采用金属层作为互联层，金键合层可通过超声加热金丝等方式形成，而铟球可通过回流加热方式形成，经回流处理后的铟球可获得较小的直径，因而有望应用于超高分辨率的显示器件中去，而微管键合技术则能进一步缩小像素间距。最后，本章还回顾了基于驱动集成 micro-LED 的显示器技术进展，在小型可穿戴显示器或是大型电视面板，甚至透明显示、柔性显示等领域都有很大的应用前景。

参考文献

[1] Zhou X, Tian P, Sher W, et al. Growth, transfer printing and colour conversion techniques towards full-colour micro-LED display[J]. Progress in Quantum Electronics, 2020, 71: 100263.

[2] Wang Z, Shan X, Cui X, et al. Characteristics and techniques of GaN-based micro-LEDs for application in next-generation display[J]. Journal of Semiconductors, 2020, 41: 041606.

[3] McKendry J. Micro-pixellated AlInGaN light-emitting diode arrays for optical communications and time-resolved fluorescence lifetime measurements[D]. Glasgow: University of Strathclyde, 2011.

[4] Mckendry J, Rae B R, Gong Z, et al. Individually addressable AlInGaN micro-LED arrays with cmos control and subnanosecond output pulses[J]. IEEE Photonics Technology Letters, 2009, 21: 811 – 813.

[5] Mckendry J J D, Massoubre D, Zhang S, et al. Visible-light communications using a CMOS - controlled micro-light-emitting-diode array[J]. Journal of Lightwave Technology, 2012, 30: 61 – 67.

[6] Kim H M, Um J G, Lee S, et al. High brightness active matrix micro-LEDs with LTPS TFT backplane[J]. SID International Symposium: Digest of Technology Papers, 2018, 49: 880 – 883.

[7] Um J G, Jeong D Y, Jung Y, et al. Active-matrix GaN μ – LED display using oxide thin-film transistor backplane and flip chip LED bonding[J]. Advanced Electronic Materials, 2018, 20: 1800617.

[8] Liu Z J, Chong W C, Wong K M, et al. 360 PPI flip-chip mounted active matrix addressable light emitting diode on silicon (LEDoS) micro-displays[J]. Journal of Display Technology, 2013, 9: 678 – 682.

[9] Marion F, Bisotto S, Berger F, et al. A room temperature flip-chip technology for high pixel count micro-displays and imaging arrays[C]. IEEE Electronic Components & Technology Conference, 2016: 929 – 935.

[10] Marion F, Saint Patrice D, Fendler M, et al. Electrical characterization of high count, 10 μm pitch, room temperature vertical interconnections[C]. Proceedings International Conference on Device Packing, 2009: 58 – 64.

[11] Templier F, Ludovic D, Dupont B, et al. High-resolution active-matrix 10-μm pixel-pitch GaN LED microdisplays for augmented reality applications[C]. Advances in Display Technologies VIII. 2018: 10556.

[12] Templer F, Bernard J. A new approach for fabrication high-performance microLED displays[C]. SID Symposium Digest of Technical Papers, 2019, 50: 240 – 243.

[13] Liu Y T, Liao K Y, Lin C L, et al. PixeLED display for transparent applications[C]. SID International Symposium: Digest of Technology Papers, 2018, 62: 874 – 875.

[14] Zhang L, Ou F, Chong W C, et al. Wafer-scale monolithic hybrid integration of Si – based IC and III – V epi-layers — a mass manufacturable approach for active matrix micro-LED micro-displays [J]. Journal of the Society for Information Display, 2018, 26: 137 – 145.

第10章

全彩色 micro-LED 显示
技术——材料生长

通用电气公司(general electric company, GE)于 1962 年首次推出了基于 $GaAs_{1-x}P_x$ 的商用红光 LED[1-2]。随着 III-N 化合物的进一步发展,高效的蓝光和绿光 LED 也逐渐商业化[3-4]。在 20 世纪 70 年代初期,Pankove 课题组研究了基于 GaN 的蓝光和紫光的电致发光 LED,但是发现 p 掺杂的实现异常困难[5-6]。1986 年,Akasaki 和 Amano 课题组通过在蓝宝石衬底上生长 AlN 缓冲层从而获得了表面光滑的 GaN 薄膜,这显著地提高了 GaN 晶体的质量[7]。1992 年,Nakamura 采用高温热退火技术,大大提高了 Mg 掺杂的 p-GaN 的电导率[8],此后,在众多研究人员的努力下,商业化的蓝光 LED 于 1994 年问世。到目前为止,基于 GaN 的蓝光 LED 已经在照明技术上取得了长足的进步并且当 GaN 与不同含量的 In 或 Al 进行合金化时,其直接带隙发光波长范围足以覆盖整个 RGB 光谱[9-10]。因此,研究者们首先想到的方法便是通过生长技术来实现 micro-LED 全彩色显示[11-12]。

通常在 micro-LED 的制备过程中,由于刻蚀会产生大量的侧壁缺陷,尤其是当平面 micro-LED 的尺寸缩小时,侧壁缺陷处的肖克利-里德-霍尔非辐射复合的影响是不可忽略的[13]。同时,随着 In 组分的增加,极化电场变大,量子阱中的晶体质量变差,也会导致器件的发光效率下降[14]。相比之下,由于应变释放,nano-LED 的发光特性得到了改善,具有更高质量的异质结构和更高的光提取效率。目前,通过高分辨率光刻可以精确地制备纳米级器件,这使得直接生长多色量子阱 micro-LED 的工艺得到了简化,该技术也有望用于实现高分辨率全彩色显示[15]。

10.1　纳米线 LED 的生长

与平面结构的 LED 相比,纳米线 LED 具有体积小、制备成本低及发光特性好等优点[16],而且纳米线 LED 具有更高的光提取效率和更低的位错密度[17]。当 InGaN/GaN 多量子阱的横向尺寸为数百纳米时,可以被视为 InGaN/GaN 多量子点。采用分子束外延、金属有机化学气相沉积或氢化物气相外延技术,可以在预定区域精确地制备纳米线像素[18]。通过降低 N_2 流量,可优化 GaN 纳米线的 Ti 掩模选区生长工艺[19]。在低 N_2 流量下,Ga 解吸和扩散长度的增加会导致 Ga 的横向生长速率变慢并抑制晶体成核。图 10.1(a)展示了典型的 Ti 掩模选区生长技术的示意图[20],通过精确控制尺寸和间距可以制备出 InGaN/GaN 纳米线,从而实现不同颜色的光发射[21]。因此,可以通过选区生长技术在单衬底上制备不同结构的纳米线 LED 来实现多色集成。下面,我们将分别介绍选区生长集成纳米线像素和单纳米线像素及其发光波长随尺寸变化的特点。

2010 年,Sekiguchi 课题组在单个衬底上选区生长 InGaN/GaN 纳米线阵列并成功实现了多色发射[22]。通过射频等离子体辅助分子束外延(ratio frequency plasma molecular beam epitaxy,RF-MBE)技术在同一衬底上生长了直径为 137~270 nm 的纳米线,而且纳米线阵列的周期不变。在相邻纳米线的阴影效应以及侧壁上 Ga 原子和 In 原子扩散长度的差异的影响下,Ga 原子的吸收随纳米线直径的增大而减小。这不仅影响了 InGaN/GaN MQDs 的组成,还增加了 InGaN 中 In 组分的含量。图 10.1(d)显示了直径为 143~270 nm 的纳米线阵列的光致发光(PL)近场发射图像和扫描电子显微镜图。当纳米线直径增加时,可以观察到发射光从蓝光逐渐转变为红光。此外,如图 10.1(b)所示,透射电子显微镜(transmission electron microscope,TEM)截面能量色散 X 射线光谱(energy-dispersive X-ray,EDX)表明,In 组分的含量随纳米线直径的增大而增加,且计算结果与实验结果吻合。然而,这种阴影效应并不适用于单个纳米线像素的选区生长。

对于单个纳米线像素的选区生长,Ra 课题组于 2016 年研究了单个 InGaN/GaN 纳米线像素与尺寸相关的颜色调控效应[23]。通过 Ti 掩模电子束光刻技术(electron beam lithography,EBL)将开口尺寸限定在 80 nm~1.9 μm。在相同的外延生长条件下,在蓝宝石衬底上生长尺寸为 150 nm~2 μm 的纳米线。如图 10.1(e)所示,当单个纳米线像素的直径增加时,其 PL 光谱发生蓝移现象,这与上述

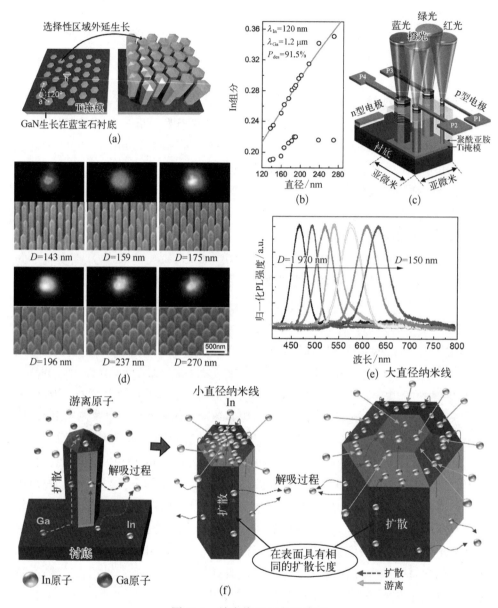

图 10.1　纳米线 LED 的示意图

（a）Ti 掩模选区生长技术的示意图[20]；（b）InGaN/GaN MQDs 的 In 组分与纳米线直径的关系图[22]，λ_{In} 为 In 原子的扩散长度，λ_{Ga} 为 Ga 原子的扩散长度，P_{des} 为 In 组分从纳米柱顶部的解吸概率；（c）基于 ROGB 单纳米线像素的单衬底集成多色 LED 的示意图[23]；（d）直径为 143~270 nm 的纳米线阵列的 PL 近场发射以及 SEM 图[22]；（e）具有不同直径（D）的单个 InGaN/GaN 纳米线像素的 PL 发射光谱[23]；（f）原子掺入纳米线生长过程的示意图[23]

集成的 InGaN/GaN 纳米线阵列的结果恰恰相反。在相对较高的生长温度下,由于热解吸,In 原子的扩散长度(约为 100 nm)比 Ga 原子的扩散长度(约为 1 μm)要短得多[23]。如图 10.1(f)所示,随着纳米线直径的增加,由于横向扩散,In 掺杂量减少,导致 In 含量不足,进而引起发光波长变短。图 10.1(c)显示了基于红光、橙光、绿光和蓝光(ROGB)单个纳米线像素的单衬底集成多色 LED[24]。另外,还可以通过分别驱动多色 LED 子像素来调整光谱功率分布从而调节相关色温(correlated colour temperature, CCT)。

　　然而,MQDs 中组分的变化会引起发光颜色出现很大的变化,这对纳米线 LED 中 In 组分的精确控制提出了巨大的难题。当然,随着芯片尺寸的缩小,驱动电路与 LED 阵列的集成也是一个挑战。为了实现纳米线 LED 全彩显示,应努力克服这些挑战。Hartensveld 课题组于 2019 年初展示了 GaN 基纳米线场效应晶体管(field effect transistor, FET)与“自上而下”制备的纳米线 LED 的集成,这为自然生长的纳米线 LED 与控制系统的集成打下基础[25]。

10.2　核-壳结构纳米线 LED 的生长

　　Micro-LED 的发光波长通常是由一个特定的量子阱结构决定的,也取决于量子阱区域的厚度和组分。然而,这种现象限制了多色 micro-LED 的发展。2011 年,Hong 课题组提出了一种由横向和纵向 QWs 组成的核-壳纳米线 LED[26],这种核-壳纳米线 LED 是通过改变偏压来调整发射波长,而不是通过控制 In 组分来实现发射波长的调控。

　　图 10.2(a)为核-壳纳米线 LED 的制备示意图。首先,利用选区生长技术在 n^+-GaN/Al$_2$O$_3$(0001)衬底上生长 GaN 纳米线。然后,在尖端和侧壁均匀沉积 In$_x$Ga$_{1-x}$N/GaN MQWs。随后,在纳米线阵列上生长掺 Mg 的 p-GaN 以形成连续的盖帽层[27]。这一过程提供了一个可能的电流注入路径,这是由偏压决定的。最后,制备金属电极。如图 10.2(c)所示,通过增加器件上的偏压,可以观察到纳米线 LED 的发光颜色从红光逐渐转变到蓝光。

　　图 10.2(d)显示了(i)整体、(ii)尖端和(iii)垂直侧壁的核-壳纳米线的横截面扫描 TEM 图像。可以看出,In$_x$Ga$_{1-x}$N 量子阱和 GaN 量子势垒层以不同的厚度交替堆叠在最顶部和垂直侧壁区域。使用 EDX 测定了 In$_x$Ga$_{1-x}$N 多量子阱的尖端和侧壁中 In 的含量。由于 GaN 晶面各向异性的表面形成能会影响吸附原子的扩

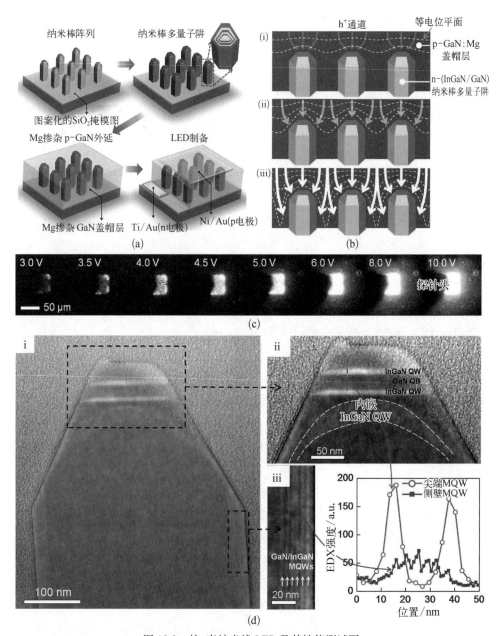

图 10.2　核-壳纳米线 LED 及其性能测试图

（a）核-壳纳米线 LED 的制备示意图[26]；（b）等势平面变化的示意图[26]；（c）在不同偏置电压下的光发射图像[26]；（d）核-壳纳米线的 TEM 图像以及 $In_xGa_{1-x}N$ MQW 尖端和侧壁上 In 含量的 EDX 光谱[26]

散,因此尖端的 In 组分大约是侧壁上的 4 倍,如图 10.2(d)所示[26]。图 10.2(b)显示了施加不同偏置电压时的电场分布模型。在接近开启电压的低电场下,(i) 由于尖端附近的局部电位较低,电流路径优先在纳米线尖端的高电阻率 p-GaN 覆盖层区域形成。因此,核-壳纳米线 LED 从 $In_{0.6}Ga_{0.4}N$ MQWs 的最顶端发射出红光。随着外加偏压的增加,(ii) 等势面的形状沿纳米线尖端弯曲,然后电致发光(EL)逐渐变为带尾的青色。随着电压的进一步增加,(iii) 等势面的变形变得更加明显,并导致更多的电流注入纳米线间的间隙,从而使得纳米线 LED 侧壁上的 $In_{0.15}Ga_{0.85}N$ MQWs 产生蓝光。

通过生长核-壳纳米线 LED,将材料生长技术与偏压调节相结合,可以实现从红光到蓝光的可调控颜色光发射,基于该技术也可以实现单片集成 RGB LED。目前,驱动芯片与这种小型 LED 的集成仍然是一个需要进一步研究的问题,但调控纳米线 LED 发光颜色的技术为实现全彩色显示提供了重要途径。

10.3　多色量子阱 micro-LED 的生长

使用多色量子阱 LED 来实现全彩显示的原理与核-壳纳米线 LED 的原理类似,两者都是通过调节外部偏压来调整发光颜色。2012 年,Dawson 课题组提出一种颜色可调的智能显示系统,该系统使用互补金属氧化物半导体驱动基于新型外延结构的 InGaN MQW micro-LED[28]。他们利用压电场屏蔽与能带填充效应之间的竞争机制,成功地将 micro-LED 的发光颜色从红光调为绿光。同时测试结果表明,该系统也可以应用于高速可见光通信。

如图 10.3 所示,制备了像素尺寸为 72 μm、中心间距为 100 μm 的 16×16 micro-LED 阵列,以及用于颜色控制的 CMOS 芯片。CMOS 驱动芯片具有与 micro-LED 阵列对应的 16×16 单元阵列。每个 micro-LED 像素与 CMOS 驱动单元键合,以实现独立寻址。

由于能带填充效应和量子限制斯塔克效应的屏蔽[29],当输入电流从 0.1 mA 增加到 80 mA 时,计算出的 CIE(1931)坐标曲线从红色区域移动到绿色区域。图 10.3(d) 右侧图像显示了由 micro-LED 发出的红光、黄光和绿光(RYG)图片以及相应的色坐标。如图 10.3(d) 的插图所示,随着输入电流的增加,发光波长从 600 nm 变为 550 nm,这与 CIE 曲线得到的结果一致。在不同的发光颜色下,由直流电驱动的 micro-LED 可能会显示出不均匀的功率,有些 micro-LED 会太亮。我

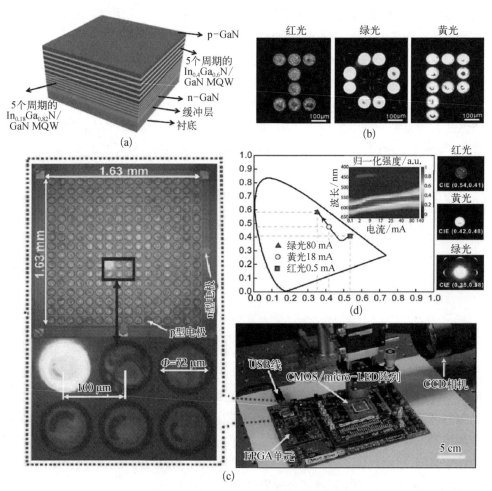

图 10.3　颜色可调的智能显示系统[28]

（a）多色量子阱的 micro-LED 结构；（b）平均输出功率大致相同的 RGY 显示图片；（c）16×16 的 micro-LED 阵列图以及驱动电路；（d）左侧图像：CIE（1931）色域坐标曲线，插图：EL 谱图，右侧图像：RGY 显示像素图片和相应的 CIE 坐标

们可以改变在不同发光颜色下驱动电压的占空比，来实现在不同发光颜色下均匀的功率。图 10.3（b）展示了不同发光波长的 micro-LED 器件，其平均输出功率大致相同。在 0.5 mA 时，红色像素的输出光功率为 0.93 μW。在 80 mA 时，绿色像素输出光功率为 1.03 μW，占空比为 0.5%。在 18 mA 时，黄色像素的输出光功率为 0.97 μW，占空比为 2%。而且，闪烁几乎是肉眼看不见的，这为多色显示奠定了基础。此外，还利用该系统成功地实现了高速可见光通信，促进了多色 micro-LED 智能显示的发展。

　　总之,多色量子阱 micro-LED 的发展为颜色可调显示的发展奠定了基础,并可用于 CMOS 和现场可编程逻辑门阵列(FPGA)驱动的全彩显示和可见光通信。田朋飞课题组进一步使用双量子阱结构的 micro-LED 阵列制备出 RGB 全彩色 micro-LED 显示[30]。然而,这种技术在小电流情况下,依然无法实现全彩色 micro-LED 显示,材料的内量子效率和颜色调节范围仍需要进一步优化。

10.4　刻蚀制备纳米环 LED

　　单片外延并刻蚀制备纳米环 LED 是实现全彩色显示的另一种生长技术。在绿光 LED 外延片上制备纳米环 LED,通过刻蚀工艺来改变其壁宽,从而调节其有效带隙。具体地说,通过释放应变和降低 QCSE,使 LED 量子阱倾斜的能带变平,电子和空穴波函数空间分布重叠增加,然后可以将纳米环 LED 的发光颜色从绿光调控为蓝光[31]。

　　2017 年,Kuo 课题组制备得到纳米环 LED,成功实现了从绿光到蓝光的转变[32]。图 10.4(a)为 7 个周期的 $In_{0.28}Ga_{0.72}N/GaN$ 结构的多量子阱纳米环 LED 的制备过程图,由于晶格失配,InGaN 和 GaN 之间存在较大的应变。首先,将直径约 900 nm 的聚苯乙烯(polystyrene, PS)纳米球旋涂在 GaN 基 LED 的外延片表面。接下来,将器件蚀刻到 n-GaN 层,以形成与 PS 纳米球相切的圆柱形结构。随后通过电子束蒸发沉积镍层,这有助于在下一步刻蚀过程中形成纳米环。然后,分别用超声波和盐酸溶液去除纳米球和镍层。最后通过刻蚀和蒸发制备电极。在实验中,比较了三种壁宽分别为 120 nm、80 nm 和 40 nm 的纳米环 LED 发光波长的变化,发现壁宽为 40 nm 的纳米环 LED 会产生最大蓝移。当壁变薄时,由于内部应变的释放,QCSE 被有效地抑制,从而导致发射峰的蓝移[33]。另外,随着壁面变薄,电子和空穴波函数重叠增加,载流子辐射复合寿命会随着辐射复合速率的提高而降低[34]。

　　上述方法仅能将纳米环 LED 的发射颜色由绿光调整为蓝光,无法实现全彩色显示。2019 年,该课题组通过在纳米环 LED 上添加红色量子点实现了 RGB LED 的单片集成[35]。实验中纳米环 LED 和量子点之间的间距足够小,足以满足非辐射共振能量转移(non-radiative resonant energy transfer, NRET)的条件,这可以在实现全彩显示的同时提高颜色转换效率[36]。在制备绿光和蓝光纳米环 LED 的基础上,通过原子层沉积在纳米环的侧壁上形成 Al_2O_3 钝化层,以减少由侧壁缺陷造成的发

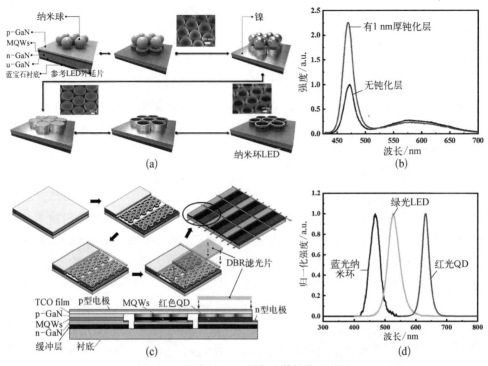

图 10.4　纳米环 LED 制备及其性能测试图

（a）纳米环 LED 的制备过程[32]；（b）蓝光纳米环 LED 在有和没有钝化层情况下的 PL 光谱图[35]；
（c）通过结合纳米环 LED 和颜色转化技术来实现 RGB 像素的流程图[35]；（d）RGB 亚像素的 EL 谱[35]

光效率的损失并提高 PL 强度[37]。将红色量子点喷涂在线宽为 1.65 μm 的蓝光纳米环 LED 上，通过刻蚀和沉积技术制备了透明导电氧化物（transparent conducting oxide，TCO）薄膜和金属电极。最后在红色量子点上制备了分布式布拉格反射镜层，以提高颜色纯度和发光效率。图 10.4（c）还展示了面积为 3 μm×10 μm 的 RGB 像素的横截面图。图 10.4（b）显示了有钝化层和没有钝化层的蓝光纳米环 LED 的 PL 光谱。加入钝化层后，由于内反射的减少，光提取效率随之提高，表面陷阱和缺陷引起的非辐射复合也减少了，因此 PL 峰值强度显著提高了 143.7%。RGB 亚像素的 EL 光谱如图 10.4（d）所示。RGB 亚像素的峰值波长分别为 630 nm、525 nm 和 467 nm。可见，通过将纳米环 LED 与颜色转换技术相结合，可以有效地实现在单片衬底上的 RGB 发光。

　　虽然发展杂化量子点纳米环 LED 可以实现全彩显示，但纳米环 LED 发光面积小，发光强度低，此外，量子点能量损失大且稳定性差，这都是制约其进一步发展的主要因素[38]。

10.5　小结

综上所述,由于 In 组分的变化会引起纳米 LED 发光颜色出现很大的变化,如何在单片外延片上精确地控制 In 组分是一个重要的挑战。同时,纳米 LED 在外延生长后的发光颜色不易改变。由于外延尺寸的限制,生长技术几乎无法应用于制作 micro-LED 小尺寸显示器。此外,随着芯片尺寸的缩小,驱动芯片与 micro-LED 阵列的集成也是显示系统制备的另一个问题。

尽管如此,这种生长技术在高分辨率、高效率的全彩显示领域仍具有巨大的应用潜力。选区生长并集成的 InGaN/GaN 纳米线 LED 和单根纳米线 LED 显示出随尺寸变化的发光波长。生长多色量子阱 micro-LED 的方法简化了制备过程。由于调控 QCSE 会引起纳米环 LED 发射峰的蓝移,采用生长法可以有效地实现全彩显示。到目前为止,关于结构和生长机制的研究已经取得了很大进展。

近年来,单片集成多色 micro-LED 显示的原型机已经被研发出来。例如,Glo 和其他一些公司已经展示过了纳米线 LED 用于显示的原型机。此外,在 35 A/cm^2 的电流密度下,商用 RGB 大尺寸照明 LED 的 EQE 可分别达到 45%、40% 和 75%。与传统照明的 LED 相比,RGB micro-LED 的 EQE 已分别达到 13.5%、34% 和 47%,EQE 峰值电流密度出现在 1~5 A/cm^2。然而,红光 micro-LED 的量子效率仍需通过优化生长技术和器件工艺技术来提高。

参考文献

[1] Hall R N, Fenner G E, Kingsley J D, et al. Coherent light emission from GaAs junctions[J]. Physical Review Letters, 1962, 9: 366 - 369.

[2] Holonyak N, Bevacqua S F. Coherent (visible) light emission from Ga(As$_{1-x}$P$_x$) junctions[J]. Applied Physics Letters, 1962, 1: 82 - 83.

[3] Groves W O, Herzog A H, Craford M G. The effect of nitrogen doping on GaAs$_{1-x}$P$_x$ electroluminescent diodes[J]. Applied Physics Letters, 1971, 19: 184 - 186.

[4] Craford M G, Shaw R W, Herzog A H, et al. Radiative recombination mechanisms in GaAsP diodes with and without nitrogen doping[J]. Journal of Applied Physics, 1972, 43: 4075 - 4083.

[5] Pankove J I, Berkeyheiser J E. Frequency response of GaN light-emitting diodes[J]. Proceedings of the IEEE, 1972, 60: 1456 - 1457.

[6] Pankove J I, Miller E A, Richman D, et al. Electroluminescence in GaN[J]. Journal of

Luminescence, 1971, 4: 63 – 66.

[7] Amano H, Sawaki N, Akasaki I, et al. Metalorganic vapor phase epitaxial growth of a high quality GaN film using an AlN buffer layer[J]. Applied Physics Letters, 1986, 48: 353 – 355.

[8] Nakamura S, Mukai T, Senoh M, et al. Thermal annealing effects on p-type Mg-doped GaN films [J]. Japanese Journal of Applied Physics, 1992, 31: L139 – L142.

[9] Strite S, Morkoc H. GaN, AlN, and InN: a review[J]. Journal of Vacuum Science & Technology B, 1992, 10: 1237 – 1266.

[10] Wu J. When group – III nitrides go infrared: new properties and perspectives[J]. Journal of Applied Physics, 2009, 106: 011101.

[11] Zhou X, Tian P, Sher W, et al. Growth, transfer printing and colour conversion techniques towards full-colour micro-LED display[J]. Progress in Quantum Electronics, 2020, 71: 100263.

[12] Wang Z, Shan X, Cui X, et al. Characteristics and techniques of GaN-based micro-LEDs for application in next-generation display[J]. Journal of Semiconductors, 2020, 41: 041606.

[13] Kou J, Shen C, Shao H, et al. Impact of the surface recombination on InGaN/GaN-based blue micro-light emitting diodes[J]. Optics Express, 2019, 27: A643 – A653.

[14] Sekiguchi H, Kishino K, Kikuchi A, et al. Ti – mask selective-area growth of GaN by RF-plasma-assisted molecular-beam epitaxy for fabricating regularly arranged InGaN /GaN nanocolumns[J]. Applied Physics Express, 2008, 1: 124002.

[15] Wang R, Nguyen H P T, Connie A T, et al. Color-tunable, phosphor-free InGaN nanowire light-emitting diode arrays monolithically integrated on silicon [J]. Optics Express, 2014, 22: A1768 –A1775.

[16] Nguyen H P T, Cui K, Zhang S, et al. Controlling electron overflow in phosphor-free InGaN / GaN nanowire white light-emitting diodes[J]. Nano Letters, 2012, 12: 1317 – 1323.

[17] Ra Y H, Navamathavan R, Yoo H I, et al. Single nanowire light-emitting diodes using uniaxial and coaxial InGaN /GaN multiple quantum wells synthesized by metalorganic chemical vapor deposition[J]. Nano Letters, 2014, 14: 1537 – 1545.

[18] Kim H M, Kim D S, Park Y S, et, al. Growth of GaN nanorods by a hydride vapor phase epitaxy method[J]. Advanced Materials, 2002, 14: 991 – 993.

[19] Kishino K, Sekiguchi H, Kikuchi A. Improved Ti – mask selective-area growth (SAG) by RF-plasma-assisted molecular beam epitaxy demonstrating extremely uniform GaN nanocolumn arrays [J]. Journal of Crystal Growth, 2009, 311: 2063 – 2068.

[20] Le B H, Zhao S, Liu X, et al. Controlled coalescence of AlGaN nanowire arrays: an architecture for nearly dislocation-free planar ultraviolet photonic device applications[J]. Advanced Materials, 2016, 28: 8446 – 8454.

[21] Zhao S, Wang R, Chu S, et al. Molecular beam epitaxy of III – Nitride nanowires: emerging applications from deep-ultraviolet light emitters and micro-LEDs to artificial photosynthesis[J]. IEEE Nanotechnology Magazine, 2019, 13: 6 – 16.

[22] Sekiguchi H, Kishino K, Kikuchi A. Emission color control from blue to red with nanocolumn diameter of InGaN /GaN nanocolumn arrays grown on same substrate [J]. Applied Physics

Letters, 2010, 96: 231104.

[23] Ra Y H, Wang R, Woo S Y, et al. Full-color single nanowire pixels for projection displays[J]. Nano Letters, 2016, 16: 4608 – 4615.

[24] Wang R, Ra Y H, Wu Y, et al. Tunable, full-color nanowire light emitting diode arrays monolithically integrated on Si and sapphire[C]. Gallium Nitride Materials and Devices XI. International Society for Optics and Photonics, 2016, 9748: 97481S.

[25] Hartensveld M, Zhang J. Monolithic integration of GaN nanowire light-emitting diode with field effect transistor[J]. IEEE Electron Device Letters, 2019, 40: 427 – 430.

[26] Hong Y J, Lee C H, Yoon A, et al. Visible-color-tunable light-emitting diodes[J]. Advanced Materials, 2011, 23: 3284 – 3288.

[27] An S J, Hong Y J, Yi G C, et al. Heteroepitaxial growth of high-quality GaN thin films on Si substrates coated with self-assembled sub-micrometer-sized silica balls[J]. Advanced Materials, 2006, 18: 2833 – 2836.

[28] Zhang S, Gong Z, McKendry J J D, et al. CMOS – controlled color-tunable smart display[J]. IEEE Photonics Journal, 2012, 4: 1639 – 1646.

[29] Gong Z, Liu N, Tao Y, et al. Electrical, spectral and optical performance of yellow-green and amber micro-pixelated InGaN light-emitting diodes[J]. Semiconductor Science and Technology, 2011, 27: 015003.

[30] Wang Z, Zhu S, Shan X, et al. Full-color display based on MOCVD growth of two types of InGaN/GaN MQWs[C]. 2021 International Conference on Display Technology, 2021.

[31] Ryou J H, Yoder P D, Liu J, et al. Control of quantum-confined stark effect in InGaN-based quantum wells [J]. IEEE Journal of Selected Topics in Quantum Electronics, 2009, 15: 1080 – 1091.

[32] Wang S W, Hong K B, Tsai Y L, et al. Wavelength tunable InGaN/GaN nano-ring LEDs via nano-sphere lithography[J]. Scientific Reports, 2017, 7: 42962.

[33] Kuroda T, Tackeuchi A. Influence of free carrier screening on the luminescence energy shift and carrier lifetime of InGaN quantum wells[J]. Journal of Applied Physics, 2002, 92: 3071 – 3074.

[34] Lefebvre P, Allegre J, Gil B, et al. Time-resolved photoluminescence as a probe of internal electric fields in GaN –(GaAl)N quantum wells[J]. Physical Review B, 1999, 59: 15363 – 15367.

[35] Chen S, Shen C, Wu T, et al. Full-color monolithic hybrid quantum dot nanoring micro light-emitting diodes with improved efficiency using atomic layer deposition and nonradiative resonant energy transfer[J]. Photonics Research, 2019, 7: 416 – 422.

[36] Achermann M, Petruska M A, Kos S, et al. Energy-transfer pumping of semiconductor nanocrystals using an epitaxial quantum well[J]. Nature, 2004, 429: 642 – 646.

[37] Wong M S, Hwang D, Alhassan A I, et al. High efficiency of III-nitride micro-light-emitting diodes by sidewall passivation using atomic layer deposition[J]. Optics Express, 2018, 26: 21324 – 21331.

[38] Olivier F, Tirano S, Dupre L, et al. Influence of size-reduction on the performances of GaN-based micro-LEDs for display application[J]. Journal of Luminescence, 2017, 191: 112 – 116.

第11章

全彩色大面积 micro-LED 显示技术——巨量转移

从第 10 章所述,我们得知通过生长技术很难将驱动器件与 micro-LED 阵列集成起来。因此,目前研究人员们更倾向于采用转移打印技术来实现全彩显示[1]。转移打印是一种将材料或芯片从原始衬底转移到任何类型的衬底上以组装成功能系统的技术[2]。要实现大面积显示,需要转移数百万数量的芯片,所以,人们常将相关技术称为巨量转移。

显示器的性能要求推动了巨量转移技术的发展,因此许多转移打印技术被提出来以满足大规模生产的需求,包括聚二甲基硅氧烷印章的拾取与放置、激光选择性释放、静电拾取转移、电磁拾取转移和流体转移技术。表 11.1 显示了巨量转移技术的典型参数,包括关键材料、力、每小时产量(unit per hour, UPH)和芯片尺寸。

表 11.1　巨量转移技术比较

技　　术	关键材料	力	UPH/百万	芯片尺寸/μm
PDMS 印章拾取与放置	PDMS、转移薄膜	范德瓦耳斯力	1~36	>10
激光选择性释放	缓冲层	热膨胀力	2~100	>1
静电拾取转移	介电层	静电力	约 12	1~100
电磁拾取转移	磁性材料	电磁力	约 0.9	>10
流体转移技术	液体	重力,毛细管力	>56	>20

11.1　PDMS 印章拾取与放置技术

11.1.1　范德瓦耳斯力转移技术

范德瓦耳斯力转移技术主要是利用 PDMS 印章与其他材料之间的黏附关系[3-4],通过改变 PDMS 印章与衬底分离的剥离速率来实现 micro-LED 的转移[5]。2007 年,Rogers 课题组证明了 PDMS 印章的黏附强度与剥离速率有关[6]。在该过程中,PDMS 印章与 micro-LED 相接触,然后通过范德瓦耳斯力黏结到一起[7-9]。此外,通过改变不同阶段界面间的范德瓦耳斯力,以实现 micro-LED 的拾取和放置。

通常,每个断裂界面都有一个能量释放率(G)。这里,将 micro-LED 与衬底界面的临界能量释放率设定为 G_{crit},该速率与 PDMS 印章的剥离速率 v 无关,仅仅取决于材料本身[10]。相反,PDMS 印章与 micro-LED 界面的临界能量释放率随剥离速率 v 而变化,设为 $G_{crit}(v)$[11-12]。如图 11.1(a)显示了 G 对 v 的依赖关系。应注意,当 $G_{crit(器件/衬底)}$ 等于 $G_{crit(印章/器件)}$ 时,v_c 代表临界速率,G_0 是 v 接近 0 时的能量释放率[13]。当 v 大于 v_c 时,$G_{crit(印章/器件)}$ 占主体部分,然后 PDMS 印章与 micro-LED 之间会产生较强的界面力,否则,印章与 micro-LED 之间的界面黏附力就弱于 micro-LED 与衬底之间的黏附力。

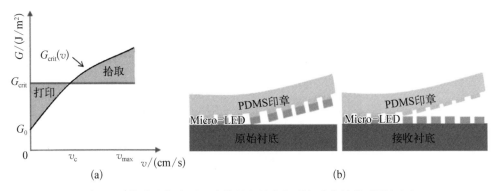

图 11.1　拾取和打印过程中能量释放率与剥离速率的关系图(a)和
转移打印 micro-LED 的示意图(b)[11]

(a)黑线:PDMS 印章/micro-LED 界面的临界能量释放率,灰线:micro-LED/衬底界面的临界能量释放率;(b)从原始衬底上拾取 micro-LED 和将 micro-LED 转移到接收衬底上

根据上述理论,我们可以通过控制拾取和放置速率来控制 PDMS 印章的黏附力,以实现转移打印。如图 11.1(b)所示,一方面,当 v 达到 v_c 时,黏附力足够强,可使 PDMS 印章从原始衬底上拾取 micro-LED。另一方面,当 v 小于 v_c 时,PDMS 印章与 micro-LED 之间的黏附力小于接收衬底与 micro-LED 之间的黏附力,可以实现 micro-LED 与 PDMS 印章的分离,从而将 micro-LED 黏附到接收衬底上。

图 11.2 给出了 PDMS 印章的典型制备工艺[14]。首先,对 SiO₂ 钝化层进行光刻和刻蚀处理。图 11.2(a)显示了图案化的 SiO₂ 层。如图 11.2(b)所示,接着使用 KOH 溶液对 Si 进行湿法蚀刻,以获得金字塔图案。图 11.2(c)描绘了一种高深宽比的光刻胶旋涂技术,使用 SU-8 在 SiO₂/Si 层上形成垂直侧壁结构,待侧壁结构形成后,将 PDMS 注入凹槽内。然后,如图 11.2(d)所示,将 PDMS 印章从凹槽中拾取出来。图 11.2(e)展示了所制备的 PDMS 印章的 SEM 图。在这里,PDMS 是透明、稳定、无毒、高黏弹性的,它通常按 Sylgard 184 A:B = 10:1 的质量比例进行混合,并在 70℃ 左右固化。PDMS 印章可以根据目标器件尺寸精确定制。

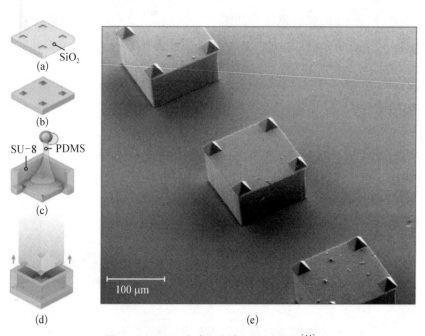

图 11.2　PDMS 印章的制备工艺示意图[14]

(a)刻蚀 SiO₂ 层;(b)刻蚀 Si 层;(c)用 SU-8 旋涂 SiO₂ 层以形成侧壁,并将 PDMS 注入凹槽内;(d)从凹槽里拾起 PDMS 印章;(e)PDMS 印章的 SEM 图

2008 年,Rogers 课题组采用上述方法实现了 micro-LED 的转移打印[15]。图 11.3 展示了范德瓦耳斯力转移技术的过程。如图 11.3(a)和(b)所示,在使用 MOCVD 在原始衬底上生长牺牲层和外延半导体层后,通过将光刻法定义的 SiO_2 硬掩模与感应耦合等离子体刻蚀/反应离子刻蚀相结合,以形成沟槽状结构,并使得牺牲层和半导体层的周边侧壁暴露出来。值得注意的是,SiO_2 钝化层的大小决定了 micro-LED 的横向几何形状。如图 11.3(c)所示,为了使 micro-LED 保持在一个固定的位置,每个 micro-LED 都被放置在角落的光刻胶固定,保证在牺牲层暴露后进行完全的侧向刻蚀,该过程中 micro-LED 不会从衬底上脱落。在这里,HF 溶液被用作湿法化学刻蚀剂来刻蚀牺牲层。刻蚀结果如图 11.3(d)所示。

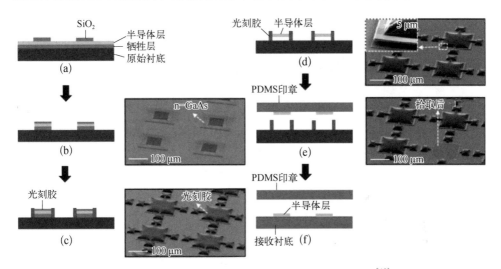

图 11.3　范德瓦耳斯力转移技术的原理图和 SEM 图[15]

(a) 在原始衬底上生长牺牲层、半导体层和 SiO_2 层,然后蚀刻 SiO_2 层;(b) 通过光刻形成的 SiO_2 掩模来刻蚀牺牲层和半导体层;(c) 在牺牲层的角上涂上光刻胶;(d) 湿法刻蚀牺牲层;(e) 从原始衬底上拾取 micro-LED;(f) 将 micro-LED 转印到接收衬底上

接下来,进行了两步转移打印过程,包括从原始衬底上拾取 micro-LED 以及将其转印到接收衬底。具体的转移打印过程如下:如图 11.3(e)所示,首先,PDMS 印章将与选定的 micro-LED 对齐并与之接触,在拾取的过程中 micro-LED 的光刻胶固定断开,该过程实现 micro-LED 的拾取。其次,PDMS 印章接触接收衬底,并将 micro-LED 键合到接收衬底上。这一过程的实现是基于 PDMS 印章与 micro-LED 之间的黏附力小于 micro-LED 与接收衬底间黏附力。如图 11.3(f)所示,通过 PDMS 印章成功地实现了将 micro-LED 从原始衬底转移到接收衬底。

通常,micro-LED 通过接收衬底上的键合层与接收衬底键合。然而,即使对于具有高热导率的接收衬底,键合层的存在也会影响器件的散热或折射率。2015年,Dawson 课题组改用挥发性液体过渡层替代传统的键合层[16]。该过程如图 11.4 所示。图 11.4(a)的工艺类似于图 11.3(e)。接着,如图 11.4(b)所示,使用浸有丙酮的标准无尘擦拭布来润湿 micro-LED 的背面。如图 11.4(c)所示,micro-LED 被 PDMS 印章拾取,然后放置在接收衬底上。由于 PDMS 印章的缓慢收缩,液体将部分回流至 micro-LED 下方,然后蒸发。图 11.4(d)展示了键合的 micro-LED。在毛细管力的作用下,micro-LED 与接收衬底之间形成了牢固的范德瓦耳斯键。

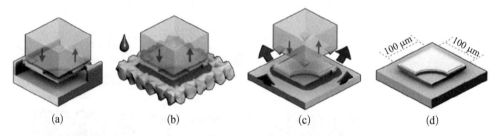

图 11.4 使用挥发性液体过渡层黏合 micro-LED 和接收衬底的示意图[16]
(a)利用 PDMS 印章从原始衬底上拾取 micro-LED;(b)使用浸有丙酮的标准无尘擦拭布来湿润 micro-LED 背面;(c)将 micro-LED 放在接收衬底上并释放 PDMS 印章;(d)通过毛细管力黏合 micro-LED 与接收衬底

11.1.2 非接触式转移技术

上述转移技术在很大程度上受限于 PDMS 印章的剥离速率以及材料表面的清洁度和平整度。因此,很有必要发展非接触转移技术,该技术不依赖于接收衬底表面的性质和制造工艺,仅与微结构和 PDMS 印章的热机械响应差异有关。到目前为止,研究人员已经开展了关于激光驱动转移打印技术的研究[17-19]。

2012 年,Rogers 课题组通过非接触激光驱动方法将微结构从原始衬底转移到接收衬底上[20]。这里,以单晶 Si 为例介绍具体的实验方法。微结构可以是 micro-LED 或其他的微型器件。图 11.5(e)展示了用于非接触式激光转印的打印头的示意图。非接触式激光驱动法的工艺流程如图 11.5(a)~(d)所示,其关键步骤是将单晶 Si 转移到接收衬底上。如图 11.5(c)所示,脉冲激光束照射在 PDMS 印章的顶面,并将单晶 Si 附着在 PDMS 表面。由于 PDMS 印章在激光波长范围内是透明的,因此激光可以穿过 PDMS 印章将热能传递给单晶 Si。此后,PDMS 印章与单晶 Si 界面的温度升高,进一步导致了两种材料的热膨胀。由于这两种材料的

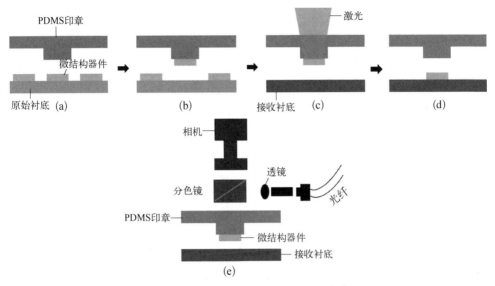

图 11.5 非接触式转移技术示意图[20]

（a）PDMS 印章与微结构器件对齐；（b）PDMS 印章接触原始衬底上的微结构器件；（c）脉冲激光束照射 PDMS 印章的顶部，然后穿过透明的 PDMS 印章，将热能传递到微结构器件中；（d）PDMS 印章将微结构转移到接收衬底上；（e）用于非接触式转移技术的打印头示意图

热膨胀系数（coefficient of thermal expansion，CTE）相差很大（$\varepsilon_{PDMS} = 310 \times 10^{-6}\ \text{K}^{-1}$，$\varepsilon_{Si} = 2.6 \times 10^{-6}\ \text{K}^{-1}$），最终达到了分离的效果[21]。

Si 与 PDMS 印章界面的能量释放率为 $0.05 \sim 0.4\ \text{J/m}^2$。当实际能量释放率大于 $0.4\ \text{J/m}^2$ 时，单晶 Si 就可以从 PDMS 印章中分离出来。特别地，实施了两个重要步骤来转移单晶 Si。

首先，为了获得分离所需的临界温度，可以使用 Stoney 和 Freund 等[22-23]提出的方法来进行研究，即假定 Si 和 PDMS 印章周围的温度分布为一个常数。激光波长为 800 nm，单晶 Si 和 PDMS 印章的尺寸分别是 100 μm×100 μm×3 μm 和 200 μm×200 μm×100 μm。由于弯曲应变的释放，利用中间平面曲率半径的应变能密度，得到了能量释放率 G 与温度 ΔT 之间的关系。公式如下：

$$G = \left[(1 - \nu_c^2)/2 \right] \left[\varepsilon_0 - \frac{\kappa h_s}{2} + \frac{\alpha_s - \alpha_c}{\Delta T} \right]^2 h_c \left[E_c / (1 - \nu_c)^2 \right] \tag{11.1}$$

其中，E_c 是弹性模量（$E_c = 179.4\ \text{GPa}$），ν_c 是泊松比（$\nu_c = 0.28$），ε_0 是中层的拉伸应变，κ 是曲率，α_s 是 PDMS 的吸收系数，α_c 是单晶 Si 的吸收系数，ΔT 是激光加热到室温以上的温度变化量，h_s 是 PDMS 的厚度，h_c 是单晶 Si 的厚度。

根据上述分析，G 与 ΔT 的关系如图 11.6(a) 所示，当 G 取 0.5 J/m² 时，对应的分离温度为 275~300℃。然后，通过 COMSOL 有限元模型进行仿真，对 75 000 个节点进行瞬态传热分析，运行间隔最长为 5 ms，Si 与 PDMS 印章界面的初始环境温度设为 27℃。当仿真进行到 3.4 ms 时，热量设置为 135 mJ，一段时间后，分离温度为 300℃，热量在 4 ms 时增加到 150 mJ。

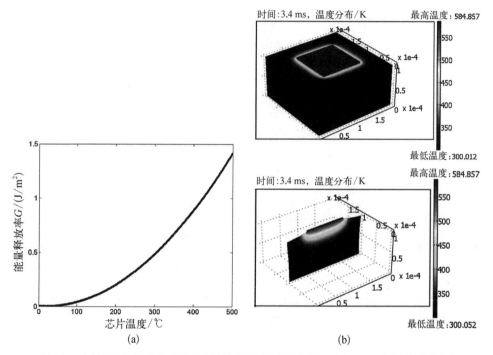

图 11.6　G 与 ΔT 之间的关系图(a)以及 Si 和 PDMS 印章的 COMSOL 有限元模型(b)

图(b)中上图为 PDMS 印章和附着的 Si 的温度梯度，下图为 PDMS 印章的温度梯度

其次，在综合考虑辐射损耗、激光高斯光束和单晶硅反射率的情况下，应严格计算激光系统的功率，以达到分离温度，使得单晶 Si 能够成功转移到接收衬底上。

11.1.3　滚轴转移技术

通常，PDMS 印章转移打印技术采用平面结构的 PDMS 印章阵列，但 PDMS 印章也可以以曲面的形式进行转移打印，这种方法被称为滚轴转移技术，并在 micro-LED 显示的大规模生产中引起了广泛的关注[24-27]。与平面 PDMS 印章转移技术相比，滚轴转移技术具有低成本、高成品率、高效率等优势[28]。该技术可通过计算机接口系统控制，通过反馈模块精确控制接触模块的大小和均匀性。反馈模块包含两个负载传感器和两个 z 轴制动结构。另外,自动滚轴转移设备通过两个显微镜保持精确对准。2017 年,韩国机械与材料研究所(Korea Institute of Machinery and Materials, KIMM) 提出了一种 micro-LED 的滚轴转移打印技术[29],如图 11.7 所示。

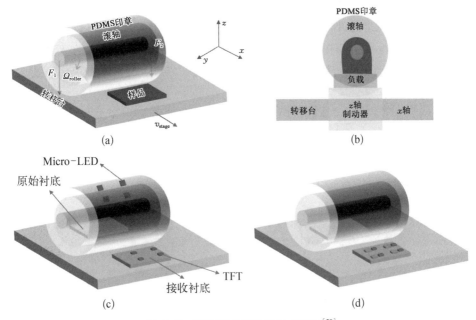

图 11.7　滚轴转移打印技术示意图[29]

(a) 滚轴转印设备示意图;(b) 滚轴转印设备的侧视图;(c) PDMS 印章从原始衬底上拾取 micro-LED 的示意图;(d) 通过 PDMS 印章将 micro-LED 打印到接收衬底的示意图

首先,使用 MOCVD 在原始衬底上生长牺牲层和有源层。然后通过 ICP/RIE 刻蚀牺牲层,此时 micro-LED 被锚结构进行固定和悬浮[30-31],与图 11.3(d)相似。接下来,通过带有 PDMS 印章的滚轴转移机从原始衬底上拾取 micro-LED。如图 11.7 所示,带有 PDMS 印章的滚轴在原始衬底的 micro-LED 上移动,通过优化原始衬底与轴之间的力,可以将 micro-LED 准确地转移到 PDMS 印章上去。在此之后,滚轴系统将 micro-LED 转移到接收衬底上 Si-TFT 的对应位置。利用安装在滚轴转移机上的两个显微镜,可以将 Si-TFT 驱动和 micro-LED 精确对准。

在滚轴转移过程中,需要注意两个关键点:一个是轴轧点压力的均匀性,另一个是同步轴的滚动和样品安装平台的平移运动。具体来说,夹紧力可以通过两端的负载传感器来实时测量。反馈系统由 z 轴制动器驱动,然后对自动滚轴系统进行校准,以实现均匀的接触压力。

11.2 激光选择性释放转移技术

激光选择性释放转移技术可以弥补接触式 PDMS 印章转移技术的不足,该技术利用不同材料之间吸收系数不同的特点来完成micro-LED 的转移打印[32-33]。在2010 年,索尼展示了使用激光烧蚀选择性转移打印 micro-LED 的流程[34],如图 11.8 所示。

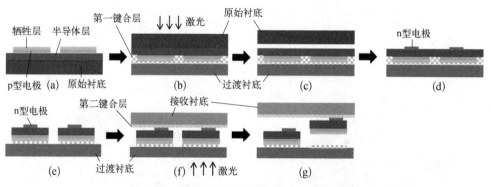

图 11.8　激光选择性释放转移技术示意图[34]

(a) 在原始衬底上制备半导体层、p 型电极和牺牲层;(b) 通过第一键合层将过渡衬底与原始衬底键合;(c) 激光照射后将半导体与原始衬底分离;(d) 在半导体层上沉积 n 型电极层;(e) 通过光刻和刻蚀技术制备分离的micro-LED;(f) 接收衬底通过第二键合层与过渡衬底接触;(g) 激光辐照后,将所选的micro-LED从过渡衬底转移到接收衬底上

首先,在原始衬底上制备半导体层、p 型电极层和牺牲层。再将 Pt 和 Au 沉积在 Ni(Ti 或 Cr)层上以形成 p 型电极。在这里,牺牲层的材料可以是树脂或金属。然后,通过旋涂和固化第一键合层将过渡衬底黏合到原始衬底上,过渡衬底和第一键合层对后续烧蚀过程中使用的激光是透明的。使用脉冲激光束照射原始衬底以烧蚀原始衬底与半导体层界面,使得原始衬底与半导体层界面分离。因此,原始衬底被分离并从半导体层移除。

接下来,在半导体层上制备 n 型电极。随后进行光刻和刻蚀以形成图案化的电极和分开的micro-LED。然后,通过第二键合层将接收衬底与 n 型电极黏合,其黏附性小于第一键合层。如图 11.8(f)所示,第二键合层与其上具有micro-LED 的过渡衬底的表面相对,这有助于将 n 型电极层转移到第二键合层中。将脉冲激光束有选择地照射过渡衬底,使所选的micro-LED 从过渡衬底上分离并黏合到第二键合层上。另外,如图 11.8(g)所示,由于第一键合层的黏附力较强,未经激光照射的 micro-LED 仍留在过渡衬底上。激光选择性释放技术可以通过选择性地将光照射到多个 micro-LED 上来成功地转移大量的 micro-LED。然而,该技术需要精确控制激光功率和分辨率。

11.3　静电拾取转移技术

静电拾取转移技术是指由机械臂驱动的静电转移头阵列利用静电吸引或斥力,将 micro-LED 从过渡衬底上拾取并释放到接收衬底的技术。静电拾取技术可以同时转移大量的 micro-LED,这与转移头阵列的尺寸和器件的间距有关[35-39]。图 11.9 为苹果公司收购的 LuxVue 所提出的,通过静电拾取技术来转移 micro-LED 的工艺流程示意图。

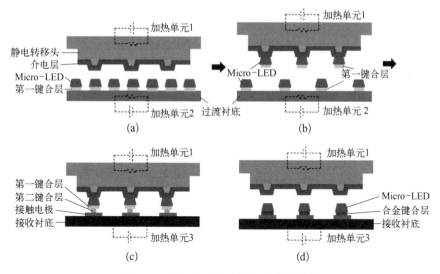

图 11.9　静电拾取转移技术示意图[40-41]

（a）静电转移头组件位于过渡衬底顶面上的 micro-LED 上;（b）静电转移头组件通过静电吸引力从过渡衬底上拾取 micro-LED;（c）静电转移头组件通过静电斥力将 micro-LED 放置在接收衬底上;（d）从接收衬底上移除静电转移头组件,将 micro-LED 留在接收衬底上

如图 11.9(a)所示,将 micro-LED 阵列通过第一键合层与过渡衬底结合。在micro-LED 上方,有一排由衬底支撑的电极层和介电层组成的台面结构的静电转移头阵列[40]。静电转移头的间距是相应的 micro-LED 阵列间距的整数倍。因此,可以将 micro-LED 阵列与静电转移头相匹配,以进行精确拾取和

转印[41]。

首先,将静电转移头放置在具有一定间隙的 micro-LED 上方,当向静电转移头阵列施加相关电压时,可以产生相互吸引的静电吸引力。每个静电转移头都拾取一个 micro-LED,如图 11.9(b)所示。同时,静电转移头组件由加热单元 1 通过红外线加热灯、激光器、电阻加热元件等进行加热。热量通过静电转移头传递到 micro-LED,第一键合层则由加热单元 2 进行加热。由此,第一键合层和micro-LED 能够一起被静电转移头拾取。

与拾取过程类似,在打印过程中,加热单元 3 将能量从接收衬底转移到第二键合层。将拾取的 micro-LED 放置到接收衬底上,然后通过接触电极与第二键合层键合。然后,通过关闭电压源、降低静电转移头电极两端的电压、改变交流电压波形或将电压源接地,来产生静电斥力。最后,将静电转移头从接收衬底上移除,如图 11.9(d)所示。

在静电拾取转移技术的过程中,抓取 micro-LED 的力与输入电压有关。为了防止 micro-LED 破裂,必须精确设计介质层的参数。另外,台面结构的厚度较薄,这就需要一个相对平坦的 micro-LED 衬底用于大面积转移。

11.4　电磁拾取转移技术

电磁拾取转移技术是另外一种有效的方法,能够从过渡衬底上拾取micro-LED 并将其转移打印到接收衬底,它是通过可编程电磁模块的电磁力来实现的。台湾工研院(ITRI)给出了电磁拾取转移技术的过程示意图[42],如图 11.10 所示。

在图 11.10 中,通过激光剥离工艺将 micro-LED 阵列从原始衬底临时转移到过渡衬底上,并通过化学机械抛光(chemical-mechanical polishing, CMP)、等离子刻蚀等工艺来减薄半导体层。在半导体层的表面制备牺牲层,该层是由有机材料、有机聚合物、电介质或氧化物组成的。为了保证后续的电磁拾取转移过程,在牺牲层上制备厚度为 1 μm 的磁性层,并使其位于每对电极的上方。磁性层的材料选自镍、镍铁合金或其他合适的铁磁性金属。此外,当通过光刻和干法蚀刻工艺将键合层、半导体层和牺牲层图案化时,可以形成多个分开的 micro-LED。接着,用预定厚度的支撑材料填充 micro-LED 之间的间隙,支撑材料的厚度应小于 micro-LED 的厚度。随后,去除键合层以实现 micro-LED 与过渡衬底的分离。

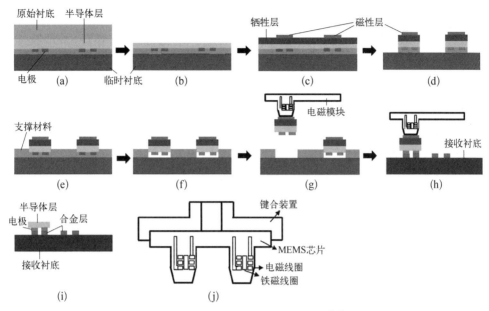

图 11.10　电磁拾取转移技术示意图[42]

　　(a) 在原始衬底上沉积半导体层及电极,并通过键合层将所制备的半导体层及电极与临时衬底键合;(b) 通过 LLO 工艺从半导体层中移除原始衬底;(c) 在过渡衬底上制备磁性层和牺牲层;(d) 干法蚀刻半导体层和牺牲层;(e) 在 micro-LED 之间的间隙中填充支撑材料;(f) 去除键合层,将 micro-LED 与过渡衬底分离;(g) 利用可编程电磁模块通过磁力来拾取 micro-LED;(h) 利用可编程电磁模块通过加热将 micro-LED 转印到接收衬底上;(i) 移除可编程电磁模块,并将 micro-LED 留在接收衬底上;(j) 可编程电磁模块的示意图

　　然后,由可编程电磁模块产生磁力以吸引相应的磁性层。当电磁力大于 micro-LED 的重量与连接器件和支撑层的力之和时, micro-LED 才能被拾取。随后,将拾取的 micro-LED 放置在接收衬底上,并进行加热,以确保 micro-LED 能够通过合金层成功键合到接收衬底上。最终,可编程电磁模块与 micro-LED 分离,且 micro-LED 被键合到接收衬底上。

　　然而,对于电磁拾取转移技术,磁性材料的均匀性会影响电磁吸附的准确性和一致性。此外,可编程电磁模块的设计也较为复杂。

11.5　流体转移技术

　　一般来说,转移打印技术的成本很高。为了解决这一问题,提出了流体转移技术以实现全彩色 micro-LED 显示。在这一节中,我们将主要介绍流体自组装技术和流体分散转移技术。

11.5.1 流体自组装技术

本文介绍的流体自组装技术是由 eLux 公司提出的,该技术是通过在圆盘状 micro-LED 上施加局部力,将 micro-LED 捕获在孔中,然后与驱动电路连接而成[43-44]。

首先,如图 11.11 所示,在流体自组装之前,孔底的两个电极表面都覆盖了焊料,然后将衬底和 micro-LED 浸入流体悬浮液中,此后,将 micro-LED 的电极与孔底的焊料进行键合。Micro-LED 上的柱子有助于对准和调整器件的朝向。在流体自组装过程中,柱体受到扰动,产生不对称牵引力,导致 micro-LED 的移动。阻力导致负净力矩,迫使 micro-LED 的电极侧向下,将 micro-LED 保持在孔中间。如果 micro-LED 朝向不对,液体流动使 micro-LED 在孔中倒置,牵引力在固定旋转点周围产生正力矩,从而使 micro-LED 翻转到正确的方向。朝向不对的 micro-LED 可能会被迫出孔,并被下一个孔捕获[44]。因此,该方式有利于提高捕获效率。液体可用作助熔剂,其材料可以是气体或液体,如酒精、多元醇、酮、卤代烃或水。由刷子、旋转柱、加压流体和机械振动等组成的辅助系统促进了流体悬浮液的流动,进而导致 micro-LED 移动并被捕获。圆柱形电刷具有旋转轴,其长度大于或等于衬

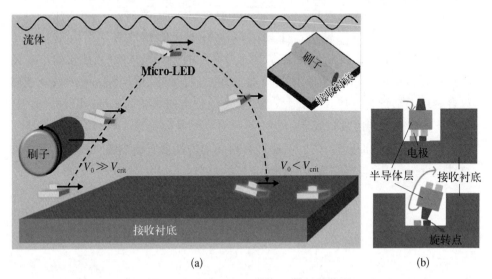

图 11.11　流体自组装技术示意图[45]

（a）接收衬底使用流体自组装技术捕获 micro-LED 示意图,插图为带有旋转轴的圆柱形刷子;（b）micro-LED 的横截面图,其中柱子掉落在接收衬底。上图:孔内朝向正确的 micro-LED 示意图;中图:孔内倒置的 micro-LED 示意图

底的宽度。圆柱形刷子的外径为 50 mm,由刷毛组成,刷毛的中心距为 6 mm,与牙刷相似。刷毛簇是由直径为 75 μm 的尼龙或聚丙烯刷毛以螺旋状或者双螺旋状排列而成的。这些材料对 micro-LED 无害,与 micro-LED 和流体有着良好的相互作用,能够促进流体的组装。

流体自组装技术的具体原理如下:悬浮液以一定速度沿衬底的长边流动。辅助电刷沿相同方向平移,而且电刷也可以旋转以在流动速度中产生一个局部扰动。电刷可以重复地向同一方向或相反方向平移 micro-LED,而局部扰动可以大于或小于流动速度。以这种方式,电刷迫使 micro-LED 在衬底表面移动一段距离,然后沉降在该表面。在沉降后,micro-LED 将自组装在孔中。Micro-LED 能否被捕获在很大程度上取决于捕获速度。如图 11.11(a)所示,V_0 代表单个 micro-LED 的速度,V_{crit} 代表捕获速度或者临界速度。如果 V_0 高于 V_{crit},micro-LED 将摆脱孔的捕获;反之,micro-LED 的移动速度很慢会被孔捕获。

这里,我们主要描述 micro-LED 被孔捕获的情况,作用在 micro-LED 上的力可以建模为水平平移速度和电刷旋转速度的函数。如图 11.11(a)所示,可以得到 micro-LED 的运动轨迹,类似于抛物线。随着电刷的平移和旋转,电刷周围的流体很可能会产生湍流,因此,在这个区域聚集了许多 micro-LED。首先,这些 micro-LED 会被动地向上移动,并在湍流作用下高速离开衬底表面。接下来,电刷继续移动,驱动这些 micro-LED 开始向前散射到衬底表面,然后流经流体经过振荡、减速,最后以低于 V_{crit} 的速度下沉到表面或孔中。通过来回移动电刷,以确保尽可能多的 micro-LED 能被捕获到孔中,而多余的未被捕获的 micro-LED 则通过固定旋转方向的平移电刷来清除。

一旦捕获过程完成,集成器件将在足够高的温度下经历退火过程,以熔化包裹在 micro-LED 电极上的焊料连接孔底部的电极实现电学连接。此外,通过选择金属焊料的熔点和流体悬浮液的沸点,可以通过吹扫和蒸发的方式来去除悬浮液。

11.5.2　流体分散技术

流体分散转移技术类似于流体自组装技术,不同之处在于,micro-LED 通过控制器或者外部磁场引起的外力与接收衬底对齐,该方法是由錼创公司提出的,具体流程如图 11.12 所示。

首先,通过合金层(共晶点从 140℃到 300℃)将 micro-LED 连接到临时衬底上,再通过衬底移除工艺从临时衬底移除半导体层。接下来,如图 11.12(a)所示,

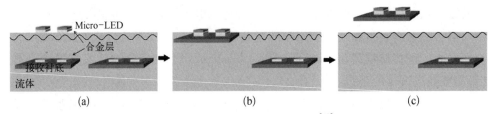

图 11.12　流体分散技术示意图[47]

（a）将 micro-LED 和接收衬底放在液体中；（b）将合金层与接收衬底对准；（c）将接收衬底与 micro-LED 一起从流体中取出并相互键合

在接收衬底上制备合金层，并将其浸入液体中。其中，合金层具有预定尺寸的间距，液体可以是极性溶剂、非极性溶剂或磁性流体[46]。Micro-LED 由于密度较低而漂浮在液体上，并呈现二维分布。然后，采用辅助系统动态调整流速、流体流动方向和一个方向的间距，以确保这些 micro-LED 有一个预先确定的间距。流体的沸点应低于 140℃，这是为了防止热量过高损坏合金层。此外，流体的黏度应适中。一方面，流体不能有效地驱动低黏度的 micro-LED。另一方面，如果流体黏度太高，在随后的过程中很难去除黏附在 micro-LED 表面的液体残留物。如果液体是磁性液体，则需要外部磁场来控制 micro-LED 之间的间距。下一步是将这些 micro-LED 逐一对准并放置在接收衬底的合金层上，如图 11.12（b）所示。然后，将接收衬底和 micro-LED 从流体中取出，并将集成器件加热到合金层的共晶点以上，以便将 micro-LED 与接收衬底结合，如图 11.12（c）所示，也可以通过加热去除 micro-LED 上的液体残留物[47]。

然而，流体转移技术的难点在于流体的选择与修复技术，而且只有在液体蒸发至干燥后才能进行封装。

11.6　小结

目前，巨量转移技术面临着巨大的挑战。通过巨量转移技术来实现全彩色 micro-LED 显示的主要障碍在于高成本，如转移成本和维护成本过高。随着显示器件尺寸的增加，集成来自不同外延片的 RGB micro-LED 的成本也变得非常昂贵。众所周知，生产效率和良率是工艺技术的重要指标。但在实施过程中存在许多技术难点，影响了转移的良率、拾取、放置的速率和精度。一般来说，如果转移良率小于 99.999 9%，这就使得修复技术显得尤为必要。越来越多的企业不仅是要提高产量,同时希望能够降低生产成本。例如,錼创公司和 Glo 公司的 UPH 可达到 4 000 万, 精度在 1~1.5 μm,已经将转移良率从 99.9% 提高到 99.999%。

　　综上所述,巨量转移技术已成功地应用于全彩色 micro-LED 显示。全彩色 micro-LED 显示必然会走向商业化,而转移技术的关键是如何将其投入到高产率 的批量生产中。正如前面所述,不同的转移技术适合不同的需求,例如,静电拾取 和电磁拾取传输技术可以实现 micro-LED 的精确选取。而通过低成本的流体自组 装技术来选取 micro-LED 是较为困难的。在上述转移印刷技术中,最常用的方法 是 PDMS 印章拾取与放置转移技术和激光选择性释放转移技术。除了流体分散技 术外,錼创公司还利用激光选择性释放转移技术来实现全彩色 micro-LED 显示。 特别是,目前使用最广泛的平面 PDMS 印章转移技术的专利主要归 X-celeprint 公 司所有,但目前许多公司都在使用该技术,这可能会引起侵权问题。随着巨量转移 技术的进一步发展,可以推测巨量转移技术在未来的显示时代有着广阔的发展 前景。

参考文献

[1] Zhou X, Tian P, Sher W, et al. Growth, transfer printing and colour conversion techniques towards full-colour micro-LED display[J]. Progress in Quantum Electronics, 2020, 71: 100263.

[2] Corbett B, Loi R, Zhou W, et al. Transfer print techniques for heterogeneous integration of photonic components[J]. Progress in Quantum Electronics, 2017, 52: 1-17.

[3] Zhuang Z, Guo X, Liu B, et al. High color rendering index hybrid III-nitride/nanocrystals white light-emitting diodes[J]. Advanced Functional Materials, 2016, 26: 36-43.

[4] Kim T I, Jung Y H, Song J, et al. High-efficiency, microscale GaN light-emitting diodes and their thermal properties on unusual substrates[J]. Small, 2012, 8: 1643-1649.

[5] Meitl M A, Zhu Z T, Kumar V, et al. Transfer printing by kinetic control of adhesion to an elastomeric stamp[J]. Nature Materials, 2006, 5: 33-38.

[6] Feng X, Meitl M A, Bowen A M, et al. Competing fracture in kinetically controlled transfer printing[J]. Langmuir, 2007, 23: 12555-12560.

[7] Huang Y Y, Zhou W, Hsia K J, et al. Stamp collapse in soft lithography[J]. Langmuir, 2005, 21: 8058-8068.

[8] Zhou W, Huang Y, Menard E, et al. Mechanism for stamp collapse in soft lithography[J]. Applied Physics Letters, 2005, 87: 251925.

[9] Hsia K J, Huang Y, Menard E, et al. Collapse of stamps for soft lithography due to interfacial adhesion[J]. Applied Physics Letters, 2005, 86: 550.

[10] Carlson A, Bowen A M, Huang Y, et al. Transfer printing techniques for materials assembly and

micro/nanodevice fabrication[J]. Advanced Materials, 2012, 24: 5284 - 5318.

[11] Tsai K H, Kim K S. Stick-slip in the thin film peel test — I. the 90° peel test[J]. International Journal of Solids and Structures, 1993, 30: 1789 - 1806.

[12] Kim K S, Kim J. Elasto-plastic analysis of the peel test for thin film adhesion[J]. Journal of Engineering Materials and Technology, 1988, 110: 266 - 273.

[13] Shull K R, Ahn D, Chen W L, et al. Axisymmetric adhesion tests of soft materials [J]. Macromolecular Chemistry and Physics, 1998, 199: 489 - 511.

[14] Trindade A. Transfer printing of nitride based light emitting diodes [D]. University of Strathclyde, 2015.

[15] Ko H C, Stoykovich M P, Song J, et al. A hemispherical electronic eye camera based on compressible silicon optoelectronics[J]. Nature, 2008, 454: 748 - 753.

[16] Trindade A J, Guilhabert B, Xie E, et al. Heterogeneous integration of gallium nitride light-emitting diodes on diamond and silica by transfer printing[J]. Optics Express, 2015, 23: 9329 - 9338.

[17] Bohandy J, Kim B F, Adrian F J. Metal deposition from a supported metal film using an excimer laser[J]. Journal of Applied Physics, 1986, 60: 1538 - 1539.

[18] Holmes A S, Saidam S M. Sacrificial layer process with laser-driven release for batch assembly operations[J]. Journal of Microelectromechanical Systems, 1998, 7: 416 - 422.

[19] Wartena R, Curtright A E, Arnold C B, et al. Li-ion microbatteries generated by a laser direct-write method[J]. Journal of Power Sources, 2004, 126: 193 - 202.

[20] Saeidpourazar R, Sangid M D, Rogers J A, et al. A prototype printer for laser driven micro-transfer printing[J]. Journal of Manufacturing Processes, 2012, 14: 416 - 424.

[21] Okada Y, Tokumaru Y. Precise determination of lattice parameter and thermal expansion coefficient of silicon between 300 and 1500 K [J]. Journal of Applied Physics, 1984, 56: 314 - 320.

[22] Stoney G G. The tension of metallic films deposited by electrolysis[J]. Proceedings of the Royal Society of London, 1909, 82: 172 - 175.

[23] Freund L B, Suresh S. Thin film materials: stress, defect formation and surface evolution[M]. Cambridge University Press, 2004.

[24] Bae S, Kim H, Lee Y, et al. Roll-to-roll production of 30-inch graphene films for transparent electrodes[J]. Nature Nanotechnology, 2010, 5: 574 - 578.

[25] Lee M H, Lim N, Ruebusch D J, et al. Roll-to-roll anodization and etching of aluminum foils for high-throughput surface nanotexturing[J]. Nano Letters, 2011, 11: 3425 - 3430.

[26] Tavares L, Kjelstrup H J, Rubahn H G, et al. Efficient roll-on transfer technique for well-aligned organic nanofibers[J]. Small, 2011, 7: 2460 - 2463.

[27] Yang Y, Hwang Y, Cho H A, et al. Arrays of silicon micro/nanostructures formed in suspended configurations for deterministic assembly using flat and roller-type stamps[J]. Small, 2011, 7: 484 - 491.

[28] Park S C, Biswas S, Fang J, et al. Millimeter thin and rubber-like solid-state lighting modules

fabricated using roll-to-roll fluidic self-assembly and lamination[J]. Advanced Materials, 2015, 27: 3661 - 3668.

[29] Choi M, Jang B, Lee W, et al. Stretchable active matrix inorganic light-emitting diode display enabled by overlay-aligned roll-transfer printing[J]. Advanced Functional Materials, 2017, 27: 160600.

[30] Voncken M M A J, Schermer J J, Bauhuis G J, et al. Multiple release layer study of the intrinsic lateral etch rate of the epitaxial lift-off process[J]. Applied Physics A, 2004, 79: 1801 -1807.

[31] Lee J, Wu J, Shi M, et al. Stretchable GaAs photovoltaics with designs that enable high areal coverage[J]. Advanced Materials, 2011, 23: 986 - 991.

[32] Marinov V, Swenson O, Miller R, et al. Laser-enabled advanced packaging of ultrathin bare dice in flexible substrates[J]. IEEE Transactions on Components, Packaging and Manufacturing Technology, 2012, 2: 569 - 577.

[33] Miller R, Marinov V, Swenson O, et al. Noncontact selective laser-assisted placement of thinned semiconductor dice[J]. IEEE Transactions on Components, Packaging and Manufacturing Technology, 2012, 2: 971 - 978.

[34] Tomoda K. Method of transferring a device and method of manufacturing a display apparatus[P]. U.S. Patent 12/647826. 2010 - 7 - 29.

[35] Bibl A, Higginson J A, Law H S, et al. Method of transferring a micro device[P]. U.S. Patent 8333860. 2012 - 12 - 18.

[36] Bibl A, Higginson J A, Law H S, et al. Micro device transfer head heater assembly and method of transferring a micro device[P]. U.S. Patent 8349116. 2013 - 1 - 8.

[37] Bibl A, Golda D. Micro pick up array with compliant contact[P]. U.S. Patent 9136161. 2015 - 9 - 15.

[38] Hu H H, Bibl A. Stabilization structure including sacrificial release layer and staging cavity[P]. U.S. Patent 9166114. 2015 - 10 - 20.

[39] Sakariya K V, Bibl A, Hu H H. Active matrix display panel with ground tie lines[P]. U.S. Patent 9559142. 2017 - 1 - 31.

[40] Bibl A, Golda D. Compliant micro device transfer head with integrated electrode leads[P]. U.S. Patent 8791530. 2014 - 7 - 29.

[41] Golda D, Higginson J A, Bibl A, et al. Micro pick up array mount with integrated displacement sensor[P]. U.S. Patent 9095980. 2015 - 8 - 4.

[42] Chen L Y, Lee H W. Method for transferring semiconductor structure[P]. U.S. Patent 9722134. 2017 - 8 - 1.

[43] Jacobs H O. Method of self-assembly on a surface[P]. U.S. Patent 7774929. 2010 - 8 - 17.

[44] Jacobsen J J, Gengel G W, Craig G S W. Methods for fabricating a multiple modular assembly [P]. U.S. Patent 6316278. 2001 - 11 - 13.

[45] Schuele P J, Sasaki K, Ulmer K, et al. Display with surface mount emissive elements[P]. U.S. Patent 9825202. 2017 - 11 - 21.

[46] Daniel J J, Nelson G V. Solid state light sheet and encapsulated bare die semiconductor circuits with electrical insulator[P]. U.S. Patent 7952107. 2011 - 5 - 31.

[47] Kim S, Saeedi E, Amirparviz B. Self-assembly of elements using microfluidic traps[P]. U.S. Patent 7874474. 2011 - 1 - 25.

第 *12* 章

全彩色 micro-LED 显示
技术——颜色转换

　　除了材料生长、巨量转移技术外,颜色转换技术也是实现 micro-LED 全彩显示的有效方法[1-2]。对于颜色转换技术来说,一般仅需要制备单色光的 micro-LED,然后对其进行颜色转换即可。通常情况下,红光和绿光分别是由蓝光/紫外光 micro-LED 激发红光/绿光量子点或荧光粉而获得的[3]。颜色转换技术最初是由 Dawson 课题组提出的,他们使用蓝光 micro-LED 来激发荧光粉材料进行颜色转换,从而实现了全彩色显示。需要注意的是,相较于蓝光 micro-LED 而言,紫外光 micro-LED 波长更短,更适合用于激发颜色转换材料。而当使用蓝光 micro-LED 来激发颜色转换材料时,由于红光和绿光的响应时间明显慢于蓝光,这样就会导致不同发光颜色像素的响应不一致。此外,蓝光的激发效率较低,而且激发不同颜色光的强度不同,会导致颜色分布的不均匀[4]。

　　与转移打印技术相比,颜色转换技术可以实现 micro-LED 全彩显示的一致性,并能够均匀老化。特别是,颜色转换技术最大的优势在于省去了基于 AlGaInP 的红光 micro-LED 的制备过程[5]。众所周知,AlGaInP 具有较高的表面复合速度、价格昂贵、易碎,并且与 GaN 工艺不兼容,这些问题严重影响了器件的制备并降低了红光 micro-LED 的外量子效率。此外,相比较于红光和蓝光 micro-LED,绿光 micro-LED 的外量子效率较低,因此也被称为"Green Gap"。因此,很多研究者致力于使用颜色转换技术来实现全彩色 micro-LED 显示。而且在蓝光/紫外光 micro-LED 的激发下,红光 micro-LED 的效率也会得到提升。

　　对于 LED 照明而言,荧光粉是使用最广泛的材料,它具有量子产率高、热稳定性和化学稳定好等优点。目前,几种可用于颜色转换的商用荧光粉材料主要有氮化物、硅酸盐以及氟硅酸钾等[6]。但是由于荧光粉材料颗粒尺寸较大[7]而且亮度均匀性与尺寸大小密切相关[3],因此,将荧光粉材料涂覆到 micro-LED 表面后,就会不可避免地引起颜色转换效率较低的问题[8],这些特点限制了其在 micro-LED 中的应用。虽然这个问题可以通过减小荧光粉颗粒的尺寸来解决,但它可能会引起量子效率的下降[9]。相较而言,具有量子限制效应的量子点材料具有发射光谱窄、吸收范围大以及荧光强度高[10]等优点,多项研究也已经验证了量子点材料应用于 micro-LED 显示领域的可行性[11]。

在过去的几十年中,已经提出了多种方法来实现 micro-LED 的全彩显示,如涂覆技术、打印技术、紫外自对准固化技术和液体毛细管力集成技术等。本章将着重讨论用来实现 micro-LED 的全彩显示的几种方法。

12.1 打印技术

对于打印技术,最初是通过使用喷墨打印技术将颜色转换材料与 micro-LED 相结合,进而实现 micro-LED 的全彩显示。后来,基于这种技术又发展出了气溶胶喷射打印技术,该技术能够实现较高分辨率的显示[12]。打印技术主要是利用超声波/气动来雾化 QDs 油墨,并通过喷雾器和气流控制装置来喷射均匀且尺寸受控的 QDs 材料。由于 QDs 油墨不直接接触喷嘴壁,因此该技术能够使 QDs 油墨具有较长的喷射距离,而且对油墨黏度的要求较低[13]。

2015 年,Kuo 课题组将气溶胶喷射技术与 QDs 油墨结合,实现了 micro-LED 的全彩色显示[4]。他们利用紫外光 micro-LED 来激发红绿蓝(RGB)三色量子点从而实现了红绿蓝三色的转换。

气溶胶喷射打印的过程如图 12.1 所示。首先,在峰值波长为 395 nm 的紫外外延片上制备了 UV micro-LED 阵列。然后,通过调节鞘气流速和载气流速,将 RGB QDs 喷雾打印在 micro-LED 阵列上。同时为了提高 UV 光子的利用率,减少泄露的 UV 光子,在器件顶部沉积了由 HfO$_2$/SiO$_2$ 构成的分布式布拉格反射镜,以将泄漏的 UV 光子反射到量子点层。最后,将 RGB QDs 与 128×128 个 35 μm×35 μm 的 UV micro-LED 阵列结合,保持各子像素之间的间距为 40 μm,进而实现了 micro-LED 的全彩色显示。同时,反射光谱表明,DBR 层在 395 nm 波长处的反射率为 90%,而在 RGB 波长处的反射率较低。图 12.2(a)为由 RGB QDs 喷涂的 micro-LED 的发光图像,图 12.2(b)为具有和不具有 DBR 层的 micro-LED 的电致发光(EL)光谱。

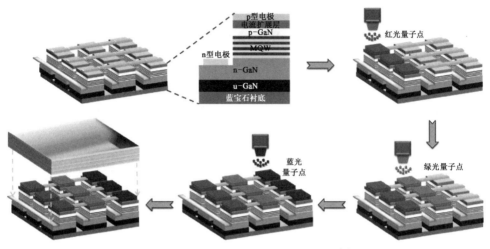

图 12.1　气溶胶喷射打印技术的示意图[4]

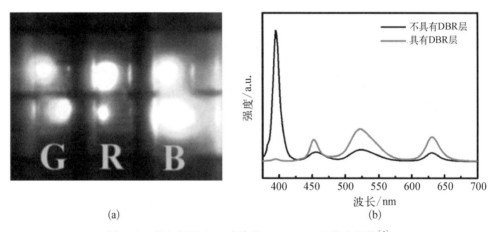

(a) (b)

图 12.2　用红绿蓝 QDs 喷涂的 micro-LED 的发光图像[4]

(a) RGB 子像素发光图;(b) 具有和不具有 DBR 层的micro-LED 的电致发光(EL)光谱

正如 EL 光谱所示,在没有 DBR 层的情况下,micro-LED 的 EL 光谱在 395 nm 处有一个明显的峰,在 RGB 波长处都存在一个较弱的峰。而在具有 DBR 结构的情况下,如 EL 光谱中的灰线所示,micro-LED 的紫外波段几乎没有发射峰,在 RGB 波长的发射强度分别提高了 183%、173% 和 194%。

Micro-LED 的对比度和颜色纯度是全彩色显示的重要参数,对于实现更逼真的视觉效果具有重要意义。然而,上述技术可能会产生颜色串扰的问题,这会大大影响颜色的纯度。为了减少颜色串扰的影响,Kuo 课题组在 2017 年将气溶胶喷射技术和图案化光刻胶模具相结合[14],通过光刻制作的模具来限制量子点发光的面积。如图 12.3 所示,模具窗口的尺寸与 micro-LED 的尺寸相同,间隔的宽度与 micro-LED 之间的间隔相同。在各 RGB 子像素中间间隔处形成了一个屏障墙,并在屏障墙的侧壁镀上 Ag,旨在反射泄漏的光并消除新的串扰。通过将模具窗口与 micro-LED 台面对齐并优化打印参数,可以有效地将 RGB QDs 喷覆到 micro-LED 的表面,该方法大大减少了量子点发光在沟槽区域的重叠。

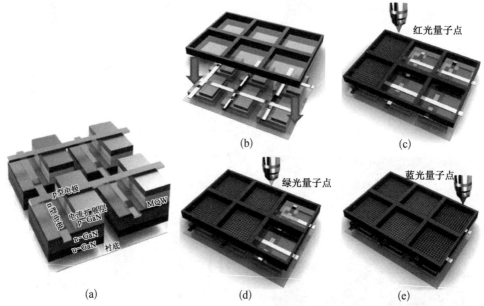

图 12.3 基于光刻模具和气溶胶喷射打印技术的 micro-LED 全彩显示器件的工艺流程[14]

如图 12.4(a) 所示为预先设定的 QDs 沉积区,模具间距为 40.2 μm,图 12.4(b) 是采用气溶胶喷射技术对 QDs 进行颜色转换后的 micro-LED 的荧光显微镜图像,图 12.4(c) 是将光刻模具与气溶胶喷射打印技术相结合,对 QDs 进行颜色转换后的 micro-LED 的荧光显微镜图像。结果表明,在没有光刻模具的情况下,QDs 区域的边界是模糊的,并且红色 QDs 区域的宽度约为 53.4 μm,串扰值约为 32.8%。相比之下,在添加了光刻胶模后,可以得到清晰的 QDs 边界,并且串扰值几乎为零。由于光刻模具限制了 QDs 发光的面积,并且在侧壁涂覆了具有反射作用的银,成功消除了光串扰问题。

在过去的几年里,研究者们提出了很多办法来提高 micro-LED 的对比度和颜色纯度,如改变转换材料的几何结构。如图 12.5 所示,在 micro-LED 上旋涂图案化的黑色光刻胶层,该光刻胶层在 400~700 nm 波长范围内的透光率较低。然后将

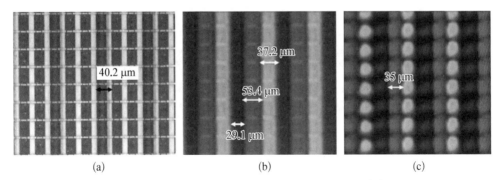

图 12.4　使用光刻胶模具前后的颜色转换显示图[14]

（a）预先设定的 QDs 沉积区的模具图；（b）采用 AJ 技术在没有光刻模具的情况下，对 QDs 进行颜色转换后的 micro-LED 的荧光显微镜图；（c）结合光刻模具和 AJ 打印技术，对 QDs 进行颜色转换后的 micro-LED 的荧光显微镜图

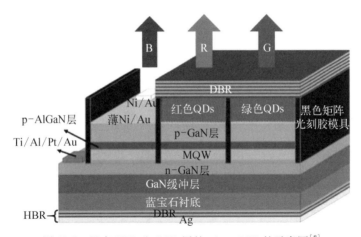

图 12.5　具有 HBR 和 DBR 层的 micro-LED 的示意图[8]

micro-LED 分离成由黑色光刻胶包围的单元个体。随后，将红绿 QDs 涂覆到 micro-LED 上[8]。此外，在 QDs/micro-LED 的顶部和 micro-LED 的底部分别制备了在蓝光波段具有高反射率的 DBR 层和用于背反射的混合布拉格反射镜（hybrid Bragg reflector, HBR）层。结果，黑色光刻胶使 micro-LED 的对比度提高了一倍。而且由于添加了 DBR 和 HBR 层，micro-LED 进行颜色转换后的红、绿 CIE 色度坐标也更接近标准的红、绿区域。

除上述方法外，Gou 课题组在 2019 年设计了一种漏斗管式结构的颜色转换阵列[15]，如图 12.6 所示。将黄色荧光粉涂覆到 micro-LED 的表面，并在其上面形成一个彩色滤光片阵列。接下来，在 micro-LED 层上形成一个与每个子像素对齐的

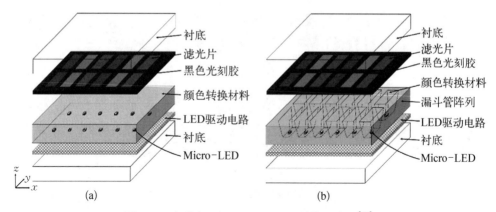

图 12.6   全彩色 micro-LED 显示的结构示意图[15]

（a）不具有漏斗管阵列的 micro-LED 示意图；（b）具有漏斗管阵列的 micro-LED 示意图

漏斗管阵列，以减少光学串扰。仿真结果表明，micro-LED 在加入漏斗管阵列后消除了光学串扰问题。而且，通过优化漏斗管的锥角可以更好地提高发光效率和环境对比度。

研究人员正在不断地研究优化上述打印技术。然而，量子点的稳定性是影响 micro-LED 全彩显示使用寿命和可靠性的关键因素。此外，MQWs 和 QDs 之间的空间分离也限制了颜色转换的效率，并且 QDs 中可能含有有害于人类健康的重金属。即使如此，打印技术在实现高 PPI 全彩显示方面仍具有很大的优势，能够满足未来高质量 micro-LED 全彩显示的需求。

12.2　紫外自对准固化技术

利用紫外自对准固化技术来实现 micro-LED 全彩显示是由 Dawson 课题组于 2008 年首次提出的[16]。该方法是将 UV micro-LED 与胶体 CdSe/ZnS 纳米晶（nanocrystals，NCs）色转换材料相结合。由于树脂对紫外波长的光敏感性，因此可采用自对准固化，将颜色转换材料限制在指定的 UV micro-LED 的顶部[17]。通过这种方法，可以快速实现 micro-LED 的颜色转换，而且工艺简单、成本低。

在实验中，将不同颜色的 NCs/乙烯基溶液与对紫外线敏感但对温度不敏感的环氧预聚物混合以制备纳米复合材料。接下来，将纳米复合材料与 UV micro-LED 对准，然后旋涂到 micro-LED 表面以制备聚合物薄膜。之后，再通过适当的曝光使膜固化并最终由 micro-LED 激发发光。

　　图 12.7(a)是该方法的流程图,显示了 micro-LED 与纳米复合材料集成后的显微镜图像、纳米复合材料与 micro-LED 集成的示意图以及裸露的 UV micro-LED 的显微镜图像。根据图 12.7(b)纳米复合材料的吸收光谱,在相同浓度下,由不同类型 NCs 制备而成的纳米复合材料的吸收波长也是不同的。发射光谱表明,纳米复合材料在 604 nm、555 nm、518 nm 和 477 nm 波长处的发射峰的半峰宽分别是30.5 nm、30.5 nm、32.5 nm 和 35.5 nm。图 12.7(c)显示了在相同驱动电流下像素的发射光谱,应该注意的是,为了清楚起见,图中仅绘制了在紫外光波段的红色发光纳米复合材料的发射光谱。如图 12.7(d) 所示,用紫外增强的 Si 光电探测器测量了裸露的 UV micro-LED 的光输出功率,约为 34 μW。通过滤光片去除未转化的紫外光后,激发 RYGB 四种颜色纳米复合材料的输出光功率分别是 6 μW、3 μW、

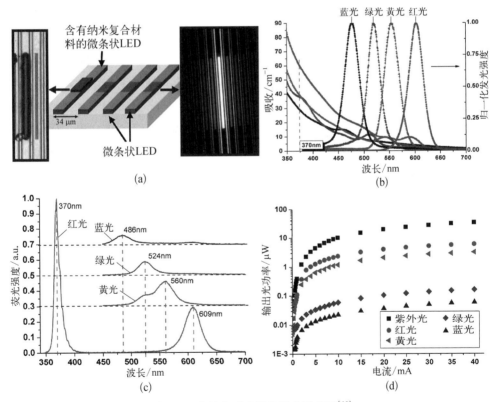

图 12.7　紫外自对准固化技术示意图[16]

　　(a) 左图为 micro-LED 与纳米复合材料集成后的显微镜图,中间图是纳米复合材料与 micro-LED 集成的示意图,右图是典型的裸露的 UV micro-LED 的显微镜图;(b) 由不同类型 NCs 制备而成的纳米复合材料的吸收和发射光谱;(c) 在相同驱动电流下 RYGB 像素的发射光谱;(d) 纯 UV micro-LED 和发射 RYGB 的纳米复合材料的输出光功率与电流的关系图

0.15 μW 和 0.05 μW。在 40 mA 的驱动电流下,RYGB 纳米复合材料相应的颜色转换效率分别是 17.7%、9%、0.5% 和 0.2%。

通过紫外自对准固化技术可以快速实现颜色转换,但是 NCs 的稳定性和颜色转换效率仍需要进一步提升。除此以外,要严格控制曝光时间和曝光剂量,以防由过曝光引起的 NCs 固化转移面积的扩大。

12.3 液体毛细管力集成技术

除了上述的紫外自对准固化技术外,Dawson 课题组还提出一种能够与转移打印技术兼容的平面量子阱无机半导体薄膜色转换技术。与有机半导体和量子点不同的是,无机半导体薄膜是稳定的,几乎不会受到封装的影响[18]。

在 2015 年,他们使用 450 nm 的 micro-LED 来激发 ZnCdSe/ZnCdMgSe 多量子阱薄膜,成功制备了发光峰值波长为 540 nm 的集成 micro-LED 器件[19]。该技术的关键步骤是如何将无机颜色转换薄膜转移到 micro-LED 上。首先,通过MBE 在 InGaAs/InP 上生长多量子阱薄膜,量子阱是由 ZnCdMgSe 势垒和 ZnCdSe量子阱组成的,其结构如图 12.8(a)所示。然后,通过机械抛光和湿法刻蚀去除衬底,通过湿法刻蚀去除缓冲层,之后,用石蜡将多量子阱薄膜固定到玻璃上,再用去离子水将其转移到 micro-LED 上。最终,多量子阱薄膜和 micro-LED 通过毛细管力直接结合,从而完成了集成 micro-LED 器件的制备。实验结果如图 12.8(b)所示,其中,“裸露的 micro-LED”是指没有多量子阱薄膜的 micro-LED,

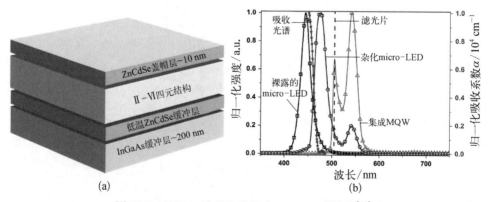

图 12.8 540 nm 波长光的集成 micro-LED 器件[19]

(a)多量子阱薄膜的结构示意图;(b)多量子阱薄膜的吸收光谱和三种模式下的发射光谱

"杂化 micro-LED"是指集成多量子阱薄膜的 micro-LED,"集成 MQW"是指带有多量子阱薄膜和用滤波片进行测试的 micro-LED。裸露的 micro-LED 的发射峰位于 450 nm 波长处。多量子阱薄膜在 450 nm 波长处能够吸收 97%~98% 的光,发射峰主要位于 540 nm 波长处,带边吸收波长约为 460 nm。正如我们所见,杂化 micro-LED 的发射峰在 475 nm 和 540 nm 处。同时,实验结果也表明,多量子阱薄膜的固有带宽和杂化 micro-LED 的调制带宽分别是 145 MHz 和 51 MHz,远高于普通荧光粉。

该方法也可以应用于 AlGaInP 或 InGaN 材料体系的多量子阱结构,以实现其他波长的颜色转换,这样便可以实现 micro-LED 的全彩色显示。

12.4　小结

尽管颜色转换技术是实现单片 micro-LED 全彩色显示的重要方法,但仍然面临一些困难。最重要的问题之一是量子点的稳定性,具体表现在以下几个方面:量子点的退化可能会降低 micro-LED 显示器件的可靠性和使用寿命;量子效率低(30%),会降低显示器件的效率;量子点必须经过光刻或者喷墨印刷的沉积和图案化过程;来自蓝光/紫外光 micro-LED 的高通量光子可能会破坏量子点的性能。除此以外,量子阱和量子点之间的空间分隔会限制颜色转换效率,并且颜色转换材料中包含有对人体健康有害的镉元素。

但是,由于具有成本低、分辨率高、驱动器集成简单等突出特点,现已经发展出很多可行的量子点颜色转换技术,包括光刻、打印、转移打印等技术。而且可以在单片衬底上制备蓝光 micro-LED 和绿光 micro-LED,然后使用蓝光 micro-LED 激发红色量子点来实现全彩色显示。通常而言,像素密度是色转换技术的重要特性,与转移打印技术相比,颜色转换技术可以实现更高的像素密度。当前,颜色转换技术面临着巨大挑战,需要进一步发展。例如,在颜色转换过程中,可以通过增加彩色滤光片来提高 micro-LED 的对比度和色纯度;也可以添加四分之一波片,以防止环境光激发 QDs;还可以重新吸收向后发射的光子,以减少效率的损失。另外,颜色转换技术影响发光角度,这对 AR 应用是一个很大的挑战。

近年来,越来越多的基于颜色转换的全彩 micro-LED 显示器已被报道。例如,eLux 公司在 2019 年使用 40 μm 的 micro-LED 实现了 42 PPI 和 1 000 nits 的性能,相当于 110 英寸面板上的 4 K 显示屏。

参考文献

[1] Zhou X, Tian P, Sher W, et al. Growth, transfer printing and colour conversion techniques towards full-colour micro-LED display[J]. Progress in Quantum Electronics, 2020, 71: 100263.

[2] Mei S, Liu X, Zhang W, et al. High-bandwidth white-light system combining a micro-LED with perovskite quantum dots for visible light communication[J]. ACS Applied Materials & Interfaces, 2018, 10: 5641 – 5648.

[3] Wu T, Sher C W, Lin Y, et al. Mini-LED and micro-LED : promising candidates for the next generation display technology[J]. Applied Sciences, 2018, 8: 1557.

[4] Han H V, Lin H Y, Lin C C, et al. Resonant-enhanced full-color emission of quantum-dot-based micro-LED display technology[J]. Optics Express, 2015, 23: 32504 – 32515.

[5] Han J K, Choi J I, Piquette A, et al. Phosphor development and integration for near-UV LED solid state lighting[J]. ECS Journal of Solid State Science and Technology, 2013, 2: R3138 – R3147.

[6] Jung T, Choi J H, Jang S H, et al. Review of micro-light-emitting-diode technology for micro-display applications[J]. SID Symposium Digest of Technical Papers, 2019, 50: 442 – 446.

[7] Chen D C, Liu Z G, Deng Z H, et al. Optimization of light efficacy and angular color uniformity by hybrid phosphor particle size for white light-emitting diode[J]. Rare Metals, 2014, 33: 348 – 352.

[8] Chen G S, Wei B Y, Lee C T, et al. Monolithic red/green/blue micro-LEDs with HBR and DBR structures[J]. IEEE Photonics Technology Letters, 2017, 30: 262 – 265.

[9] McKittrick J, Shea R L E. Down conversion materials for solid-state lighting[J]. Journal of the American Ceramic Society, 2014, 97: 1327 – 1352.

[10] Shirasaki Y, Supran G J, Bawendi M G, et al. Emergence of colloidal quantum-dot light-emitting technologies[J]. Nature Photonics, 2013, 7: 13 – 23.

[11] Guzelturk B, Kelestemur Y, Akgul M Z, et al. Ultralow threshold one-photon-and two-photon-pumped optical gain media of blue-emitting colloidal quantum dot films[J]. Journal of Physical Chemistry Letters, 2014, 5: 2214 – 2218.

[12] Chen P, Fu Y, Aminirad R, et al. Fully printed separated carbon nanotube thin film transistor circuits and its application in organic light emitting diode control[J]. Nano Letters, 2011, 11: 5301 – 5308.

[13] Seifert T, Sowade E, Roscher F, et al. Additive manufacturing technologies compared: morphology of deposits of silver ink using inkjet and aerosol jet printing [J]. Industrial & Engineering Chemistry Research, 2015, 54: 769 – 779.

[14] Lin H Y, Sher C W, Hsieh D H, et al. Optical cross-talk reduction in a quantum-dot-based full-color micro-light-emitting-diode display by a lithographic-fabricated photoresist mold [J]. Photonics Research, 2017, 5: 411 – 416.

［15］ Gou F, Hsiang E L, Tan G, et al. Tripling the optical efficiency of color-converted micro-LED displays with funnel-tube array［J］. Crystals, 2019, 9: 39.

［16］ Guilhabert B, Elfstrom D, Kuehne A J C, et al. Integration by self-aligned writing of nanocrystal/epoxy composites on InGaN micro-pixelated light-emitting diodes［J］. Optics Express, 2008, 16: 18933 - 18941.

［17］ Wang H, Lee K S, Ryu J H, et al. White light emitting diodes realized by using an active packaging method with CdSe/ZnS quantum dots dispersed in photosensitive epoxy resins［J］. Nanotechnology, 2008, 19: 145202.

［18］ Laurand N, Guilhabert B, Mckendry J, et al. Colloidal quantum dot nanocomposites for visible wavelength conversion of modulated optical signals［J］. Optical Materials Express, 2012, 2: 250 - 260.

［19］ Santos J M M, Jones B E, Schlosser P J, et al. Hybrid GaN LED with capillary-bonded II－VI MQW color-converting membrane for visible light communications［J］. Semiconductor Science and Technology, 2015, 30: 035012.

第 *13* 章

Micro-LED 可见光通信

本章首先介绍可见光通信(visible light communication，VLC)的基本原理和常见应用场景,然后描述 micro-LED 用于可见光通信的优势、特点和前沿进展。Micro-LED 显示与可见光通信集成融合可实现多功能系统,因此本章将重点论述 micro-LED 显示和可见光通信集成的智能 micro-LED 显示系统的特点,也将描述 micro-LED 显示阵列用于水下双工无线光通信和深紫外光通信的优势[1]。

13.1　可见光通信基本原理

目前,射频通信面临着频谱资源紧张的问题,限制了未来无线通信的发展。为了满足未来高速、低时延、低功耗等通信需求,人们开始寻找新的方向。可见光通信作为一种新型无线通信技术,无须占用现有频谱资源,并且可以实现高速通信,近年来受到工业界和学术界的极大重视,被认为是实现下一代 6 G 通信的关键技术之一。顾名思义,可见光通信是利用可见光作为载体的一项无线通信技术,与传统的射频通信不同,可见光通信技术利用光源作为信息输送的"基站",可以将照明和通信结合,实现资源的高效利用[2-3]。

可见光通信采用波长为 380~750 nm 的可见光进行通信,对应于 430~790 THz 的频谱。与射频通信相比,可见光通信技术的优点十分引人注目: ① 由于可见光频率高,带宽范围较广,极大拓宽了通信频谱,解决了射频通信中频谱资源紧张的问题。② 可见光无法穿透墙壁等不透明障碍物,因此室内可见光通信具有极强的保密性和安全性。③ 可见光通信技术可采用照明光源作为信息输送的"基站",可以将照明和通信两大领域结合,实现资源的有效利用,节省了射频通信所需的额外功率。综上所述,可见光通信具有高带宽、低功耗、高安全性等优点,因此具有极大的研究价值和应用前景。

可见光通信系统主要由三部分组成:发射器、信道和接收器。发射器分为信号编码调制模块和光发射模块,接收器分为光电探测器模块和解调解码模块。典型可见光通信系统的工作原理与射频通信相似,最大差别是可见光通信采用可见光作为信息传输的载体。首先原始数据信号经过编码调制和数模转换,产生的交流电信号与直流偏置结合驱动光源,光源发出的高速脉冲光经过信道传输,在接收端被光电探测器接收并转换为电信号,最后经过解调解码模块恢复出原始数据。若要获得高速数据传输速率,需要采用具有快速开关能力的光源,传统白炽灯和荧光灯无法满足要求,因此目前可见光通信系统中最常用的光源是发光二极管和激光二极管。近年来,micro-LED 由于具有高带宽、高电流密度等优势,也逐渐引起了科研人员的注意。

1. 光发射器

目前可见光通信系统光源主要为固态光源,固态光源产生照明白光有两种方式:① 将发射单色光的光源与互补的色转换材料组合在一起,色转换材料包括荧光粉和量子点等;② 通过组合三个或三个以上不同发射波长的光源混合生成白光。无论是 LED 还是 LD,峰值发射波长均取决于 pn 结的能带结构。目前商用白光 LED 主要有两种:最常用的一种是基于蓝光 LED 和黄色荧光粉组成的白光 LED,但受限于黄色荧光粉的低响应速率,调制带宽仅 5~20 MHz;另外一种是基于三基色红绿蓝(RGB)LED 芯片组合封装的白光 LED,其调制带宽较高,但是成本和调制复杂度较高。与 LED 相比,LD 具有更窄的发光光谱和更高的调制带宽,采用 RGB LDs 组合可以产生高质量照明白光。但是,LD 照明的安全性需要进一步完善。使用三个(RGB)或更多单色光源混合产生白光,并且可以使用波分复用技术来实现高速通信[4]。但是,多色设备的制造和维护成本较高,并且由于温度和老化效应的影响,保持白光所需的色彩平衡具有一定挑战性。近年来,由于 micro-LED 展现出的高饱和电流密度、高输出光功率密度和高调制带宽等特点,并且可以在小片衬底上大量集成,因此,基于 micro-LED 的可见光通信系统吸引了越来越多的关注[5-6]。

2. 可见光通信信道

自由空间可见光通信系统主要是点对点或点对面的通信链路。点对点视距(line of sight, LOS)链路中,窄波束发射器与视场角(field of view, FOV)很小的接收器之间进行直接通信。点对点链路由于几何损耗低，并且不同路径时延导致的符号间干扰（inter symbol interference，ISI），从而支持高速数据传输。但是，LOS 链路需要发射器和接收器之间精确的光路准直，移动通信能力有限，并且容易被阻挡，无法满足大范围的通信需求。点对面链路使用大发散角的发射器和大视场角的接收器，不需要严格的光路准直系统，并且支持移动通信，能够满足大范围的通信需求。然而，点对面链路面临高路径损耗和 ISI 的困扰，无法支持稳定的高速数据传输。

通常，安装在天花板上或作为台灯的照明装置被用作可见光通信发射器。因此，在发射器和接收器之间可以实现 LOS 通信，墙壁、天花板和地板等多个表面的光漫反射路径可以提高接收端的信号强度。由漫射路径接收到的光功率大小取决于诸多因素，如房间尺寸、灯发散角、光源的分布、接收器视场角以及墙体表面反射率等。由于漫反射信道的路径长度差异，接收信号存在时延，可能会导致 ISI。但是，对于室内可见光通信，漫反射路径的影响相对较小，LOS 路径占据主导地位。

3. 光接收器

光接收器是一种光电转换器，将接收到的光信号转换为电信号。要探测高频光信号，光接收器必须具有高带宽和高灵敏度。当前的可见光通信接收器主要是光电二极管和图像传感器，而在许多电子设备（智能手机、相机和笔记本电脑）中广泛应用的基于电荷耦合器件（charge-coupled device，CCD）或 CMOS 的图像传感器也可以用作可见光通信接收器。但是，图像传感器帧率（kHz）较小，仅能支持 kbps 范围内的低速数据传输。因此人们将目光转向高速光电探测器，主要是基于硅光电二极管的光电探测器，因为其在可见光范围内具有很高的外量子效率，而且价格便宜，适合批量生产。在诸多硅光电二极管家族中，PIN 光电二极管（无内部增益）和雪崩光电二极管（avalanche photodiode，APD）是在高速可见光通信系统中最常使用的光电探测器。与 PIN 光电二极管相比，由于具有内部雪崩增益，APD 的灵敏度更高，但电路复杂且反向偏置电压要求更高。此外，为了实现弱光环境下的无线光通信，SPAD 被用来作为光电探测器，其可被视为工作在盖革模式下的 APD。尽管 SPAD 具有更高的灵敏度，但受限于其固有的死区时间的限制，目前可达到的数据速率仅为 100 Mbps。

4. 调制技术

可见光通信主要采用强度调制/直接探测（intensity modulation/direct detection，IM/DD）的调制方式，OOK 是用于 IM/DD 的最简单的调制方式，其中信息是通过快速切换光源开关来发送的。在不归零开关键控（non-return-to-zero on-off keying, NRZ‑OOK）调制中，"1"和"0"分别由在一个码元周期内光脉冲的高低表示。与 OOK 不同，PAM 采用多电平进行信息传输，在 L‑PAM 调制中，L 代表阶数，满足 $L=2^M$，其中 M 为一个码元映射的比特数，具有 L 个不同幅度的电平 $\{0,$ $1, 2, \cdots, (L-1)\}$。多电平 PAM 的频谱效率随 M 的升高而升高，但是会以功率效率的降低为代价。脉冲位置调制（pulse position modulation, PPM）是另外一种高功率效率的调制方式，对于 L‑PPM，一个码元周期在时间上被等分成 L 份，光脉冲的位置代表所发送的码元，但是 PPM 需要额外的码元同步，并且频谱效率较低。与 PPM 相比，脉冲宽度调制（pulse width modulation, PWM）具有较高的频谱效率并且不需要严格的码元同步设置，因为其采用在码元周期内不同的脉冲宽度代表不同的码元。上述调制方式均是单载波调制技术，为了提高可见光通信系统的数据速率，多载波复用技术同样被大量研究，包括波分复用技术（wavelength division multiplexing, WDM）、OFDM 调制和离散多音（discrete multi-tone, DMT）调制。此外，MIMO 技术也被用来实现高速数据传输。

13.2　可见光通信的典型应用

1. 智慧交通系统

全球每年有近 120 万人死于交通事故，有约 5 000 万人在事故中受伤。研究人员表明，大多数交通事故是由于各种原因导致人的反应时间延长以及汽车驾驶员错误操作造成的。在智慧交通系统中，车辆与车辆以及道路设施与车辆之间的可见光通信可确保人员安全。智慧交通系统依赖于车辆和道路设施（交通信号灯、广告牌等）之间的可靠、强大和快速的通信，所有车辆都配备了可用于传输信息的头灯和尾灯，交通信号灯或广告牌可用于共享路况和天气等关键信息。这些光源还可用于为用户和物联网（internet of things, IoT）实体提供数据连接。扩大通信范围、提高可移动性和数据传输速率是车辆通信的主要目标。这些目标的实现取决于通信系统抵抗信道寄生光的能力，因为室外信道暴露于不同种类的环境杂光中。此外，可见光通信的距离测量和定位功能也可以有效降低追尾和撞车等交通事故的概率。

2. 水下无线光通信

高速水下无线光通信（underwater wireless optical communication, UWOC）在海

洋勘探、海底监测等领域已经吸引了研究人员极大的关注[1,7]。尽管射频通信技术早已成熟,但电磁波在水中的衰减量大大超过在空气中的衰减量,并且衰减程度随着频率的升高而升高,这极大地限制了数据传输速率,仅仅能满足短距离或低速率的水下通信场景。与电磁波相比,声波在水中的衰减量小得多,传播距离也比较远,因此水声通信是目前应用最为广泛的水下通信技术,但其具有低带宽、多径效应明显等不尽人意的缺陷,限制了水声通信的传输速率和可靠性,无法满足未来实时高速长距离通信的技术要求。鉴于发展需要,科研人员将目光转向了可见光通信。光波在水中存在衰减,主要是散射和吸收,总的衰减系数在很大程度上取决于波长,UWOC 主要使用蓝绿光(波长为 400~550 nm)光源,因为该波长区域的光在水下的衰减系数较低。相较于声学通信和射频通信,水下无线光通信具有高速率、低成本、低延时和高保密性的优势,被认为是未来海洋活动中的重要通信技术。

3. 室内定位

全球定位系统有时候无法在室内环境中正常工作,因此解决室内定位的难题是研究人员重点关注的方向之一,具有极大的应用前景。在某些情况下,例如在隧道、矿山、博物馆、超市和医院等地方,室内导航很重要。使用现有的室内照明设施,可以将可见光通信与室内定位相结合,因此基于可见光通信的室内定位系统非常适合在封闭环境中使用。与基于射频通信的室内定位不同,基于可见光通信的定位系统受多径传播的影响较小,因此定位精度高于射频系统。为了实现更高精度的定位,目前多种定位算法被研究,主要分为强度算法、角度算法和时间差算法。相比传统室内无线定位技术来说,基于可见光通信的室内定位技术能耗低、定位精度高、无射频辐射干扰,可以在电磁敏感的室内环境中实现高精度的定位需求。

4. 特殊环境通信

某些特殊环境对电磁干扰较为敏感,例如医院、核电站和精密实验室等,射频通信会产生不利影响,因此不能满足通信需求。而可见光通信无电磁干扰,并且在现有照明光源的基础上,可以实现高速数据传输。

13.3　Micro-LED 应用于可见光通信的优势及特点

器件的特点决定了器件的应用领域,micro-LED 可作为收发器件应用于可见光通信领域,这主要取决于 micro-LED 器件满足通信系统对收发器件的性能要求,如高调制带宽、高传输速率等。Micro-LED 用于可见光通信的优势和特点总结如下。

1. 高调制带宽

调制带宽是衡量器件是否适合作为通信系统发射器件的重要指标,它可以反映器件在怎样的调制频率下可以正常工作。调制带宽越高,说明器件可以达到更高的调制速率,从而更快地被调制并用来发送数据,较高的调制带宽是实现高速光通信的重要前提。相比于传统的大尺寸 LED,micro-LED 的尺寸效应使得在相同数量级的注入电流下具有远大于大尺寸 LED 的电流密度,micro-LED 可以承受 kA/cm^2 数量级的电流密度。随着注入电流密度的增大,有源区内注入载流子浓度会随之增加,进而引起微分载流子寿命的缩短,达到 ns 级别,从而提高了器件的调制带宽。

目前,micro-LED 器件最高的调制带宽记录来源于一个非极性 m 面 InGaN/GaN micro-LED,受益于无极化效应的非极性 InGaN/GaN 量子阱中电子-空穴波函数的高度重叠,该器件在低电流密度下的载流子复合速率高于极性 c 面量子阱 micro-LED,在电流密度为 $1\ kA/cm^2$ 的情况下,调制带宽可达 $1.5\ GHz$[8],而普通商用 LED 则受限于 pn 结中较大的电阻-电容时间常数,调制带宽仅有 $5\sim20\ MHz$。2018 年,研究人员创新性地实现了基于蓝光 micro-LED 激发黄光钙钛矿量子点(YQDs)的白光高速通信系统的搭建,分别测量了不同注入电流下的 micro-LED、YQDs 和 micro-LED+YQDs 的调制带宽,如图 13.1 所示,其中 micro-LED+YQDs 系统的带宽高达 $85\ MHz$,通信速率达到 $300\ Mbps$,该项研究为后续建立高效固态照明和高速可见光通信结合的白光系统提供了基础[9]。

2. 高通信速率

Micro-LED 由于具有更高的调制带宽,因此可以满足高速无线光通信的速率要求。目前,采用 OOK 调制的单芯片 micro-LED 进行长距离(>3 m)传输的数据速率可达到 $1\ Gbps$[10]。在此传输速率的基础上,使用 PAM,无载波幅相调制(carrierless amplitude and phase modulation, CAP)、正交幅度调制(quadrature amplitude modulation, QAM)、OFDM 等调制方式能够进一步提高传输速率。例如,将单颗 micro-LED 和 OFDM 调制方式结合,可以达到 $7.91\ Gbps$ 的数据传输速率。然而,由于单颗 micro-LED 的光功率相对较低,传输距离仅有 $0.3\ m$[11]。

由于单芯片 micro-LED 的光功率较弱而难以实现长距离数据传输,为保证通

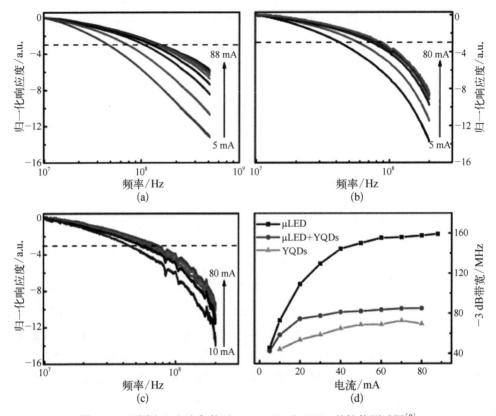

图 13.1　不同注入电流条件下 micro-LED 和 YQDs 的性能测试图[9]

（a）Micro-LED 的频率响应；（b）Micro-LED 和 YQDs 发出的白光的频率响应；（c）YQDs 的频率响应；（d）比较 micro-LED 不同注入电流下提取的 micro-LED、micro-LED+YQDs 系统、YQDs 的-3 dB 的调制带宽；虚线为-3 dB 调制带宽

信系统稳定可靠，可以将 micro-LED 进行阵列化，利用 CMOS、TFT 等技术控制 micro-LED 阵列并进行独立调制，实现多个 micro-LED 并行信号传输，提高发光功率，在稳定通信的同时提高传输速率，与单个探测器或多个探测器结合可分别搭建 MIMO、单输入多输出（single input multiple output, SIMO）系统链路。最新研究数据显示，3×3 的蓝光 micro-LED 阵列在传输距离为 5 m 时，传输速率高达 10 Gbps[12]，当传输距离长达 20 m 时仍可以保持 Gbps 数量级的传输速率。基于 micro-LED 的可见光通信系统具有传输速率高、传输距离长的优势，在室内自由空间光通信、水下光通信等领域具有广阔的应用前景。

3. 有潜力实现双向通信

材料属性决定了 micro-LED 的有源区可以吸收特定波长的可见光并将其转化为电信号，这种特性使得 micro-LED 可以用作光电探测器。研究表明，micro-LED

探测器在短波段入射光条件下测试得到的峰值响应度、比探测率等数值要优于 Si-PIN 光电探测器的数值[13]。相比其他类型的 GaN 基光电探测器，micro-LED 探测器仅在某一较窄入射波段会产生响应，入射光的波长超过某一阈值后，micro-LED 探测器的响应将快速衰减，这反映了 micro-LED 作为探测器具有波长选择性的优势。由此可见，micro-LED 可以将发送和接收信息功能集成于一身，具备单芯片实现双向可见光通信的能力。

更值得一提的是，micro-LED 具备自供电特性，即在无须外部供电的条件下，micro-LED 依然可作为光电探测器工作[13]。Micro-LED 具有自供电、高速双向通信的特性，有望应用于自由空间、水下无线光通信网络，成为数据采集节点。

4. 多功能——智能显示

将 micro-LED 显示与可见光通信功能结合是未来智能显示的发展方向之一，将通信和显示集于一体的智能显示技术也符合未来智能化器件的发展潮流。在显示领域，micro-LED 显示与现在市场主流的 LCD 和 OLED 相比，它具有高对比度、低功耗、长寿命和快速响应等优点。随着 micro-LED 显示全彩化等关键技术的成熟，成本下降后的 micro-LED 无疑会成为下一代显示的核心技术。目前，显示领域的龙头企业康佳、三星、苹果等均已着手研发以 micro-LED 显示为技术核心的电子产品。以康佳为例，2019 年"未来之境"康佳 APHAEA 未来屏全球发布会上发布了首款 micro-LED 系列产品 Smart Wall，该产品定位于大尺寸、多应用场景，同时以康佳为代表的显示企业已经开始向智能显示方向迈进。

Micro-LED 显示可以与家居电器、人工智能等结合，携手实现智能生活、智能城市。图 13.2 是智能 micro-LED 显示芯片的示意图，简要描述 micro-LED 实现智能显示应用的过程：micro-LED 可用作光电探测器接收外部的光信号并产生电信号响应；高带宽 micro-LED 可以将电信号响应转化为光信号重新发射，或者独立于探测器，作为发射器同时工作，将信息传输给使用者；同时 micro-LED 仍具有显示功能。Micro-LED 的应用使得用户之间，用户和设备之间拥有更好的交互体验。

2018 年，研究人员尝试将基于 RGB-LD 的水下高速通信系统与水下高效固态照明技术结合，实现白光照明的同时具有高速通信的能力，实验通过 WDM 技术实现了 2.3 m 通信距离下 9.7 Gbps 的通信速率，在满足照明要求的条件下仍能保持 Gbps 数量级的通信速率，该研究也为后续 micro-LED 在智能照明方面的应用奠定

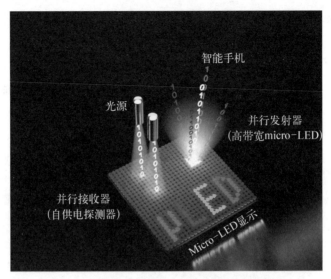

图 13.2　智能 micro-LED 显示芯片示意图：具备
显示信息、发射信息和接收信息的功能[13]

图 13.3　基于 RGB-LD 的 WDM、UWOC 实验装置图(左)和水下固态
照明的 CIE 1931 W-RGB 色度图(右)[4]

了基础[4]。

　　此外,由于 micro-LED 具有像素尺寸小、亮度高的优势,已成为透明显示应用的最佳解决方案之一。2021 年,田朋飞课题组采用 PCB 板封装的80 μm×80 μm 的可双面发光的 GaN 基绿光 micro-LED 阵列,实现了 micro-LED 的双面通信与双面显示。该研究一方面拓展了可见光通信的发光维度,利用单器件可同时实现面向自由空间及水下等不同场景进行通信;另一方面利用器件双面发光的特性再结合透明衬底以及合理化的阵列布局即可实现透明显示,在高端展示、橱窗、大堂景观以及增强现实等方面具备很大的应用潜力。

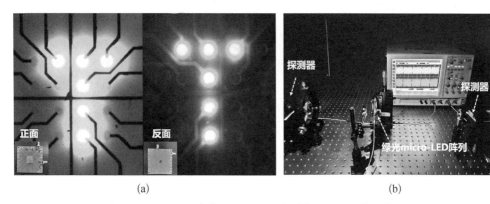

(a)   (b)

图 13.4　基于双面发光 micro-LED 阵列的显示和通信示意图

（a）PCB 封装的绿光 micro-LED 阵列实现双面透明显示；（b）双面通信示意图

13.4　Micro-LED 可见光通信的前沿进展

基于 micro-LED 的照明和通信设施具有广泛的应用前景。在自由空间可见光通信方面,如在房间和办公室等室内环境可以实现中长距离高速通信;在水下通信方面,能够实现水下机器人之间的稳定通信;波长小于 300 nm 的深紫外光在自由空间光通信上具有一些独特的优势,因此深紫外通信也是目前的热门研究方向之一;此外,双向通信甚至多维度通信也具有一定的研究意义。本节将介绍基于 micro-LED 的可见光通信系统的前沿进展。

尽管 micro-LED 具有高调制带宽的优势,但是单个 micro-LED 的输出光功率较低,极易受到环境光噪声的干扰,不利于长距离高速通信,限制了其广泛应用。为了克服单颗 micro-LED 输出光功率低的劣势,使用多颗 micro-LED 集成的阵列器件用作可见光通信发射器,以实现高输出光功率和高速数据传输。Micro-LED 阵列主要分为并联和串联两种类型,并联 micro-LED 阵列器件通过共阴极驱动,串联 micro-LED 阵列器件通过连接相邻 micro-LED 的阴极和阳极来同步驱动。

并联驱动的 micro-LED 阵列需要具有良好的电流扩展均匀性,并且能够同时驱动,以保证光信号的同步和光场分布的均匀。2020 年台湾大学的研究人员成功制备了尺寸为 14 μm 的 GaN 基 micro-LED 集成的 2×2、2×3、2×4、2×5 并联阵列,并能够统一驱动,避免了独立驱动复杂电路的设计和制备过程,其中 2×5 阵列在 13 kA/cm² 电流密度驱动下 −3 dB 调制带宽可达约 615 MHz,并且总输出光功率也随阵列集成器件的数量倍增,利用该并联 micro-LED 阵列实现了无均衡下高达1 Gbps 的 OOK 通信速率[14]。

与并联 micro-LED 阵列相比,串联驱动的 micro-LED 阵列驱动设计较为简单,并且串联阵列的结电容小于单个 micro-LED 的结电容,这使得其具有更快的开关速度,在具有更高输出光功率的同时能够保持较高的调制带宽,可实现高速通信。2019 年,Dawson 课题组成功制备了 3×3 的 40 μm micro-LED 集成串联阵列,在 3 200 A/cm^2 的电流密度下,输出光功率和 -6 dB 带宽分别达到 18.0 mW 和 285 MHz,并且利用 OOK、PAM - 4 和 OFDM 调制在自由空间中分别获得了 1.95 Gbps、2.37 Gbps 和 4.81 Gbps 数据传输速率[15]。

1. 自由空间通信

室内自由空间 VLC 是目前自由空间光学(free space optical,FSO)通信的主要应用场景之一,信号的收发装置通常安装在天花板上,可以与室内照明相结合。在普通民用住宅中,墙壁对光信号的屏蔽有利于保证信号传输的安全性,并且室内通常具有点对面光链路,对系统准直性要求不高。在特殊电磁敏感环境中,如医院、精密实验室,VLC 可以避免传统射频通信导致的电磁干扰。另外,室内定位也是自由空间光通信的重要应用方向之一,智能家居、智能停车系统、室内导航等领域均对室内定位具有较大需求。随着 micro-LED 的不断普及,VLC 可以采用现有照明设施实现室内定位和室内导航。与射频室内定位相比,VLC 室内定位受多径传播的影响较小,定位精度较高。

Micro-LED 应用于室内自由空间光通信,可以实现中长距离的高速数据传输。2018 年,相关研究人员基于单个 micro-LED 搭建了室内非视距无线通信系统[16]。实验所用 GaN 基 micro-LED 具有 92.7 MHz 的高调制带宽,并实现了 3.6 m 的室内自由空间 NLOS 可见光通信,相应的传输速率达到 433 Mbps。

2017 年,田朋飞课题组采用封装的 40 μm×40 μm 的高带宽 GaN 基蓝光 micro-LED,其调制带宽和中心发射波长分别为约 230 MHz 和约 445 nm,使用反射镜扩展传输距离,分别搭建了自由空间传输距离为 3 m、10 m 和 16 m 的实时高速可见光通信系统。采用 1.4 GHz 的 Femto PIN 光电探测器和网络分析仪(Agilent N5225 A,10 MHz~50 GHz)测量 micro-LED 的调制带宽,采用高灵敏度的 APD (MenloSystems APD210,1 GHz)和信号质量分析仪(Anritsu MP1800)误码探测模块测试通信速率和误码率特性。测试结果表明,传输距离为 3 m、10 m 和 16 m 时,对应数据传输速率分别为 1.3 Gbps、1 Gbps 和 0.87 Gbps,误码率分别为 3.4×10^{-3}、3.2×10^{-3} 和 3.5×10^{-3},均低于前向误码纠错阈值。长距离高速可见光通信系统的成功实现得益于 micro-LED 的高调制带宽和高灵敏度 APD 的应用,该研究进一步证实了基于 micro-LED 的长距离高速可见光通信具有显著的优势和应用前景。

2. 水下通信

目前水下通信主要是基于水声通信以及水下射频通信,但是水声通信具有低速率和高时延的缺点,水下射频通信具有受限于高衰减而无法实现长距离数据传输的缺点,因此,两者都无法满足未来水下高速长距离通信的要求。由于具有高速率、低时延的优点,水下无线光通信技术在未来水下高速长距离通信应用方面具有广阔的前景,例如:水下无线光通信技术可以进行潜艇、水下无人航行器(underwater unmanned vehicle,UUV 或 autonomous underwater vehicle,AUV)、潜水员和水面舰艇之间的相互通信,在研究和开发海洋资源方面具有极大优势。研究显示海水中 400~550 nm 的蓝绿光波段的衰减系数很小,因此蓝绿光成为水下高速长距离无线光通信采用的主要波段。

近年来,随着半导体发光器件的不断发展和系统构建等关键技术的不断突破,基于蓝绿光 LED、micro-LED 和 LD 的水下无线光通信取得了重大进展。光源的特性直接决定水下无线光通信系统的性能,传统大尺寸 LED 的调制带宽较低,LD 的成本高昂并且具有生物安全隐患,而 micro-LED 克服了上述两者的缺陷,在水下无线光通信方面具有极大的应用前景。2017 年,田朋飞课题组首次搭建了基于 micro-LED 的水下无线光通信系统,通过使用波长为 450 nm 的 GaN 基 micro-LED,并采用 NRZ-OOK 调制方式,实现了 5.4 m 的水下传输距离,前向误码纠错阈值范围内最高实时通信速率为 200 Mbps[17]。该通信系统的实物图如图 13.5 所示。实验采用在蓝宝石衬底上生长的 80 μm×80 μm 的 GaN 基蓝光 micro-LED,该 micro-LED 结构主要包含 n-GaN 层、InGaN/GaN 多量子阱、AlGaN 电子阻挡层和 p-GaN 层。Micro-LED 的调制带宽随注入电流的增大而增大,最后在 61 mA 之后趋于平缓,选定不同的工作电流会对通信性能产生较大的影响。实验测试了不同驱动电流和不同接收光功率下的误码率,结果分别如图 13.6(a)和(b)所示。测试结果表明在更高驱动电流下可以获得更高的传输速率,这归因于更高驱动电流下 micro-LED 具有更高的调制带宽和输出光功率,误码率低于前向误码纠错阈值的情况下获得的最高通信速率是 800 Mbps,对应的水下传输距离和误码率分别为 0.6 m 和 $1.3×10^{-3}$。从图 13.6(b)可以看出,当接收光功率十分微弱,仅为 -40 dBm 时,仍然可以获得 100 Mbps 的无误码数据传输。

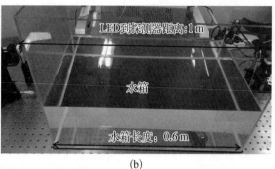

PCB板上的
Micro-LED阵列

(a)   (b)   (c)

图 13.5　基于 micro-LED 的水下无线光通信系统实物图[15]

（a）PCB 封装的 micro-LED 阵列；（b）通信链路；（c）PIN 接收器图片

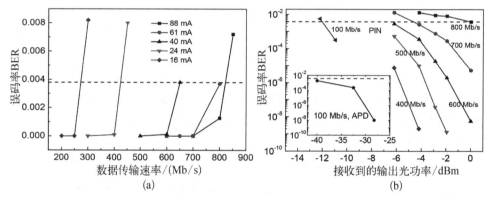

(a)   (b)

图 13.6　Micro-LED 在不同驱动电流和不同接收光功率下的误码率[17]

（a）不同驱动电流下的误码率；（b）不同接收光功率下的误码率（驱动电流为 61 mA）

Micro-LED 除了作为光发射器外，由于其天然具备 pn 结结构，因此还有作为光电探测器的应用前景[13]。此外，基于 InGaN/GaN 多量子阱结构的太阳能电池研究也已经有所报道[18-19]。这意味着 micro-LED 同时具备光发射、光电探测以及光伏发电三个领域的应用潜力。如图 13.7 所示，在集成上述三种功能的基础上，基于 micro-LED 阵列的双工水下无线光通信系统除了具备高速通信的功能外，还将拥有更强的续航能力和更长的使用寿命，更适合于海底探索、洋流检测等复杂多变的水下应用场合[20]。

田朋飞课题组基于该研究思路，在 2.3 m 长的水下环境条件下，设计并证明了基于绿光 micro-LED 阵列的双工水下无线光通信系统。Micro-LED 作为发射器时，基于 NRZ-OOK 调制，其通信速率与注入电流密度的关系如图 13.8（a）所示，在 3 000 A/cm² 的条件下，可以实现 660 Mbps 的最大通信速率[21]。其作为光

图 13.7　基于micro-LED阵列实现的高速双工水下可见光通信以及水下充电功能[20]

电探测器的通信性能也得到了测试,如图 13.8(b)所示为器件分别在-5 V 和 0 V 偏置电压条件下所得到的误码率和传输速率相关曲线,其对应的最大传输速率分别为52.5 Mbps 和 60 Mbps。在证明了 micro-LED 阵列双工高速水下无线光通信的基础上,该研究团队还针对 micro-LED 器件的光伏发电特性开展了研究。在实际水下可见光通信过程中,通常会采用交流(AC)+直流(DC)混合驱动模式,但 DC 成分的光并不包含数据信号,这将给整个通信系统带来极大的能量浪费。而通过在系统的接收端将 AC 和 DC 分离,AC 光用于信号探测,DC 光则利用光伏发电将能量存储起来,充分利用的光能量将大大提高通信系统的效率,并有利于实现自供电系统。如图 13.8(c)所示为利用 micro-LED 同时实现的光信号探测以及光伏发电功能,示波器显示的信号为接收到的通信信号,而 DC 能量则被同步用于驱动660 nm 的激光二极管。上述基于 micro-LED 阵列实现的双工水下无线光通信系统为水下通信的研究提供了全新且极具前景的研究方向。

3. 深紫外通信

深紫外光(波长小于 300 nm)在自由空间光通信上具有一些独特的优势。由于绝大多数太阳发出的深紫外光都被地球平流层中的臭氧层所吸收,因此,深紫外光可用于建立高层大气卫星间高保密自由空间光通信链接。此外,大气层内几乎不存在 300 nm 以内的日光深紫外波段或称为日盲紫外波段的光,因此使用该波段的通信系统可以实现无背景噪声通信,并且深紫外光在空气中的散射非常强烈,降低了对通信链路准直性的要求,便于在地面上建立低背景噪声、非视距的无线光通

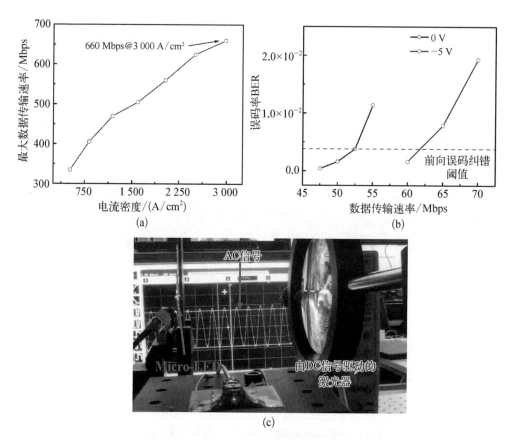

图 13.8　2.3 m 水下环境条件下 micro-LED 的发射、探测及光伏特性[21]

（a）Micro-LED 作为光发射器时，在不同电流密度下的最大传输速率；（b）Micro-LED 作为探测器时在 0 V 和-5 V 偏压下的传输速率和误码率曲线；（c）利用 micro-LED 同时实现的水下光电探测以及光伏发电功能

信系统。

　　在目前已有的针对深紫外光通信系统的相关报道中，由于所用的深紫外光源调制带宽和效率有限，从而限制了深紫外光通信系统的性能，如大功率深紫外 LED 等。micro-LED 具有高调制带宽的优势，可以极大地提高光通信系统的通信速率。英国思克莱德大学光子研究所和爱丁堡大学 Li-Fi 研究中心的科研人员研发了基于 Ⅲ 族氮化物的发射波长为 262 nm 的深紫外光 micro-LED，该器件 566 μm² 发射面积产生的光功率为 196 μW，相应的工作电流密度为 3 400 A/cm²。相较于之前报道的深紫外光 micro-LED，该器件的调制带宽提高了 3 倍左右。将该深紫外光 micro-LED 应用于自由空间光通信系统中，在前向误码纠错阈值范围内使用 OOK 和 OFDM 调制分别达到了 800 Mbps 和 1.1 Gbps 的数据传输速率[18]。

2021 年,田朋飞课题组采用 276.8 nm 的深紫外光 micro-LED,使用 OFDM 调制方式,成功实现了 2 Gbps 的数据传输速率。

随着深紫外通信的进一步发展,人们发现深紫外通信性能除了受限于深紫外光源的调制带宽,还受限于其效率和输出光功率。深紫外 LED 的内量子效率、光提取效率、电光转化效率都比较低。内量子效率低归因于常规外延生长导致外延片位错密度高、Mg 杂质溶解度低、受主激活能大、高 Al 组分 AlGaN 极化场很强和 AlGaN 量子阱中反常量子限域效应存在。光提取效率低归因于 p-GaN 会吸收所有正面方向上的深紫外出光,只有背面方向的光引出是有效的。电光转化效率低归因于 n-AlGaN 欧姆接触、p-AlGaN 电导率以及对应的 p 型欧姆接触不够良好导致的开启电压较大。

其中一个提高 LED 发光器件功率的方法是通过将 LED 发光器件制备成 micro-LED 阵列,以此可以改善大尺寸器件的散热,从而提升器件的性能。如第 3 章图 3.6 所示,实验制备不同尺寸的 micro-LED 并采用并联方式连接,每个并联 LED 器件的总面积相同,并通过测量不同尺寸的 micro-LED 的结温上升量与输入电功率的关系,结果分别如图 13.9 和图 13.10 所示,从中可以得出 micro-LED 的尺寸越小,并联的 micro-LED 越多,在同等电功率注入下的结温上升量越小[22]。该方法可用于设计制备较大功率的深紫外 LED 器件。

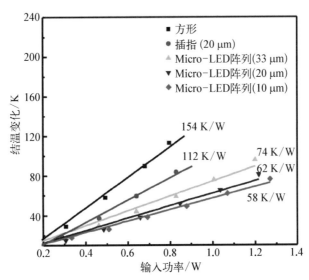

图 13.9　不同尺寸的紫外光 micro-LED 并联的 LED 在
不同电功率注入下的结温上升量[22]

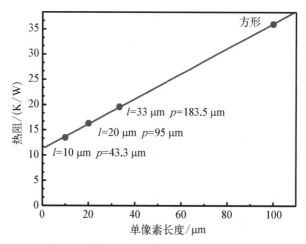

图 13.10　不同尺寸的紫外光 micro-LED 的热阻[23]

　　此外,通过将整块深紫外 LED 制备成并联的 micro-LED,可以有效地提高侧壁出光以提升整体光提取效率[23],同时增强散热能力,从而大幅度地提升光输出功率。

4. 双向通信

　　相较于传统的硅基和砷化镓基光电探测器,目前针对基于 micro-LED 的光电探测器的研究较少,而 GaN 基光电探测器表现出低暗电流、高响应度、高灵敏度等优异的性能,在学术界和产业界引起了广泛关注。2019 年,田朋飞课题组通过实验验证了 micro-LED 阵列可以用作高性能光电探测器,其具备自供电和波长选择性的特点,结合 MIMO 系统,使高速可见光双向通信成为可能[13]。光电测试结果表明,与其他先前报道的基于 GaN 的光电探测器相比,基于 micro-LED 的光电探测器对 405 nm 波长的探测性能较好。在偏置电压为−5 V 的情况下,40 μm、60 μm 和 100 μm 器件的响应度分别达到了 0.27 A/W、0.31 A/W 和 0.24 A/W,线性动态范围(linear dynamic ranges, LDRS)分别为 152 dB、162 dB 和 164 dB。即使在零偏置、自供电的模式下,也可以分别达到 0.24 A/W、0.29 A/W 和 0.21 A/W 的高峰值响应,7.5×10^{12} cm·H^{-2}·W^{-1}、1.5×10^{13} cm·H^{-2}·W^{-1} 和 1.3×10^{13} cm·H^{-2}·W^{-1} 的高比探测率,以及高线性动态范围。此外,在验证了 micro-LED 具备光电探测器特性的基础上,以 micro-LED 基光电探测器作为接收器,搭建了自由空间可见光通信系统。在 1 m 的传输距离下,采用 40 μm、60 μm 和 100 μm micro-LED 基光电探测器的可见光通信系统最高传输速率分别为 180 Mbps、175 Mbps 和 185 Mbps。除此之外,该课题组也首次尝试了将 micro-LED 探测器与 MIMO 结合,实现更高的通信速率。

5. WDM 通信

WDM 允许利用不同波长的光载波携带独立的数据流进行传输,因此增加了总信道容量。目前基于 micro-LED 的通信系统中使用 WDM 技术的方式是利用量子点材料进行色转换或利用多个不同波长的器件[9,24-27]。在 2015 年,Dawson 课题组研究了利用聚合物的色转换材料和蓝色 GaN 基 micro-LED 实现了 RGB 白光 VLC 通信系统,获得了 2.3 Gbps 的通信速率,但是该色转换材料的最高带宽只有 25 MHz[28]。2016 年,Haas 课题组和 Dawson 课题组采用蓝、绿 micro-LED 以及红色谐振腔(RC)LED,结合 OFDM 通信,实现了通信速率超过 10 Gbps 的 WDM 通信,其实验装置如图 13.11 所示,首先,数字信号由计算机生成,然后经过单独的驱动程序将数字信号转换成模拟信号,用于红、绿、蓝三色的信号源,然后通过非球面透镜进行准直,用分色镜进行反射/透射。接收模块位于 1.5 m 处,该距离为从光源到桌面的典型距离,并通过高速探测器检测,该信号最终会回到计算机并进行分析[25]。

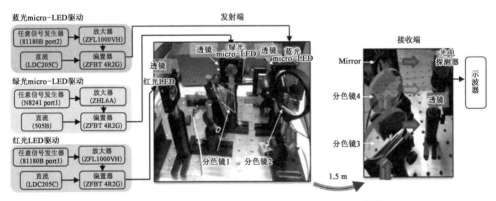

图 13.11　基于分色镜的 WDM - VLC 实验装置图[18]

2017 年,Dawson 课题组利用蓝光 micro-LED 分别激发红光、绿光、橘光半导体量子点,并分别测试了色转换后的通信性能,证明了这些半导体量子点有潜力应用于 WDM 通信[30]。2019 年,Dawson 课题组利用转移打印的方法分别集成了蓝、绿双色 micro-LED 芯片和蓝、紫双色 micro-LED 芯片,并分别实现了 1.79 Gbps 和 3.35 Gbps 的双色 WDM 通信速率[31]。

基于 micro-LED 的 WDM 通信系统,有望实现白光照明通信,并能有效提升光通信速率,因此,其已成为目前可见光通信领域的研究热点之一。但是稳定性好、发光波长可调、转换效率高、调制带宽高的量子点材料以及 RGB 三色发光器件的集成方法与工艺仍需进行深入的研究。

13.5　小结

目前射频通信由于存在种种问题,使发展可见光通信技术具有一定的必要性,micro-LED 具备高调制带宽、并行通信的优势,因此,micro-LED 可见光通信得到了快速发展。本章详细论述了目前 micro-LED 通信在常见的自由空间、水下、深紫外和双向通信等领域的技术发展,并介绍了可见光通信与 micro-LED 显示相结合形成的智能 micro-LED 显示系统。但由于种种原因,基于 micro-LED 的可见光通信技术还没有大规模应用于日常生活,仍需科研人员不断地研究和探索。

参考文献

[1] Zhu S, Chen X, Liu X, et al. Recent progress in and perspectives of underwater wireless optical communication[J]. Progress in Quantum Electronics, 2020, 73: 100274.

[2] Wang Y, Chen H, Jiang W, et al. Optical encryption for visible light communication based on temporal ghost imaging with a micro-LED [J]. Optics and Lasers in Engineering, 2020, 134: 106290.

[3] Lu Z, Tian P, Chen H, et al. Active tracking system for visible light communication using a GaN-based micro-LED and NRZ‐OOK[J]. Optics Express, 2017, 25: 17971.

[4] Liu X, Yi S, Zhou X, et al. Laser-based white-light source for high-speed underwater wireless optical communication and high-efficiency underwater solid-state lighting[J]. Optics Express, 2018, 26: 19259 - 19274.

[5] Tian P, McKendry J J D, Gu E, et al. Fabrication, characteristics and applications of flexible vertical InGaN micro-light emitting diode arrays[J]. Optics Express, 2016, 24: 699 - 707.

[6] Tian P, Wu Z, Liu X, et al. Large-signal modulation characteristics of a GaN-based micro-LED for Gbps visible-light communication[J]. Applied Physics Express, 2018, 11: 044101.

[7] Tian P, Chen H, Wang P, et al. Absorption and scattering effects of Maalox, chlorophyll, and sea salt on a micro-LED‐based underwater wireless optical communication[J]. Chinese Optics Letters, 2019, 17: 100010.

[8] Rashidi A, Monavarian M, Aragon A, et al. Nonpolar m-plane InGaN/GaN micro-scale light-emitting diode with 1.5 GHz modulation bandwidth[J]. IEEE Electron Device Letters, 2018, 39: 520 - 523.

［9］ Mei S, Liu X, Zhang W, et al. High-bandwidth white-light system combining a micro-LED with perovskite quantum dots for visible light communication［J］. ACS Applied Materials & Interfaces, 2018, 10: 5641.

［10］ Liu X, Tian P, Wei Z, et al. Gbps long-distance real-time visible light communications using a high-bandwidth GaN-based micro-LED［J］. IEEE Photonics Journal, 2017, 9: 1 - 9.

［11］ Mohamed S I, Ricardo X, He X Y, et al. Towards 10 Gb/s orthogonal frequency division multiplexing-based visible light communication using a GaN violet micro-LED［J］. Photonics Research, 2017, 5: A35 - A43.

［12］ Xie E, Bian R, He X, et al. Over 10 Gbps VLC for long-distance applications using a GaN-based series-biased micro-LED array［J］. IEEE Photonics Technology Letters, 2020, 99: 1.

［13］ Liu X, Lin R, Chen H, et al. High-bandwidth InGaN self-powered detector arrays toward MIMO visible light communication based on micro-LED arrays［J］. ACS Photonics, 2019, 6: 3186 - 3195.

［14］ Lan H, Tseng I C, Lin Y H, et al. High-speed integrated micro-LED array for visible communication［J］. Optics Letters, 2020, 45: 2203 - 2206.

［15］ Xie E, Islim M S, He X, et al. High-speed visible light communication based on a Ⅲ - nitride series-based micro-LED array［J］. Journal of Lightwave Technology, 2019, 37: 1180 - 1186.

［16］ Lu Z, Tian P, Fu H, et al. Experimental demonstration of non-line-of-sight visible light communication with different reflecting materials using a GaN-based micro-LED and modified IEEE 802.11ac［J］. AIP Advances, 2018, 8: 105017.

［17］ Tian P, Liu X, Yi S, et al. High-speed underwater optical wireless communication using a blue GaN-based micro-LED［J］. Optics Express, 2017, 25: 1193 - 1201.

［18］ Dahal R, Pantha B, Li J, et al. InGaN/GaN multiple quantum well solar cells with long operating wavelengths［J］. Applied Physics Letters, 2009, 94: 1477.

［19］ Jiang C, Jing L, Huang X, et al. Enhanced solar cell conversion efficiency of InGaN/GaN multiple quantum wells by piezo-phototronic effect［J］. ACS Nano, 2017, 11: 9405 - 9412.

［20］ Zhu S, Chen X, Liu X, et al. Recent progress in and perspectives of underwater wireless optical communication［J］. Progress in Quantum Electronics, 2020, 73: 100274.

［21］ Lin R, Liu X, Zhou G, et al. InGaN micro-LED array enabled advanced underwater wireless optical communication and underwater charging ［J］. Advanced Optical Materials, 2021: 2002211.

［22］ Lobo P N, Rodriguez H, Stolmacker C, et al. Effective thermal management in ultraviolet light-emitting diodes with micro-LED Arrays［J］. IEEE Transactions on Electron Devices, 2013, 60: 782 - 786.

［23］ Yang S, Wang P, Chao C, et al. Angular color variation in micron-scale light-emitting diode arrays［J］. Optics Express, 2019, 27: A1308 - A1323.

［24］ Zhou Z, Tian P, Liu X, et al. Hydrogen peroxide-treated carbon dot phosphor with a bathochromic-shifted, aggregation-enhanced emission for light-emitting devices and visible light communication. Advanced Science, 2018, 5: 1800369.

[25] Liu E, Li D, Zhou X, et al. Highly emissive carbon dots in solid state and their applications in light-emitting devices and visible light communication. ACS Sustainable Chemistry & Engineering, 2019, 7: 9301 – 9308.

[26] Tian Z, Tian P, Zhou X, et al. Ultraviolet-pumped white light emissive carbon dot based phosphors for light-emitting devices and visible light communication. Nanoscale, 11: 3489 –3494.

[27] Zhou D, Wang Y, Tian P, et al. Microwave-assisted heating method towards multicolor quantum dot-based phosphors with much improved luminescence. 2018, ACS Applied Materials & Interfaces, 10: 27160 – 27170.

[28] Manousiadis P, Chun H, Rajbhandari S, et al. Demonstration of 2.3 Gb/s RGB white-light VLC using polymer based colour-converters and GaN micro-LEDs [C]. IEEE Summer Topicals Meeting Series (SUM), 2015: 222 – 223.

[29] Chun H, Rajbhandari S, Faulkner G, et al. LED based wavelength division multiplexed 10 Gb/s visible light communications[J]. Journal of Lightwave Technology, 2016, 34: 3047 –3052.

[30] Leitao M, Santos J M M, Guilhabert B, et al. Gb/s visible light communications with colloidal quantum dot color converters[J]. IEEE Journal of Selected Topics in Quantum Electronics, 2017, 23: 1 – 10.

[31] Carreira J F C, Xie E, Bian R, et al. On-chip GaN-based dual-color micro-LED arrays and their application in visible light communication[J]. Optics Express, 2019, 27: A1517 –A1528.

第 *14* 章

Micro-LED 的其他领域应用

自从 micro-LED 的概念被研究者提出并广泛研究后,无论是单颗 micro-LED 还是 micro-LED 阵列,其应用领域不仅限于能够满足人们对于显示领域的高要求, micro-LED 相对于 LED 所展现出来的其他优点,也使得 micro-LED 能够在其他领域发挥重要作用,除了前文所述的 micro-LED 在全彩色显示以及可见光通信领域的应用外,本章主要介绍 micro-LED 在大功率 micro-LED 阵列、直写、泵浦有机半导体激光器、荧光寿命探测、光电镊子、生物医学等方面的应用。

14.1 大功率 micro-LED 阵列

当前,全国约20%的电力用于照明。基于 LED 的固态照明(solid state lighting, SSL)具有体积小、寿命长等优点。LED 的寿命大于 20 000 h,而白炽灯寿命仅为 2 000 h。同时,在相同发光强度下,LED 仅消耗一小部分电能,可显著节约能源,减少对进口石油的依赖和减少温室气体排放。由于 SSL 具有巨大的节能潜力和环境效益,全世界都对开发 SSL 新技术产生了很大的兴趣。

传统半导体 LED 是在直流下工作的,典型工作电压只有几伏(红光 LED 约为 2 V,蓝光 LED 约为 3.2 V)。但世界上的建筑物照明应用一般是通过交流电源 (60 Hz 或50 Hz),(110 V 或 220 V)连接的。将 LED 用于一般照明和照明应用的一种方法是将交流高压转换为直流低压。这就需要使用功率转换器等电路,这些电路可以单独安装或内置在 LED 封装中,但功率转换器的使用会导致体积的增大和成本的增加、照明效率下降和电流受限等问题。还有一种方法是通过将多个 LED

串联在一起来实现交流控制,但是需要连接几十个 LED 来实现高压交流操作,其技术和经济的可行性较低。

近年来,基于电容耦合的交流驱动 LED 灯也得到了发展。在这个设计中,选择一个具有适当阻抗的电容器来限制流过传统 LED 的电流,图 14.1 为交直流变换方案的比较,虽然采用这种电容耦合设计效率得到提高,但限流和放电电阻上仍有部分功率损耗,并且大电流很容易烧毁 LED,造成严重的安全问题[1]。因此,基于以上技术中的问题,从芯片层面实现交流驱动 LED 的 SSL 是克服上述困难的关键。

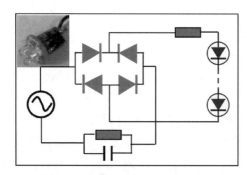

图 14.1 基于电容耦合交流驱动 LED 电路示意图[1]

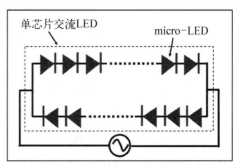

图 14.2 交流电驱动的单片串联 micro-LED 芯片的原理图[1]

目前,基于 GaN 的 micro-LED 技术可以实现单芯片交流 LED 的开发,可直接插入标准电源插座或灯座,无须电源转换,也无须外部电阻电容(RC)电路[2]。单芯片交流 LED 技术是集成 micro-LED 芯片阵列,来用于高压交流操作。选择连接的 micro-LED 的数量,使单个 micro-LED 的电压降之和等于交流电源的电压。由于 LED 只在正向偏压时发光,因此会制备两个阵列,其中一个在交流电的前半个周期亮起,另一个在电极性反转时亮起。Micro-LED 阵列串联集成,避免产生多个焊接点。如图 14.2 所示,采用两个与交流电压正、负半周电流相对应的反向 micro-LED 阵列,使光的开关频率从 50~60 Hz 增加到 100~120 Hz,这也消除了因灯光闪烁而引起的眼睛不适,使得 SSL 技术能够更好地发展。

此外,大功率 micro-LED 阵列除了能够应用于普通照明场所,还可以应用于空气/水/食品净化、聚合物固化以及生化传感器系统等应用,当然,这也不再是常规的可见光 micro-LED 阵列所能完成的,而需要使用 280 nm 以下的短波长深紫外(deep ultraviolet, DUV)LED。

2004 年,Khan 课题组就已经证明了小尺寸 LED 阵列集成能够提高 DUV LED

的输出光功率,验证了 100 μm、150 μm 以及 200 μm 的 10×10 小尺寸 LED 阵列对于 DUV LED 输出光功率的提升作用[3]。

Khan 课题组又验证了在室温下运行并单片集成 DUV LED 灯的可行性,其发光波长为 280 nm,且直流功率达到 42 mW[4],图 14.3 显示了该阵列的结构图。但是由于 DUV LED 阵列横向导电而引起的电流拥挤效应以及 DUV LED 本身的自热效应,使得该阵列的外量子效率、散热能力以及输出光功率都很低。

图 14.3　具有 4×4 像素阵列的 DUV LED 灯图[4]

进一步的,2013 年,该课题组通过制备 DUV micro-LED 阵列[5],不仅解决了在室温条件下基于 AlGaN 的 DUV LED 横向导电所产生的电流拥挤效应,而且也使得 DUV LED 的自热效应有所改善,提高了其热管理能力,在没有使用外部冷却装置的情况下,依然使得器件的照明均匀性以及散热性能得到提高。

如图 14.4 所示,该器件是通过串联四对 micro-LED 芯片制备而成,其中每对芯片本身就包含两个并联连接的发光芯片。Micro-LED 阵列串联的几何结构降低了器件串联电容和热阻抗,这样就会提高器件的热管理能力,降低自热效应,从而提高了该器件的输出光功率。

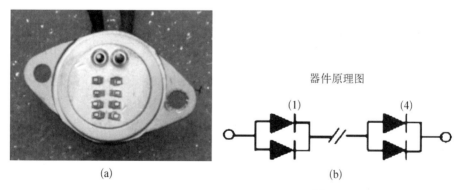

图 14.4　串联器件以及内部电路图[5]
(a) 照明用 DUV LED 器件图;(b) 器件内部电路连接图

将 micro-LED 阵列应用于固态照明技术是一种发展趋势,不仅能够实现大尺寸 LED 所具备的优势,同时也进一步提高了照明的效率和安全性,而且该芯片技术也适用于大功率 UVC LED 的制备。

14.2　Micro-LED 直写

众所周知,半导体器件的标准制造工艺需要多个步骤,其中包括定制一系列的石英光刻掩模版,通过紫外线对光刻胶进行曝光形成图形。因此,每一个工艺设计上的改变都需要生产一个或多个新的昂贵的掩模版。这大大增加了研发和生产的成本和效率,而作为一种替代方法,无掩模光刻因其灵活性和显著降低制造成本的优势而备受关注,因此,开发并采用无掩模制造方法就显得尤为重要。目前已开发出许多种无掩模直写方法,主要包括激光直写、双光子直写、干涉光刻和喷墨印刷等,而且它们已经应用于光电器件的制作[6-8]。

基于 GaN 的半导体技术已经可以提供峰值发射波长在 365 nm 和 405 nm 左右的高效率 LED,该波长的光可以与在成熟光刻工艺中使用的汞灯发射的 i 线和 h 线相比拟[9]。与汞灯相比,GaN 基 LED 具有体积小、功耗低、且不含有毒物质等优点。此外,这些 LED 的输出功率及其驱动模式(脉冲或者直流)可以很容易地通过一个集成的驱动电路来改变。

目前,研究人员们利用 micro-LED 已经实现了微图形制备[10]。与大尺寸 LED 直写技术相比较,micro-LED 具有更高的像素功率密度,更适合为小尺寸芯片提供直写技术[11]。

2012 年,Dawson 课题组采用 8×8 的 micro-LED 阵列将光刻胶进行图形化(线宽度为 500 nm),完成了 GaN 基 LED 的工艺制备[12]。

在直写实验中,micro-LED 是利用光学成像,使用 4X 和 40X 显微镜物镜,分别用于收集和投影。将涂有光刻胶的样品放置在 X - Y 平移台上,并使用支持 40X 投影显微镜物镜的高分辨率 Z 台定位在焦点处。在聚焦处测量直径为 14 μm 和 24 μm 的所有像素的功率密度,如图 14.5(a)所示,根据 CCD 摄像机拍摄的校准图像的强度分布分析,聚焦处的投影光斑尺寸分别约为 2.4 μm 和 1.4 μm。根据这组结果计算的平均光功率密度分别为 1.7 W/cm² 和 1.2 W/cm²。通过控制直写的速度,并提供适当的曝光剂量,可调整直写光刻板特征尺寸。图 14.5(b)的插图显示了用 14 μm 直径像素以 140 μm/s 的直写速度实现的 500 nm 宽的沟槽。

利用 micro-LED 直写技术,还可以进行器件制备,如图 14.6(a)所示棋盘式 LED 设计,其阵列为 8×8,间距 200 μm,LED 大小为 199 μm×199 μm,LED 台面通过无掩模图案定义,使用单个 14 μm 像素,以 140 μm/s 的线性平移速度进行无掩

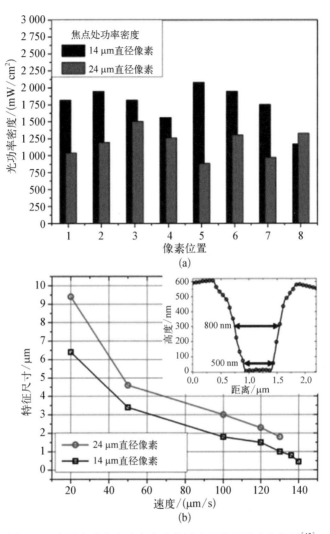

图 14.5　直写实验中光功率密度估计以及特征尺寸变化图[12]
　（a）根据 CCD 摄像机拍摄的校准图像的光功率密度分布分析估计
图;(b) 特征尺寸随直写速度变化图

模直写。除此以外,如图 14.6(c) 所示,通过驱动 2 个相邻的直径为 24 μm 的
micro-LED,实现了水平方向上和垂直方向上的 micro-LED 直写,其中,垂直方向上
使用一个 micro-LED 进行直写,水平方向上使用 2 个 micro-LED 进行直写,实现了
一个 32×32 的阵列,并且证明了该装置还具有并行写入能力。

　　随着传感器、生物光子学、单分子激发等领域的发展,对于 LED 的要求越来越
高,为了实现纳米/亚微米尺寸级别的 LED,研究者们做出了巨大的努力,尽管拥有

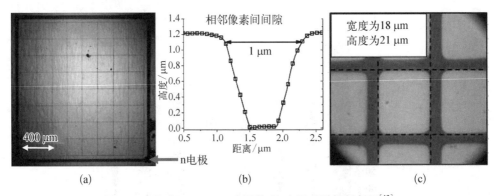

图 14.6　通过 micro-LED 直写技术,应用于器件制备图[12]

(a) 450 nm 发光波长的 8×8 阵列的光学显微镜图;(b) 阵列相邻像素间隙的 AFM 扫描轮廓;(c) 结构放大图

精确度为几个纳米的电子束光刻技术可以实现纳米/亚微米 LED 的要求,但是其高成本以及低产率的缺点大大影响了该技术实际应用的前景,也不足以为生物光子学等领域提供足够的支持。虽然这期间也有各种技术,例如:无损伤激光直写技术[13]、纳米球光刻技术[14] 等被用以实现纳米/亚微米 LED 的制备,但还无法用来实现能够单独可控、具有精确尺寸、稳定性高的纳米/亚微米 LED。由此,2014年,Dawson 课题组使用了像素尺寸从 14 μm 到 84 μm 变化的 8×8 micro-LED 阵列[15],如图 14.7 所示,实现纳米/亚微米级别的光刻以及亚微米 LED 的制备。

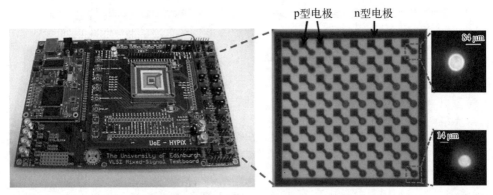

图 14.7　用于直写系统的 8×8 micro-LED阵列光学图[15]

其中每列中 micro-LED 的像素尺寸从 14 μm 到 84 μm 变化

将紫外光直接照射到样品表面覆盖的光刻胶上,实现了多像素并行直写功能,这也是该方案相比较于其他技术所特有的,并且通过控制样品移动台的平移速度,可以实现不同尺寸的且稳定性好的纳米/亚微米 LED 的制备,此外,制备的 LED 还具备较低的开启电压和较高的电流密度等优异的光电性能。

　　光刻技术在半导体器件制备过程中占据极其重要的地位,特别是随着人工智能的出现,人们对于芯片的要求越来越高,芯片也是越来越小,因此,这大大提高了光刻掩模版的成本以及制备周期,为了适应时代的发展,发展无掩模光刻技术就成为重要的问题,无掩模光刻技术不仅能够降低光刻的成本以及复杂度,而且对于实现制备分辨率高、灵活性好的半导体器件以及提高产业生产效率都有重大的意义。

14.3　Micro-LED 泵浦有机半导体激光器

　　有机半导体具有制作简单、成本低、易于制备薄膜等优点,是一类非常有前途的可见光波段激光器的增益介质。其作为激光材料有三大特点:第一,其发射峰与吸收峰偏离较大,导致其辐射吸收非常小;第二,在其内部很容易实现粒子数反转;第三,其受激发射截面和吸收截面都很大,增益长度将基本上等于吸收长度,受激辐射相较自发辐射占有优势[16]。有机半导体特殊的光电特性导致有机半导体激光器(organic solid-state laser, OSL)的各项性能(输出光功率、量子效率、发射波长)都比较优异。

　　然而作为激光增益介质,有机材料的载流子迁移率较低,在电注入条件下,会有明显增加的腔内损耗,尤其电流密度较高时,损耗更加严重,所以通过电泵浦的OSL 目前还存在巨大的障碍,难以实现。因此,目前的 OSL 都是通过光泵浦实现的,而且用有机小分子或者高分子聚合物半导体材料,均已制成光泵浦的 OSL。传统的 OSL 泵浦光源有双倍频或三倍频的 Nd:YAG 激光器(波长分别为 532 nm 和355 nm)、氮气激光器(波长为 337 nm)、双倍频的 Ti:sapphire 激光器(波长为400 nm)和光参量振荡器(可变波长)、有机染料激光器(波长取决于染料和谐振器)和双倍频的红宝石激光器(波长为 347.15 nm)。以上这些泵浦光源都具有庞大的系统,维护、采购和运行成本都相对较高[17]。

　　进一步的简化,可以通过使用电驱动的无机半导体器件(即 LD 或 LED)直接泵浦 OSL 来实现。由于 GaN 基材料生长和加工工艺近年来发展迅速,且在固态照明等应用前景的驱动下,基于 GaN 的 LD(波长为 400~450 nm)被证明是OSL 的合适泵浦源。而利用 GaN micro-LED 作为 OSL 的激发光源,则具备很多优势,它可与复杂的 CMOS 芯片进行凸点键合,进而实现广泛的功能,例如控制光泵光斑形状。但对于有机半导体激光器的光致发光泵浦源,泵浦源能够输出纳秒数量级的超快光脉冲,这也是 micro-LED、与 CMOS 集成的 micro-LED 器件的优势[18-20]。

大多数 OSL 的研究中所使用的光泵浦源脉冲持续时间只有几个纳秒或者更短,然而,如 LD 和 LED 这些新型的光泵浦源,其运行机制会有所不同。图 14.8 显示了由 LED 发射的高峰值功率光脉冲的一个例子,这些光脉冲是不对称的,上升时间为 11.6 ns,下降时间为 53.4 ns。在大尺寸 LED 或者 micro-LED 中,都存在这种问题。上升时间基本是固定的,其典型值为 10~15 ns,与驱动电路所提供的峰值电流无关。但是,随着驱动电流的增加,下降时间变化很大,当驱动电流密度达到几个 kA/cm^2 时,下降时间可达 50 ns。

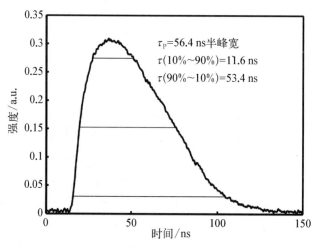

图 14.8　氮化镓基 LED 光脉冲与时间的关系曲线图[17]

图 14.9 中给出了光脉冲持续时间与 micro-LED 峰值电流之间关系的一个例子。例子中使用 LD 驱动电路来驱动 8×60 micro-LED 像素阵列,其光脉冲持续时间随着电流的增加而逐渐增加,这完全是由于下降时间的增加所致。值得注意的是,电脉冲在通电后的短时间内保持恒定,也就是说,增加的下降时间只在光脉冲中可见。但在 OSL 泵浦过程中,一般只有上升时间和激发光源峰值强度起关键作用,而下降时间的变化对 OSL 泵浦的性能几乎没有影响。因此,micro-LED 中随峰值电流密度增大而增加的下降时间,并不会过多影响 OSL 的泵浦性能。同样的结论也适用于基于 GaN 的 LD 作为泵浦源,这与传统的固态激光器泵浦的情况不同。

此外,利用 micro-LED 泵浦的 OSL,可以通过定制不同的 micro-LED 阵列,实现

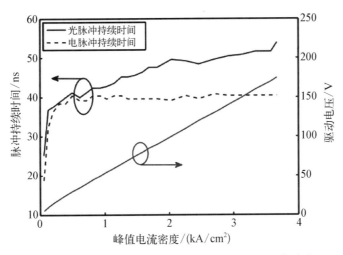

图 14.9　使用 LD 驱动电路驱动 8×60 micro-LED 阵列时，
光电脉冲持续时间与 LED 电流的函数关系[17]

自定义布局。通过这种方式，泵浦的几何形状可以被优化以匹配所使用的特定 OSL 的要求。同时，由于 micro-LED 的表面积体积比较大，光可以更多地从侧壁提取，从而获得更高的光提取效率。而且，micro-LED 由于减少了电流拥挤和自热效应，可以维持更高的电流密度。不过使用 micro-LED 阵列会影响散热，但利用 micro-LED 阵列泵浦 OSL 的性能仍然优异。

相关 micro-LED 可以用生长在图形化蓝宝石衬底（patterned sapphire substrate, PSS）上的外延片制备。采用电感耦合等离子蚀刻技术，制作了 micro-LED 台面，然后在 p-GaN 上沉积电流扩展层。典型的 PSS 衬底厚度约为350 μm，在不改变 micro-LED 制备工艺的情况下，可以将蓝宝石衬底减薄到150 μm。当用激光泵浦 OSL 时，泵浦源可以安装在离 OSL 很远的地方，激光束可以通过透镜定向和聚焦到样品上。然而，这样的装置并不适合于 LED，因为它们的发光是高度发散的。用透镜有效地收集 LED 发射光是非常困难的。因此，当增益介质与 LED 表面直接接触，或至少尽可能接近时，有机薄膜上的泵浦功率或能量密度最高。

Dawson 课题组利用边长为 30 μm、间距为 33 μm 的正方形 micro-LED 像素阵列组成了宽为 400 μm、长为数个毫米的长条状发光结构，该结构能有效避免 micro-LED 阵列中光的发散。利用该长条状 micro-LED 阵列与有机半导体增益介质直接接触，使有机薄膜上的泵浦功率/能量密度最高，从而实现了基于 micro-LED 的异质集成有机激光器[17]。为了能够用 micro-LED 阵列泵浦激光器,其工作的峰值电流密度必须在数 kA/cm² 以上,并辅以合适的驱动电路,使其上升时间尽可能短,维持在 6~9 ns。另一方面,使用能够获得更低阈值的有机半导体材料 BBEHP – PPV 以及分布式反馈(distributed feedback,DFB)结构,最终成功制备了基于 micro-LED 泵浦的有机半导体激光器。该结果进一步拓展了 micro-LED 器件多功能应用的前景,也为制备新一代高度紧凑的 OSL 提供了指导意义。

如前文介绍,与 LD 相比,LED 的光由于具有更高的发散特性,因此很难在增益材料中有效地实现高激发光密度。所以,适用于 LED 泵浦的 OSL 最好具有低阈值的特点。所谓的阈值通常可以用泵浦能量阈值(F_{th},单位面积每脉冲的能量,单位为 μJ/cm²)或泵浦功率阈值(I_{th},单位面积每脉冲的峰值强度,单位为 kW/cm²)来进行描述。对于非常短的光泵浦脉冲,泵浦能量是直接决定阈值大小的相关参数,而随着脉冲持续时间的增加,泵浦功率变为直接决定阈值大小的相关参数。图 14.10 中汇总了一些已报道的 OSL 的阈值,总体来看,不同数量级的泵浦脉冲持续时间对应的阈值有很大差异,在几纳秒数量级的泵浦脉冲持续时间上可以同时获得较低的泵浦能量阈值和泵浦功率阈值。由图 14.10 可知,GaN 基 LED 在持续时间为 10 ns 的脉冲中可以提供几百 W/cm² 的峰值功率,而到目前为止,只有 OSL 的前沿技术才能达到如此低的阈值水平。因此,进一步发展先进制备技术以实现如此低阈值的激光器是很重要的。

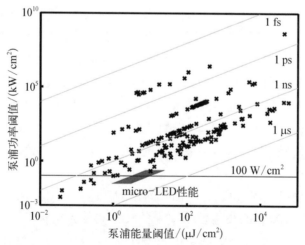

图 14.10　已报道的有机 DFB 激光器阈值汇总图[17]
灰色菱形区域显示了基于 GaN 倒装 micro-LED 芯片的有机半导体激光器的典型性能;灰色线条表示恒定的泵浦脉冲持续时间

14.4　Micro-LED 荧光寿命探测

　　荧光分析作为许多现代仪器技术的核心,是一种应用于生命科学的基础研究。在生物医学和生命科学领域,基于荧光的新型传感器越来越引起研究者们的兴趣,它们不仅可以用于粒子和组织成像,还可以用于细胞成像和跟踪、分子成像和 DNA 测序。在荧光分析系统中,样品用荧光分子进行标记,这些荧光分子可以吸收来自激发源的激发光,发出较长波长的荧光信号,然后使用光电探测器对其进行检测和量化。根据光激发和发射的记录机制,荧光测量主要可以分为两种类型:稳态荧光测量和时间分辨荧光测量。稳态荧光测量是通过连续照明激发荧光标记的样品,并记录发射光谱。时间分辨荧光测量能够受光脉冲激发后,记录较高的时间分辨率,所以时间分辨荧光测量比稳态测量具有更高的灵敏度和选择性,并且它可以提供关于荧光分子相互作用和周围荧光团的化学环境(如细胞膜的局部黏度)等详细的信息。

　　在时间分辨实验中,荧光衰减曲线被用来提取荧光寿命。对于荧光寿命测试系统来说,激发光源的选择尤其重要。传统上,荧光激发是用激光源、水银灯或卤素灯来实现的。这些设备体积大,价格昂贵,需要一个滤波器来保证窄带激发波长。由于这种原因,荧光成像系统往往包含多个激光光源,这大大增加了系统的成本和规模。弧光灯和白炽灯由于其宽带连续发射而成为常用的激发光源,但其尺寸、低效率和低稳定性不适合小型便携式分析系统[21]。气体放电灯也被用于荧光激发,这些装置在自由运行模式下工作,并且很难控制。此外,它们所需的高电源电压(大于 5 kV)并不能使它们与 CMOS 电子器件兼容。

　　目前,时域荧光寿命分析的标准激发源是脉冲激光二极管。与飞秒钛宝石激光器相比,在大多数可见波长光谱上,这些器件提供了一种低成本的脉冲样品激发解决方案。但是脉冲激光二极管需要放置在散热片上,因此这些器件比基于 CMOS 技术的器件(尺寸约为几平方毫米)大得多。

　　随着技术的发展,研究者们正开发低成本、小型化的激发源。研究者已经研究了使用垂直腔面半导体器件(vertical cavity surface emitting laser, VCSEL)的荧光激发[22],它们已被集成到微型分析设备中。然而,这些器件尚未集成到 CMOS 工艺中,并且驱动电子器件和信号处理电路难以在同一衬底上集成。2004 年,Chediak 课题组提出了一种集成 GaN 基 LED 和 CdS 分布布拉格反射镜滤波器、PDMS 微流控通道和 Si - PIN 光电探测器的微系统[23]。由于该系统用于强度分析,因此 LED 操作作为直流,由外部硬件驱动。尽管有一个硅衬底,但系统不包括信号处理或 LED 控制电路。微流控通道的使用使得样品可以很容易地引入到微系统中。该装置采用平面拓扑结构,激发和检测器件位于同一衬底上,使得微流控装置可以轻松地放置在系统顶部,样品和检测器之间的间距仅为 2 mm。2004 年,Dawson 课题组进行了类似的研究,使用 773 nm 发射的垂直腔面发射激光器作为激发源,与滤光片和 PIN 光电探测器集成在一起组成近红外荧光探测系统的一部分[22]。

2005 年,Davitt 课题组使用 32 点阵的 LED 进行荧光强度测量[24],制备了长度为 200 μm、高度为 50 μm、间距为 100 μm 的矩形器件。其中,峰值发光波长为 290 nm 的器件由 AlGaN 量子阱 pn 异质结构成,峰值发光波长为 340 nm 的器件由 AlGaInN 量子阱 pn 异质结构成。这些器件被集成到一个小尺寸(20 cm×13 cm)的基于滤光片的检测系统中,用于识别气溶胶颗粒。此外,还介绍了一种由 32 点阵的 LED 阵列、两个光电倍增管、三个滤光片、一个二向色镜和五个光学透镜组成的系统,并证明了它能够检测 140 μmol/L 烟酰胺腺嘌呤二核苷酸(nicotinamide adenine dinucleotide,NADH)荧光团。

1995 年,Araki 和 Misawa 课题组合作展示了将商用蓝色 InGaN/AlGaN 基 LED 用于荧光寿命测量的方法[25]。这些器件由外部电阻、电感、电容(RLC)电路驱动,由雪崩晶体管控制,产生 4 ns 宽的光脉冲,重复频率为 10 kHz,峰值光功率为 40 mW。雪崩晶体管需要 300 V 的集电极电压,使得驱动电路与标准 CMOS 工艺不兼容。此外,在驱动电路中包含感应元件使其难以在集成微电子电路中实现。利用高增益光电倍增管和时间相关单光子计数(TCSPC)硬件,这些 LED 器件作为激发源,精确测量了硫酸奎宁的荧光寿命,展现了脉冲 LED 作为时域荧光分析的一种光源的适用性。

尽管不是为荧光分析而设计的,但 Buss 课题组展示了第一个垂直结构 LED 倒装键合到包含驱动电路阵列的 CMOS 背板的工作。描述了一种 8 × 8 的 GaAsP micro-LED 阵列[26-28]。在每个阵列元件的表面蒸发 Zn/Ni/Au 并提供局部接触点,衬底背面的 Ge/Ni/Au 触点为整个阵列提供接地端。使用焊料回流法,将 micro-LED 阵列与 CMOS 技术中实现的等效驱动电路阵列进行凸点连接。每一个元件都连接到一个完整的焊盘上,并且有一个专用的像素驱动电路。CMOS 驱动器阵列的电学特性表明,该电路能够产生上升和下降时间小于 250 ns 的驱动脉冲,从而产生大于 1.45 MHz 的截止频率,建立了 micro-LED 阵列与 CMOS 驱动电路集成的设计流程。

　　许多常用的荧光团在光谱的近紫外和蓝光区域被激发。氮化镓和其他蓝色发光半导体光源的出现[29],引起了人们对基于荧光的仪器中使用这些光源代替激光或汞放电灯进行激发的兴趣。这些光源的优点包括成本低、可靠性高、紧凑和与许多标准荧光团具有良好的波长匹配。此外,他们产生短脉冲(亚纳秒数量级)的能力为低成本寿命测量提供了机会。

　　2003 年,Dawson 课题组开发了由一个商用 LED 驱动模块驱动的 GaN 基 micro-LED 阵列[30-31]。由于每个器件需要一个唯一的行和列信号,因此调整阵列中像素的数量存在一些困难。CMOS 驱动的 micro-LED 由于具有多路寻址控制信号的能力,可以很好地解决这个问题。在阵列中使用锁存驱动器输入还意味着阵列中的每个像素都可以保持其状态,从而允许同时驱动多个器件。在整个过程中,micro-LED 驱动器阵列的设计进行了多次迭代,其目的是产生足够功率的短光脉冲来激发荧光染料用于时间分辨测量。2004 年,Dawson 课题组展示了使用 micro-LED 激发的荧光寿命分析[23]。利用外部硬件驱动的 64×64 矩阵可寻址 LED 阵列,以 2 ns 的脉冲宽度激励罗丹明 123 样品,随后的荧光衰减由商用光电倍增管(photomultiplier, PMT)捕获。这些 InGaN/GaN 器件的直径为 20 μm,能够在 4 V 偏压下产生 40 nW 的平均光功率。2009 年,他们提出了一个微型系统,在一个双芯片"三明治"结构中集成了像素化的激发和检测器件(见图 14.11)[32]。将激发源与光电探测器、片上驱动电子器件和寿命信号处理电路相结合,代表了一个高度集成的片上实验室(lab-on-a-chip, LoC)系统。CMOS 驱动的 micro-LED 器件在 450 nm 下发射的最短脉冲宽度是 777 ps,适合于激发常用的短寿命荧光团,如罗丹

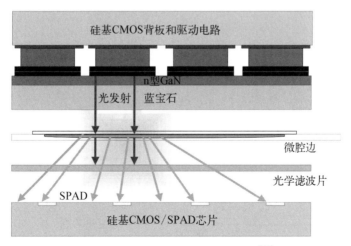

图 14.11　两芯片微系统的横截面图[32]

图 14.12 集成在 8×8 CMOS 驱动器阵列上的 AlInGaN 基 micro-LED 阵列图[32]

明和荧光粉。此外,光学滤波片的加入减少了由检测散射激发光引起的测量误差。

使用直径为 72 μm 的 8×8 AlInGaN 蓝光 micro-LED 阵列激发样品,该阵列由通过金属有机化学气相沉积法在 c 平面蓝宝石衬底上生长的 InGaN/GaN 量子阱蓝光 LED 外延片制成。如图 14.12 所示,该 micro-LED 阵列与采用标准低电压 0.35 μm CMOS 技术实现的等效 LED 驱动电路阵列进行了键合。每个阵列元件都可以单独寻址,每个 micro-LED 都有一个专用的驱动电路。CMOS 驱动的蓝光 micro-LED 器件的波长光谱在 450 nm 处达到峰值。

CMOS 驱动器阵列的每个单元的尺寸为 200 μm×200 μm,间距为 200 μm。每一个像素包含一个专用的驱动电路,如图 14.13 所示。所有驱动器输入信号都是基于 3.3 V 逻辑电压,然后电平转换到更高的用户可定义电压(LED_VDD),最大为 5 V。

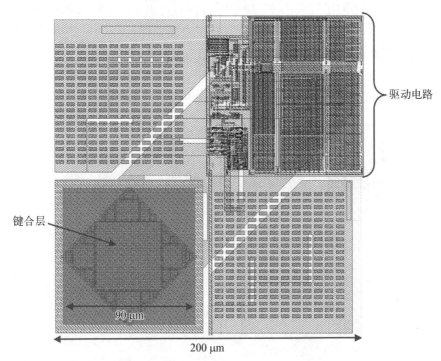

图 14.13 Micro-LED 驱动单元的布局图[32]

如图 9.4 所示，驱动电路能够产生可定义宽度变量的光脉冲，从 47.48 ns 到 777 ps，图 14.14 展示了最短和最长的 micro-LED 激发脉冲半峰宽。通过将一个方波信号置于输入端，逆变器 I1 的延迟定义了脉冲宽度。反相器延迟可以通过限流 NMOS 晶体管 M1 的栅极电压（VBMC2）来调整。然后，电平位移的直流、脉冲或方波信号被传递到使用能够处理高达 5 V 的晶体管设计的输出缓冲器。为了使输入信号上的负载电容最小，同时使电路的驱动强度最大化，可设计一种输出缓冲器，包括一系列增加晶体管宽度/长度比的反相器。

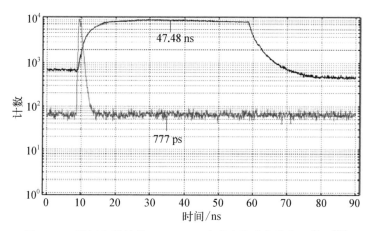

图 14.14　最短和最长的 micro-LED 光激发脉冲半峰宽比较图[32]

在 8×8 驱动器阵列中还实现了片上压控振荡器（voltage-controlled oscillator, VCO）。该电路能够产生频率范围从 7 MHz 到 800 MHz 的方波信号。该设计具有压控振荡器频率微调的特点。压控振荡器的核心频率由环形振荡器中的元件数量和通过这些元件的延迟来确定。限流晶体管被放置在环形振荡器内，这些晶体管的栅极电压在芯片外定义，从而允许对核心环形振荡器频率进行微调。然后，环形振荡器的输出被传递到一个数字分频电路，该电路能够将输入信号除以 0、4、16 或 64，从而产生低频信号。VCO 输出可以作为主阵列驱动器的输入信号，定义方波或脉冲输入信号的重复频率。

基于 micro-LED/CMOS 的微尺度单光子高灵敏度探测系统，能够在没有激光、PMT 或光子计数采集卡的情况下，检测短寿命荧光团的荧光寿命。SPAD 探测器和像素电路计数器的检测灵敏度极限小于 10 nM，并且可以用 408 ps（最小时间门）的分辨率捕获寿命。该 micro-LED 驱动能够产生宽度为 300 ps 的光脉冲，最大直流输出光功率为 $550\mu W$。这也有利于用相对低成本的器件搭建微系统开展时间分辨荧光分析,还可以通过改善设计来提高微系统性能。可以通过引入微光学来准直 micro-LED 发光,进一步优化探测极限和采集时间[31],还可以改进封装以降低芯片之间的垂直高度,并集成用于样品输送的微流控通道,朝着一个完整、低成本、便携式化学/生物诊断设备的方向发展。

14.5　光电镊子

　　生命科学是 21 世纪最为热门和最具应用前景的学科之一。而细胞生物学是生命科学研究中不可或缺的一部分。在实际细胞生物学研究过程中,常常需要精细操控微小生物或者微米级颗粒,即具备所谓微操纵能力。微操纵受限于操纵对象的尺寸、结构、表面形貌等,与一般的宏观领域的操纵有着极大的不同。出于实际应用需求,目前已经发展出众多的微操纵手段,包括基于原子力显微镜(AFM)的微观机械力学操纵[33],基于光辐射力的光镊操纵[34-35],基于磁场控制的磁镊操纵[36],基于声波的声镊操纵[37],以及基于电动势的介电泳操纵[38]等。在操作精度、实现难易度、操作方式等方面,每种技术都具备不同的优点与缺陷。其中,介电泳(dielectrophoresis, DEP)操纵因其非接触式的操纵手段、操作对象的低要求性、可实现大量微粒操纵等优势,得到了研究者的广泛关注。

　　介电泳的概念,最早由 Pohl 在 1951 年时定义,其用来描述电介质极化后在非均匀电场中的运动现象[39]。基于这一概念,通过设计合适的微电极结构,实现特定的非均匀电场,即可开展可控的微粒操纵。经过数十年的发展,研究人员对于介电泳数值理论模型开展了充分的研究,介电泳微操纵技术已经相对成熟并得到了广泛的应用,但其仍不可避免地存在一定的缺陷,其中极其重要的一点是电极的设计灵活性较低、柔性差,很难根据实际情况调整,操纵芯片通用性不足。这限制了介电泳微操纵技术的使用范围。为了解决该问题,光电镊子(optoelectronic tweezer, OET)技术开始进入相关人员的研究视野。

　　光电镊子技术本质上属于介电泳微操纵技术的进一步扩展,该概念最早由美国加州大学伯克利分校的 Wu 提出并实现,其经典结构如图 14.15 所示,最上层为 ITO 导电层,下层为感光层,其在 ITO 上方分别生长了一层 50 nm 厚重掺杂氢化非晶硅(a-Si∶H),一层 1 μm 厚的无掺杂 a-Si∶H,以及一层顶部 20 nm 氮化硅层[40]。两层中间则为样品层,并施加了一定的交流偏置。光电镊子技术仍基于介电泳原理,通过样品层内的电场设计实现微粒操作,但与传统的介电泳微操纵技术不同,其不需要

设计专门的微电极结构,而是采
用更为灵活的光虚拟电极概念实
现对电场的操控。所谓光虚拟电
极,其巧妙地利用光电导材料的
特性,在外加光的条件下,感光区
域的电导率迅速上升,而未加光
区域的电导率仍很低,可以近似
等效为绝缘体,因此光感区域就
可以起到类似电极的作用,在其
上方对应的样品层区域产生可控
的非均匀电场,置于其中的微粒
将受到介电泳力的作用,微粒与
所处液体的相对介电常数将决定
介电泳力的方向,介电常数高于
液体时,微粒将向高电场区域移
动(正 DEP);反之则将向低电场
区域移动(负 DEP),介电泳力的

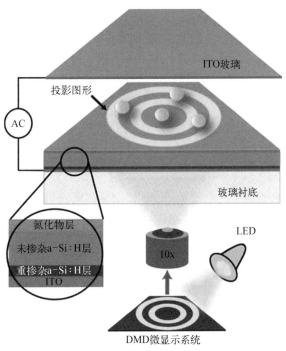

图 14.15　光电镊子系统示意图[40]

大小则与电场梯度成正比,基于该基本原理,可以实现介电泳微操纵[41],如图 14.16
所示。图 14.16 为光虚拟电极由数字微镜器将预先设计好的光图案调制到感光区域上
而实现。光电镊子在保留了原本介电泳微操纵优点的基础上,其操作相对简单方便,且
操控精度高,可实现单微粒或者大批量微粒的同步处理功能。最重要的是,其具备的高
可调性和可重复性的光虚拟电极设计大大拓展了光电镊子的实际应用前景。

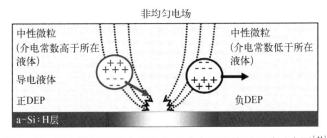

图 14.16　光电镊子器件内部的介电泳力以及粒子运动示意图[41]

　　光电镊子为了实现上述的光虚拟电极,通常需要一个空间光调制器实现外部光
图案到感光层的投影,如 DMD 或者 LCD 显示器[42],此外还需要额外配置一个光源组

件,如激光光源系统。这部分组件的体积一般较大,使得光电镊子系统的微型化和集成化存在巨大的困难,限制了光电镊子的应用潜力。这个问题的解决思路可以用主动发光结构替代需要采用空间调制器的被动发光式结构,进而大大缩减整体系统的体积。目前最常见的主动发光结构主要基于 LED 器件,但考虑到微操纵所要求的高精度,典型尺寸为 1 mm 的 LED 难以满足需求,因此研究人员将目光投向微米尺寸的 micro-LED,即通过减小 micro-LED 的尺寸和间距,来实现所需的高空间分辨率要求。2011 年,Dawson 课题组首次利用 CMOS 控制的 GaN 基 micro-LED 阵列实现了可重构光虚拟电极功能,替代了传统大体积的空间光调制器,通过实现对细胞的微操纵,成功验证了光电镊子系统的微型化和集成化的可能性[41]。

基于 micro-LED 阵列的光电镊子系统的实物图和示意图如图 14.17 所示,可以看到,其微操作结构部分与传统的光电镊子基本一致,不同的是利用 micro-LED 阵列替代了复杂的空间光调制系统,并通过在 micro-LED 出光方向上集成配套的透镜进行对应的光学设计,将 micro-LED 的光聚焦在感光层上以实现可控光虚拟电极。值得注意的是,该光电镊子系统感光层的非晶硅厚度仅为300 nm,低于常见的

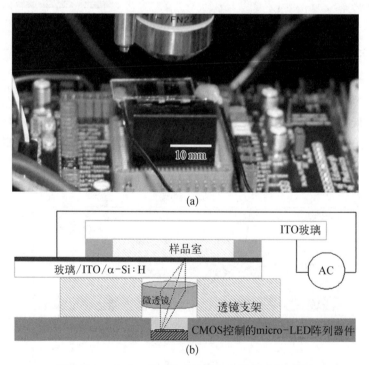

图 14.17　Micro-LED 阵列集成光电镊子系统图[41]

(a) 实物图;(b) 示意图

1~2 μm 厚度。之所以传统光电镊子系统要采用较厚的非晶硅层,主要是为了避免材料缺陷,较薄的高质量非晶硅层通常难以实现[40]。为了使光图案能完全被感光层所感应,一般采用吸收系数较小的红光作为发光光源。但考虑到 GaN 基 micro-LED 性能,其发射波长通常在绿光波段以及更短波段范围内。已有的研究表明非晶硅对绿光和蓝光的吸收比红光强 10 倍和 50 倍[43-44],因此必须减少非晶硅的厚度以增强光源的控制能力,这是 micro-LED 阵列集成光电镊子系统实现的一大难点,目前主要是通过改进非晶硅材料的生长工艺,实现高质量薄膜生长来解决该问题。图 14.18 为利用该 micro-LED 阵列集成光电镊子系统分别操纵聚苯乙烯微粒和中国仓鼠卵巢(chinese hamster ovary, CHO)细胞的实验图片,可以看到,当开启 micro-LED 光源后,实验所用微粒按光分布重新排列,系统的非接触式和非侵入式微操纵能力得到了充分的证明。

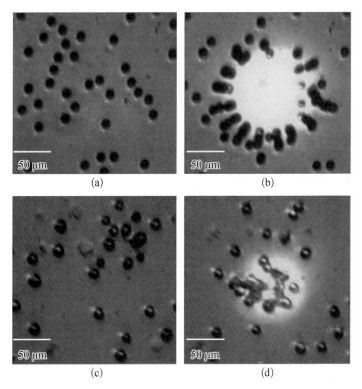

图 14.18　利用该 micro-LED 阵列集成光电镊子系统分别操纵聚苯
乙烯微粒和中国仓鼠卵巢细胞的实验图[41]

(a)和(c)分别是聚苯乙烯微粒和 CHO 细胞未受操纵时的显微镜照片;
(b)和(d)则是两者受到光电镊子操纵后的显微镜照片

2014 年，Dawson 课题组进一步扩展了 micro-LED 阵列集成光电镊子系统的应用，他们分别采用 CMOS 控制的蓝光和绿光 micro-LED 阵列，通过合理的光学设计，将设计好的光学图案投影到光电镊子操纵器件上[45]，如图 14.19 所示。在先前的研究基础上，改进的系统验证了其对单细胞的精细操纵能力以及单细胞荧光激发功能。实验选取 T 淋巴细胞和树突细胞作为实验样品，其单细胞操纵和荧光激发实验图片如图 14.20 所示。利用动态的光虚拟电极，可以在二维平面内任意地操纵单细胞的运动方向与位置。考虑到 micro-LED 芯片是阵列结构，通过合理的电路控制设计不同的 micro-LED 像素单元，可以同步实现大量细胞的同步并行操作，大大增强了整体系统的操纵能力。此外，还可以利用投影的 micro-LED 光源实现单细胞或多细胞的荧光标记，为后续的细胞荧光分析提供了实验基础。

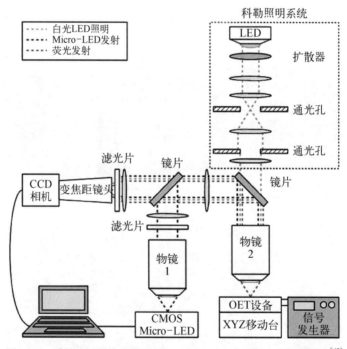

图 14.19　采用双显微镜实现的基于 micro-LED 阵列的光电镊子系统[45]

进一步地，对于更接近实际情况的混合细胞溶液，如何采用 micro-LED 阵列集成光电镊子系统实现不同细胞的识别、控制与分离功能也得到了实验性的验证，图 14.21 所示为 T 淋巴细胞和树突细胞混合溶液条件下的细胞控制。T 淋巴细胞和树突细胞的存在显著的相互作用，两者之间可以形成免疫突触结构。为了模拟该过程，实验流程在 39 s 的时间内，通过对 micro-LED 阵列光源的开关设计，对单

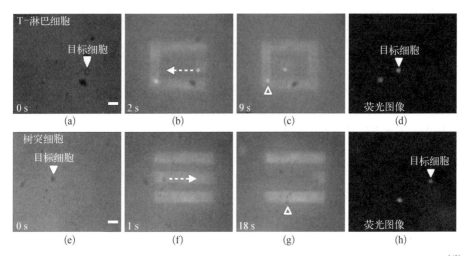

图 14.20　实验选取 T 淋巴细胞和树突细胞作为实验样品,其单细胞操纵和荧光激发实验图片[45]

（a）、（b）、（c）、d 为单个 T 淋巴细胞的捕获、操纵以及荧光标记;（e）、（f）、（g）、（h）为单个树突细胞的捕获、操作以及荧光标记

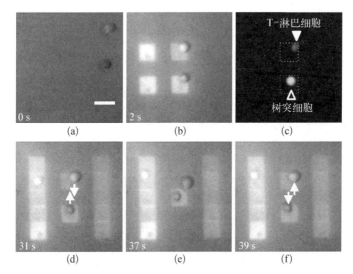

图 14.21　采用基于 micro-LED 阵列的光电镊子系统实现的
T 淋巴细胞和树突细胞相互作用的模拟过程[45]

（a）Micro-LED 阵列未开启 0 s 图;（b）Micro-LED 阵列开启后 2 s 图;（c）T-淋巴细胞与树突细胞相互作用荧光图像;（d）Micro-LED 阵列开启后 31 s 图;（e）Micro-LED 阵列开启后 37 s 图;（f）Micro-LED 阵列开启后 39 s 图

个 T 淋巴细胞和树突细胞分别进行高精度操纵,控制不同细胞之间的接触与分离,以精确模拟细胞之间的相互作用过程。该控制功能远不只局限于 T 淋巴细胞和树突细胞,得益于光电镊子对操纵目标单元的低要求性,基于同样的原理,更大规模、

更多种类的细胞相互作用模拟也同样能够实现。这为更进一步的细胞生物学研究提供了高效、充分的实验手段。

综上所述,基于micro-LED阵列集成的光电镊子系统在有效地保留了传统光电镊子系统优点的情况下,采用主动发光的模式,移除了大体积的空间光调制器以及光源组件,大大减少了光电镊子系统所需的体积和成本,有望开发新型紧凑型高性能光电镊子系统。

14.6 生物医学应用

传统的神经细胞分析手段主要基于电极测量神经细胞电信号技术,而且沿用已久,它有一个明显的缺点就是在数亿个神经细胞中测量几个神经细胞信号很难精确的反映整个神经元的信息。在20世纪60年代初,就有神经科学家提出将神经电信号转变成光信号,利用染料附着在神经细胞膜上,当神经细胞产生电信号时,染料的分子结构受到电场影响就会发生颜色变化,然后通过荧光探测染料颜色变化来反馈神经细胞信号的变化。20世纪90年代,水母荧光蛋白的基因被克隆,并可以在其他物种中表达,将其转移到某些细胞中,这些细胞就可以在生物组织中发光。采用转基因的方法让细胞随机地表达几种不同颜色的荧光蛋白,如图14.22所示,在紫外光下每个细胞就会出现五彩斑斓的荧光。近年来,许多课题组将该技术与micro-LED等光源结合,将光遗传学(optogenetics)的研究推向了热潮。

图 14.22　荧光标记细胞神经元图[46]

光遗传学结合了物理光学、光化学、生物学、基因操作技术,成为一个多学科交叉的新兴学科,近年来迅速发展。将先进的基因工程技术与光学技术结合,使得光遗传学技术在实际操作中精准高,能够准确定位减少意外创伤。在光遗传学中,传统的光纤装置限制了其在人体内使用以及广泛的生物应用,传统的电子电路、大尺寸的 LED、传感器和其他器件的表面结构无法与生物组织直接相互作用,从而使其在操作应用中受到很大的限制。Micro-LED 以其具有高亮度、响应时间快、功率效率高以及稳定性好等优异性能被看作一种有前途的光发射调制工具[47]。然而,micro-LED 在行为动物的皮层刺激中也存在本质的问题,包括有限的灵活性和插入方法的缺乏[48]。基于柔性技术的发展,如转移打印[49]、可伸缩材料的微尺度成型[50]、激光剥离[51]、光诱导纳米材料修饰[52]和软互连[53],大大促进了 micro-LED 应用于生物医学领域的发展。Rogers 课题组通过将柔性 micro-LED 探针穿透脑组织,开发了一种深部脑光刺激工具。采用垂直互连封装的柔性 micro-LED 提供了一种提高光遗传学系统的光学性能的方案[54]。

柔性 micro-LED 是指将刚性衬底上的 micro-LED 转移到柔性衬底(如 PET、PI)组成柔性 micro-LED 器件,该种器件具有可以弯曲,能够与生物体共形接触,以及便携、稳定等优点[54],可以广泛地应用于生物医学领域。2015 年,Rogers 课题组将柔性 micro-LED 植入小鼠肌肉和脊髓下,实现了分别控制周围神经和脊髓神经证明了光遗传学刺激也可以治疗人类的许多慢性疾病[55]。Rogers 课题组利用柔性衬底上转移的 micro-LED 阵列和多模态传感器,通过无线控制的微创方式,实现了研究完整哺乳动物神经回路的目标[56]。他们将一个电生理传感器,一个 Si 光电二极管,四个 micro-LED 和一个温度传感器集成在一个 PET 衬底上,形成一个可注射的电子器件,通过 ACF 电缆将柔性无线电源以及电极连接到 micro-LED 器件上进行无线控制,然后将病毒和 micro-LED 注射到小鼠的大脑中,同时通过信号发生器施加脉冲信号,从而完成了对小鼠神经回路的无线光遗传操作。基于柔性micro-LED 的光遗传学,Rogers 课题组开发一种可注射的细胞级光电子技术,在光遗传学中能进行先进的操作模式[54],包括对移动中的动物进行完全无线和复杂行为的控制。同时,这种超薄的、生物兼容的设备能够在哺乳动物大脑软组织中提供微创手术,在生物医学中具有广泛的应用潜力。

同时,将柔性 micro-LED、精密传感器以及驱动器等器件制备在一个可释放的注射针头上,可用于插入软组织的深处进行生物医学的应用。图 14.23(a)显示了分离的 GaN 基 micro-LED 的扫描电子显微镜图,以及人体胚胎肾细胞间的荧光图像[54]。Micro-LED 相比于传统 LED 和光纤探针,其尺寸小赋予了它更精确的

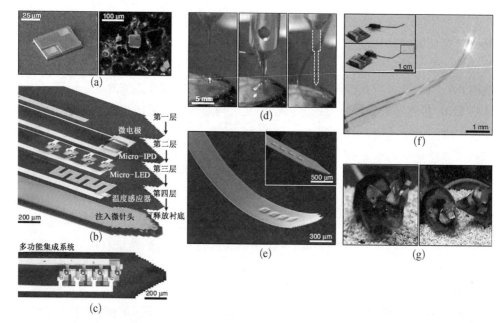

图 14.23　Micro-LED 与传感器和驱动器相结合组成多功能集成系统图[54]

（a）GaN 基micro-LED 的 SEM 图与培养 HEK293 细胞的荧光图像；（b）多功能、可植入的光电设备，包括电生理测量层 Pt 电极、Si 基 μ-IPD、micro-LED 阵列、弯曲型的 Pt 电阻器和微针；（c）集成装置俯视图；（d）微针的注射和释放过程；（e）可注射的 micro-LED 阵列的 SEM 图；（f）射频无线供电集成系统；（g）自由移动的小鼠进行动物行为测试

操作空间，具有能够进行细胞尺度的光子传递、减少组织损伤等优异特性。将 micro-LED 与传感器和驱动器相结合组成多功能集成系统如图 14.23（b）和（c）所示，包括传感器、驱动器以及用于电生理记录或电刺激的 Pt 微电极，一个基于超薄 Si 光电二极管的微型无机光电探测器（micro-IPD）。四个平行连接的 micro-LED 集成在单独的柔性衬底上，微针与生物可吸收黏合剂结合到底层使得在植入后可去除微针［见图 14.23（d）］，微电极直接测量细胞外的电压信号。这里的温度传感器可确定局部加热程度，精度接近 1 mK，也可作为微加热器使用。当 micro-IPD 被植入脑组织深处时，它可以测量 micro-LED 发出的光的强度，并进行基本的光谱数据分析。如图 14.23（e）和（f）所示，将这种柔性系统注射到大脑中，总厚度约为 20 μm，具有极薄的几何形状、高柔性度和高机械灵活性的优势，可实现微创手术。如图 14.23（f）和（g）所示，系统可以临时安装在自由移动的动物身上进行短期实验而不受自然动物行为的限制。整个系统由无线功率发射器和射频信号发射器组成，通过无线控制，可以在各种环境中研究复杂的动物行为。

由于 micro-LED 所展示的生物相容性、便携性和极佳的稳定性，使得柔性

micro-LED 在光遗传学中还有许多其他的应用,例如测量神经细胞的电活动,测量细胞内钙离子或者用光控制神经细胞的活动等。

Micro-LED 还可以应用到很多其他生物医学领域。当今许多人遭受着脱发的烦恼,于是一系列的治疗脱发技术(如热刺激、电刺激、药理学刺激和激光刺激等)被提出。其中,激光刺激是一种很有前途的技术,可以激活头发毛囊的再生且无副作用。特别是波长 650 nm 的红光对无毛发区域进行周期性照射可以刺激局部皮肤下的毛囊。相比于蓝光和绿光等短波长的光,红光能深入皮肤组织。但是激光功耗高、体积大(难以进行微尺度空间控制)等缺点使其应用受限。基于 micro-LED 光刺激的种种优势以及激光作用的缺点,Lee 课题组成功展示了蓝光和红光柔性 micro-LED 在毛发再生中的应用潜力[57]。如图 14.24 所示,柔性 micro-LED 展示出了高稳定性和高功率效率,使其在光刺激毛发再生应用中展示出了巨大的发展潜力。

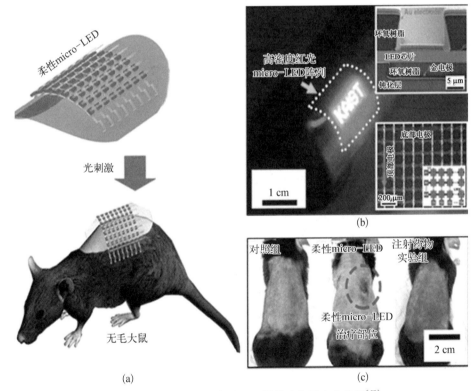

图 14.24　Micro-LED 阵列用于刺激毛发再生实验图[57]

(a)采用柔性 AlGaInP micro-LED 光刺激原理图;(b)单片 micro-LED 弯曲状态下的光学图,插图是单片红色 micro-LED 的横截面 SEM 图,右下角插图为 50 μm×50 μm 的 micro-LED 阵列;(c)无毛大鼠在红色 micro-LED 光照刺激下的对比图

Micro-LED 与生物医学相结合的交叉学科研究可以开拓更多的全新领域,又会激发更多科学探索,在漫长的科学研发中,基于 micro-LED 的光遗传学等将会不断为生物医学的发展做出贡献。

参考文献

[1] Fan Z Y, Lin J, Jiang H X, et al. III-nitride micro-emitter arrays: development and applications [J]. Journal of Physics D: Applied Physics, 2008, 41: 94001-94012.

[2] Jiang H, Lin J. Light emitting diodes for high AC voltage operation and general lighting[P]. U. S.: US254243, 2005.

[3] Adivarahan V, Wu S, Sun W, et al. High-power deep ultraviolet light-emitting diodes based on a micro-pixel design[J]. Applied Physics Letters, 2004, 85: 1838-1840.

[4] Adivarahan V, Heidari A, Zhang B, et al. 280 nm deep ultraviolet light emitting diode lamp with an AlGaN multiple quantum well active region[J]. Applied Physics Express, 2009, 2: 102101.

[5] Hwang B, Islam M, Zhang B, et al. A hybrid micro-pixel based deep ultraviolet light-emitting diode lamp[J]. Applied Physics Express, 2013, 4: 012102.

[6] Rensch C, Hell S, Schickfus M V, et al. Laser scanner for direct writing lithography[J]. Applied Optics, 1989, 28: 3754-3762.

[7] Serbin J, Egbert A, Ostendorf A, et al. Femtosecond laser-induced two-photon polymerization of inorganic-organic hybrid materials for applications in photonics[J]. Optics Letters, 2003, 28: 301-304.

[8] Byun I, Kim J. Cost-effective laser interference lithography using a 405 nm AlInGaN semiconductor laser[J]. Journal of Micromechanics & Microengineering, 2010, 20: 477-480.

[9] Khan A, Balakrishnan K, Katona T, et al. Ultraviolet light-emitting diodes based on group three nitrides[J]. Nature Photonics, 2008, 2: 77-84.

[10] Jeon C W, Gu E, Dawson M D, et al. Mask-free photolithographic exposure using a matrix-addressable micropixellated AlInGaN ultraviolet light-emitting diode[J]. Applied Physics Letters, 2005, 86: 221105.

[11] Zhang H X, Massoubre D, McKendry J, et al. Individually-addressable flip-chip AlInGaN micropixelated light emitting diode arrays with high continuous and nanosecond output power[J]. Optics Express, 2008, 16: 9918-9926.

[12] Guilhabert B, Massoubre D, Richardson E, et al. Sub-micron lithography using InGaN micro-LEDs: mask-free fabrication of LED arrays[J]. IEEE Photonics Technology Letters, 2012, 24: 2221-2224.

[13] Santosh K, Armando R, Amalia P, et al. Direct laser writing of nanoscale light-emitting diodes [J]. Advanced Materials, 2010, 22: 3176-3180.

[14] Veinot J G C, Yan H, Smith S M, et al. Fabrication and properties of organic light-emitting

"Nanodiode" arrays[J]. Nano Letters, 2002, 2: 333-335.

[15] Gong Z, Guilhabert B, Chen Z, et al. Direct LED writing of submicron resist patterns: Towards the fabrication of individually-addressable InGaN submicron stripe-shaped LED arrays[J]. Nano Research, 2014, 7: 1849-1860.

[16] 刘明大,陆羽,石家纬,等.有机半导体激光器研究的新进展[J].半导体光电,1999,004: 221-225.

[17] Herrnsdorf J, Wang Y, Mckendry J J D, et al. Micro-LED pumped polymer laser: a discussion of future pump sources for organic lasers[J]. Laser & Photonics Reviews, 2013, 7: 1-14.

[18] Yang Y, Turnbull G A, Samuel I D W. Hybrid optoelectronics: a polymer laser pumped by a nitride light-emitting diode[J]. Applied Physics Letters, 2008, 92: 7051-7062.

[19] Tsiminis G, Wang Y, Kanibolotsky A L, et al. Nanoimprinted organic semiconductor laser pumped by a light-emitting diode[J]. Advanced Materials, 2013, 25: 2826-2830.

[20] Wang Y, Tsiminis G, Kanibolotsky A L, et al. Nanoimprinted polymer lasers with threshold below 100 W/cm^2 using mixed-order distributed feedback resonators[J]. Optics Express, 2013, 21: 14362-14367.

[21] Porta P A, Summers H D. Vertical-cavity semiconductor devices for fluorescence spectroscopy in biochips and microfluidic platforms[J]. Journal of Biomedical Optics, 2005, 10: 034001.

[22] Thrush E, Levi O, Ha W, et al. Integrated semiconductor vertical-cavity surface-emitting lasers and PIN photodetectors for biomedical fluorescence sensing[J]. IEEE Journal of Quantum Electronics, 2004, 40: 491-498.

[23] Chediak J A, Luo Z, Seo J, et al. Heterogeneous integration of CdS filters with GaN LEDs for fluorescence detection microsystems[J]. Sensors and Actuators A: Physical, 2004, 111: 1-7.

[24] Davitt K, Song Y K, William R, et al. 290 and 340 nm UV LED arrays for fluorescence detection from single airborne particles[J]. Optics Express, 2005, 13: 9548-9455.

[25] Araki T, Misawa H. Light emitting diode-based nanosecond ultraviolet light source for fluorescence lifetime measurements[J]. Review of Scientific Instruments, 1995, 66: 5469-5472.

[26] Heinzelmann R, Alder T, Brockherde W, et al. 8×8 GaAsP/GaP LED arrays fully integrated with 64 channel Si-driver circuits[J]. Applications of Photonic Technology 2, 1997, 2: 333-338.

[27] Buss R, Praemassing F, Puettjer D, et al. Photonic technologies for visual implants[C]. International Conference on Applications of Photonic Technology, 2003, 4833: 77-84.

[28] Nakamura S, Fasol G. The blue laser diode GaN based light emitters and lasers[M]. Springer-Verlag Berlin Heidelberg GmbH, 2011.

[29] Jeon C W, Choi H W, Dawson M D. A novel fabrication method for a 64×64 matrix-addressable GaN-based micro-LED array[C]. 5th International Conference on Nitride Semiconductors, 2003, 200: 79-82.

[30] Griffin C, Gu E, Choi H W, et al. Beam divergence measurements of InGaN/GaN micro-array light-emitting diodes using confocal microscopy[J]. Applied Physics Letters, 2005, 86: 041111.

[31] Jeon C W, Choi H W, Gu E, et al. High-density matrix-addressable AlInGaN-based 368-nm microarray light-emitting diodes [J]. IEEE Photonics Technology Letters, 2004, 16: 2421-2423.

[32] Rae B R, Muir K R, Gong Z, et al. A CMOS time-resolved fluorescence lifetime analysis micro-system[J]. Sensors, 2009, 9: 9255-9274.

[33] Xie H, Haliyo D S, Stephane R, et al. A versatile atomic force microscope for three-dimensional nanomanipulation and nanoassembly[J].Nanotechnology, 2009, 20: 215301.

[34] Grier D G. A revolution in optical manipulation[J]. Nature, 2003, 424: 810-816.

[35] Stevenson D L, Gunn-Moore F, Dholakia K, et al. Light forces the pace: optical manipulation for biophotonics[J]. Journal of Biomedical Optics, 2010, 15: 041503.

[36] Lee H, Purdon A M, Westervelt R M, et al. Manipulation of biological cells using a microelectromagnet matrix[J]. Applied Physics Letters, 2004, 85: 1063-1065.

[37] Yamakoshi Y, Koitabashi Y, Nakajima N, et al. Yeast cell trapping in ultrasonic wave field using ultrasonic contrast agent[J]. Japanese Journal of Applied Physics, 2014, 45: 4712-4717.

[38] Hughes M P. Strategies for dielectrophoretic separation in laboratory-on-a-chip systems [J]. Electrophoresis, 2015, 23: 2569-2582.

[39] Pohl H A. The motion and precipitation of suspensoids in divergent electric fields[J]. Journal of Applied Physics, 1951, 22: 869-871.

[40] Chiou P Y, Ohta A T, Wu M C, et al. Massively parallel manipulation of single cells and microparticles using optical images[J]. Nature, 2005, 436: 370-372.

[41] Zarowna-Dabrowska A, Neale S L, Massoubre D, et al. Miniaturized optoelectronic tweezers controlled by GaN micro-pixel light emitting diode arrays [J]. Optics Express, 2011, 19: 2720-2728.

[42] Hwang H, Choi Y J, Choi W, et al. Interactive manipulation of blood cells using a lens-integrated liquid crystal display based optoelectronic tweezers system[J]. Electrophoresis, 2008, 29: 1203-1212.

[43] Street R A. Technology and applications of amorphous silicon[M]. Heidelberg: Springer, 2012.

[44] Kamei T, Paegel B M, Scherer J R, et al. Integrated hydrogenated amorphous Si photodiode detector for microfluidic bioanalytical devices[J].Analytical Chemistry, 2003, 75: 5300-5305.

[45] Jeorrett A H, Neale S L, Massoubre D, et al. Optoelectronic tweezers system for single cell manipulation and fluorescence imaging of live immune cells[J]. Optics Express, 2014, 22: 1372-1380.

[46] Josh R Sanes, Brainbow: cell press[EB/OL].https://www.cell.com/pictureshow/brainbow [2019-5-16].

[47] Sinclair, Rodney. Male pattern androgenetic alopecia.[J]. British Medical Journal, 1998, 317: 865-869.

[48] Anderson R R. Lasers in dermatology-a critical update[J]. Journal of Dermatology, 2000, 27: 700-705.

[49] Yoon S Y, Yoon J S, Jo S J, et al. A role of placental growth factor in hair growth[J]. Journal of

Dermatological Science, 2014, 74: 125 – 134.

[50] Avci P, Gupta A, Sadasivam M, et al. Low-level laser (light) therapy (LLLT) in skin: stimulating, healing, restoring[J]. Seminars in Cutaneous Medicine & Surgery, 2013, 32: 41 – 52.

[51] Kim T H, Kim N J, Youn J I . Evaluation of wavelength-dependent hair growth effects on low-level laser therapy: an experimental animal study[J]. Lasers in Medical Science, 2015, 30: 1 – 7.

[52] Nelson E C, Dias N L, Bassett K P, et al. Epitaxial growth of three-dimensionally architectured optoelectronic devices[J]. Nature Materials, 2011, 10: 676 – 681.

[53] Grossman M C, Dierickx C, Farinelli W, et al. Damage to hair follicles by normal-mode ruby laser pulses[J]. Journal of the American Academy of Dermatology, 1996, 35: 889 – 894.

[54] Kim T, Mccall J G, Jung Y H, et al. Injectable, cellular-scale optoelectronics with applications for wireless optogenetics[J]. Science, 2013, 340: 211 – 216.

[55] Park S, Brenner D, Shin G, et al. Soft, stretchable, fully implantable miniaturized optoelectronic systems for wireless optogenetics [J]. Nature Biotechnology, 2015, 33: 1280 – 1286.

[56] Park S, Shin G, Mcall J G, et al. Stretchable multichannel antennas in soft wireless optoelectronic implants for optogenetics[J]. Proceeding of the National Academy of Sciences, 2016, 113: 8169 – 8177.

[57] Lee H E, Lee S H, Lee K J, et al. Trichogenic photostimulation using monolithic flexible vertical AlGaInP light-emitting diodes[J]. ACS Nano, 2018, 12: 9587 – 9595.

索　引